퀀텀, 생명의 탄생

슈뢰딩거와의 대화

퀀텀, 생명의 탄생

슈뢰딩거와의 대화

성지용·정재호 지음

Quantum and Life's Origin
A Conversation with Schrödinger

* * *

양자역학은 더 이상 물리학만의 언어가 아니다. 빛, 전자, 스핀과 같은 양자 현상들이 식물의 광합성, 철새의 항법, 효소 반응, 심지어 DNA 복제와 미토콘드리아에서 세포 에너지를 생성하는 과정까지 깊숙이 스며들어 있다는 사실이 밝혀지면서, '양자생물학'은 생명의 본질을 가장 우주적인 언어로 다시 묻는 새로운 학문으로 부상하고 있다. 이 책은 물리학과 생명과학의 경계를 허무는 놀라운 발견들을 대중의 언어로 풀어내며, 양자가 어떻게 생명을 움직이고, 미래 의학과 기술에 어떤 혁신을 불러올지를 탐구한다.

추천의 글

김명자

KAIST 이사장 ㅣ 한국과총명예회장 ㅣ 전 환경부장관

나와 성지용 박사와의 인연은 15년 전 (사)그린코리아21포럼(2008년 창립)의 사용후핵연료 프로젝트에서 비롯되었다. 당시 인턴으로 몇 달 참여한 성 박사는 신소재공학 석사과정을 마친 뒤 핵재료 분야로 미국 유학을 준비하고 있었다. 원자와 결정 구조, 방사선과 물질의 상호작용을 연구하던 그가 컴퓨테이셔널 암 유전체학이라는 전혀 새로운 분야로 진출한 것을 나중에 알게 되면서, 우선 그 혁신적인 과감성에 놀랐다. 10여 년 동안 험난한 과정을 거쳐, 데이터와 분자, 알고리즘과 환자를 오가면서 암이라는 복잡한 생명 현상에 대해 물리학, 공학, 유전체 과학의 융합으로 뉴 프론티어를 개척한 격이기 때문이다.

성 박사의 학문적 성취는 정재호 교수라는 스승을 만났기에 가능한 일이었다고 본다. 평생 정밀암의학에서 미토콘드리아와 유전체 암 에너지 대사를 연구해 온 의과학자로서 생명 에너지의 흐름이 암과 같은 질병과 어떻게 연결되는지를 임상과 기초에서 탐구한 스승이자 공동 연구자로서 정 교수의 역할은 결정적이었다. 생명이 더 이상 유전자의 목록도 아니고,

에너지 반응의 집합도 아니며, 물리 과학과 생물 과학이 얽힌 통합된 시스템으로 만들어가고 있기 때문이다. 양자생물학이라는 주제로 펼쳐지는 저자들의 논의는 생명의 정밀함과 취약성을 기반으로 환경, 보건, 에너지를 비롯해 과학기술 정책이 어떤 철학적 기초 위에 설계되어야 하는지를 다시 생각하게 만든다.

이 책은 가벼운 읽을거리가 아니다. 새로운 공부가 필요한, 쉽지 않은 책이다. 두 과학자가 6년 넘게 나눈 대화와 그 과정에서의 시행착오가 녹아 있는 연구서이다. 각각의 개별적 주제로도 이해가 쉽지 않은 양자역학, 미토콘드리아, 암 유전체, 정보 이론 등을 하나의 스토리 라인으로 묶은 뒤, 생명 현상에 대해 에너지·정보·질서의 언어로 다시 묻고 있다. 따라서 설명의 확장이라기보다는 생명을 바라보는 좌표계 자체를 바꾸는 파격적 서사이다. 여기서 주목되는 것은 과학사科學史는 기존의 패러다임을 깨는 이런 위험한 시도에 의해 발전했다는 사실이다. 이 대담한 지적 모험의 과정에 여러분을 초대하는 것은 뜻깊은 일이 아닐 수 없다.

＊　＊　＊

윤동섭
연세대학교 총장

나는 지금 기쁜 마음으로 『퀀텀, 생명의 탄생: 슈뢰딩거와의 대화』라는 양자생명과학 관련 전문교양서의 추천사를 쓰고 있다. 양자물리학은 1925년 닐스 보어와 슈뢰딩거 등이 양자역학을 정립하면서 본격적으로 발전하기 시작해 2025년은 양자물리학 100년이 되는 해로 평가받았다.

또한 양자컴퓨팅은 국가 첨단 전략사업의 핵심 기술로, AI, 반도체·우주·바이오 등과 함께 12대 국가전략기술에 선정된 최우선 발전 분야로 주목받고 있다. 이런 시점에 연세대학교는 국내 최초로 양자컴퓨터를 도입해 2025년 3월 송도 국제캠퍼스에 "연세 퀀텀 콤플렉스"를 개소하여 신약개발 등 첨단 바이오 분야를 선도해 나가고 있다. 이 모든 일들의 책임자가 정재호 교수(연세사이언스파크 추진 본부장)이다.

정 교수와의 인연은 정 교수의 전공의 시절로 거슬러 올라간다. 힘든 수련 기간 중에도 용모 단정함과, 체계적이고 논리 정연한 깊은 학문적 지식은 모든 선배 교수님들의 주목을 받았다. 임상적으로도 훌륭하였지만 궁금한 것을 학문적으로 해결하고자 하는 그의 연구 본능은 그가 평생 암 연구에 매진하여 자타가 공인하는 최고의 암 연구자로 인정받게 하였다. 인간의 생명을 연구하는 최고의 의사과학자가 "양자생물학Quantum Biology"이라는 새로운 분야를 개척하고자 노력하는 것은 생명과학의 근본적인 개념의 변화를 만들어내리라 기대한다.

『퀀텀, 생명의 탄생』은 교양서의 외피를 두르고 있지만, 그 내실은 현대 과학의 최전선에 닿아 있다. 이 책은 생명 현상을 바라보는 관점을 근본에서부터 다시 묻는다. 양자 기술과 생명과학이 만나는 지점에서, 인공지능 이후 시대의 과학이 어떤 질문을 던져야 하는지를 차분하게 보여준다. 양자생물학을 둘러싼 오해를 넘어, 생명·의학·헬스케어의 미래를 새로운 시각에서 성찰하게 하는 책이다. 특히 이 책이 빛나는 이유는 인간의 생명과 질병을 연구하는 정재호 교수와 물리학도로 출발해 소재공학과 암 유전체학으로 연구의 경계를 넘어선 성지용 박사 두 저자가 상보적인 관점에서 학문을 재해석하고 새로운 패러다임을 개척하고자 하는 노력이 생명과학 탐구의 근본적 변화를 만들어낼 것이라는 기대 때문이다. 학문의 경계를 넘나드는 두 저자의 용기와 통찰이, 우리 사회가 필요로 하는 다음

추천의 글

세대의 과학적 상상력을 힘차게 깨운다. 이 책을 모든 과학도와 학생, 그리고 생명의 본질을 궁금해하는 모든 독자에게 자신 있게 권한다.

이 책의 탄생은 연세 정신과도 깊은 관계가 있다. "The First, The Best" 정신으로 어려운 여건에서 국내 최초로 양자컴퓨터를 도입하고, 자유로운 사고Freedom로 진리Truth(새로운 생명 현상)를 추구하고 그 결과들을 일반인들이 이해 가능한 대중 교양서를 보급하겠다는 약속을 지키겠다는 의지로 오랜 시간을 준비하여 결실을 맺게 되었다. 수고한 모든 분께 감사드린다.

✳　✳　✳

김유수

광주과학기술원(GIST) 화학과 교수
기초과학연구원 IBS 양자변환 연구단장

광주에서 김포로, 다시 하네다로 이동하는 비행 일정 사이에서 나는 이 원고를 거의 쉬지 않고 읽었다. 공항 대합실과 기내라는, 생각이 흐트러지기 쉬운 공간이었지만 페이지는 뜻밖에도 빠르게 넘어갔다. 그만큼 이 책이 던지는 질문은 분명했고, 내가 오랫동안 붙들어온 사유의 방향과 깊은 곳에서 맞닿아 있었다.

저자들은 "생명이란 무엇인가"라는 오래된 질문을 현대 물리학, 특히 양자역학의 관점에서 다시 묻는다. 생명 현상을 유전자 정보나 화학 반응의 집합으로 환원하지 않고, 에너지·정보·질서가 비평형 상태에서 조직되는 과정으로 바라본다. 슈뢰딩거의 『생명이란 무엇인가?What is Life?』에서

퀀텀, 생명의 탄생

출발한 문제의식은 "생명은 네겐트로피를 먹고 산다"는 통찰을 은유가 아닌 물리적 메커니즘의 질문으로 끌어올린다. 생명은 엔트로피 증가라는 우주의 대세를 거스르는 예외가 아니라, 양자역학이 허용하는 방식으로 에너지 흐름을 조직한 결과라는 것이다.

나는 물리와 화학의 경계에서 나노 스케일의 양자 현상을 탐구해 왔다. 그 과정에서 결국 가장 깊은 곳에 자리한 물리 법칙의 근원, 즉 양자역학의 세계로 들어가 헤엄칠 수밖에 없었다. 양자 현상과 생명 현상은 물리적·시간적 스케일의 간격 때문에 직접적으로 연결하기가 결코 쉽지 않다. 그럼에도 불구하고 이 책을 읽으며, 생명 현상의 근원이 양자역학에 기반한 에너지 이동의 결과라는 인식이, 생명과학 역시 물리나 화학과 마찬가지로 양자의 언어로 사유될 수 있음을 조용히 설득하고 있다는 느낌을 받았다.

이 책은 오랫동안 질병의 근원을 탐구해 온 정재호 교수와 성지용 박사가 축적해 온 연구 성과를 바탕으로, 양자생물학이라는 아직 낯설고 논쟁적인 영역에 정면으로 들어간다. 위험성과 불편함을 회피하지 않으면서도 과장을 경계하는 태도는 이 책이 유사과학이 아니라 책임 있는 과학적 사유임을 분명히 한다. 인공지능이 인간의 인식과 판단의 많은 부분을 대체해 가는 시대에, 과학이 던져야 할 질문 역시 달라지고 있다. 계산과 예측을 넘어, 자연의 가장 깊은 층위에서 작동하는 원리를 이해하려는 사유가 여전히 과학의 본령임을 이 책은 조용하지만 단단하게 일깨운다. 다음 세대의 과학자들에게 『퀀텀, 생명의 탄생: 슈뢰딩거와의 대화』는 생명을 다시 질문하기 위한 하나의 물리적 좌표계로 오랫동안 남을 책이다.

* * *

김재완

한국표준과학연구원 국가특임연구원
"초연결 확장형 슈퍼양자컴퓨팅"전략연구단 단장
미래양자융합포럼 공동의장

두 분 저자께서 이 책을 집필하신 용기와 도전에 깊은 경의를 표한다.

나는 입자물리학, 양자혼돈, 양자동역학을 거쳐 지난 30여 년간 양자컴퓨터와 양자암호를 포함한 양자정보과학을 연구해 온 연구자로서, '양자생물학'이라는 주제를 공론의 장으로 끌어내는 일이 얼마나 조심스럽고 어려운 일인지 잘 알고 있다.

이 책은 '양자'와 '생명'이라는 두 단어를 아무런 거리낌없이 연결한다. 그러나 그 연결은 자극적이거나 성급하지 않다. 오히려 이 책의 가장 큰 미덕은, 양자역학이 정말로 필요한 곳과 그렇지 않은 곳을 구분하려는 태도에 있다.

자연은 본질적으로 양자역학적이며, 생명 역시 그 자연의 일부다. 그렇다고 해서 모든 생명 현상을 곧바로 양자로 설명할 수 있는 것은 아니다. 시각처럼 양자역학적 전이가 분명히 드러나는 현상이 있는가 하면, 아직 검증이 필요한 가설의 영역에 머무는 문제들도 있다. 또 어떤 현상은 양자 개념을 도입하지 않아도 충분히 이해할 수 있다.

이 책은 그 경계를 정직하게 따라간다. 과장된 주장이나 신비주의적 언어 대신, 물리학과 생명과학이 어떻게 만나고 어디에서 충돌하는지를 차분히 보여준다. 그래서 이 책은 답을 강요하지 않는다. 대신 독자에게 질문을 던진다. 생명은 어디까지 물리학으로 설명될 수 있는가, 그리고 우리

12

퀀텀, 생명의 탄생

는 어떤 태도로 새로운 과학을 받아들여야 하는가.

'양자'라는 이름이 쉽게 소비되는 시대에, 이 책은 오히려 그 단어의 무게를 다시 생각하게 만든다. 양자생물학에 관심 있는 독자라면 물론이고, 과학이 어떻게 진보하는지를 알고 싶은 모든 이들에게 이 책을 추천한다.

추천의 글

차례

제2부 생명 안의 양자 현상들

감사의 글

우리는 암을 연구하는 과학자다.

내가 처음 정재호 교수님을 만났을 때는, 물리학에서 생명정보학bioin-formatics, 그중에서도 컴퓨테이셔널 암 유전체학Computational Cancer Genomics 이라는 새로운 세계로 발을 옮기며 방향을 잃고 혼란스러워하던 시기였다. 생명이라는 복잡한 현상 앞에서 물리학의 언어가 과연 통할 수 있을지 확신이 없던 그때, 교수님께서는 뜻밖에도 왓슨James Watson과 크릭Francis Crick의 이야기를 꺼내셨다. 물리학자였던 크릭이 생물학자 왓슨을 만나 DNA 이중나선 구조를 밝혀낸 것처럼, 과학의 진보는 서로 다른 학문이 만나 충돌하고 융합할 때 이뤄진다는 것이었다.

그날 교수님은 자연스럽게 슈뢰딩거Erwin Schrödinger의 이야기를 들려주셨다. 내게 슈뢰딩거란 양자역학의 방정식을 통해서만 알던 물리학자였지만, 교수님께서는 『생명이란 무엇인가?What is Life?』에서 그가 생명과 분자생물학의 탄생에 남긴 위대한 사유를 들려주셨다. 처음 들은 슈뢰딩거의 생명과학적 통찰은 큰 충격이었고, 물리학의 역사조차 나보다 깊이 이해하고 계셨던 교수님의 지식과 통찰은 그 자체로 경이로웠다.

그럴 만한 이유가 있었다. 교수님은 평생을 암 대사와 미토콘드리아 연구에 바친 외과 의사이자 학자였다. 우리는 함께 위암 연구로만 15편이 넘는 SCI 논문을 발표하며, 임상과 기초, 의학과 물리학의 경계를 넘나드는 협력을 이어왔다. 내가 생물학에 서툴렀던 시절, 교수님은 미토콘드리아와 암 대사의 복잡한 세계를 이해하는 데 있어 결정적인 통찰을 제공해 주셨다.

그리고 몇 년 후, 또 한 번의 전환점이 찾아왔다. 연세대학교가 세계 다섯 번째로 IBM 양자컴퓨터를 도입하며, 교수님께서 양자사업단을 이끌게 된 것이다. 우리가 늘 꿈꿔왔던 '암 정복'의 새로운 방법이 눈앞에 펼쳐진 듯한 벅찬 순간이었다. 나는 물리학 서적을 교수님께 선물했고, 교수님은 미토콘드리아에 대한 변함없는 열정으로 "물리학이야말로 우리가 난치병을 극복하는 열쇠가 될 것"이라고 말씀하셨다.

만약 내가 교수님을 만나지 못했다면, 슈뢰딩거가 생명과학에 남긴 위대한 발자취를 알지 못했을 것이고, 미토콘드리아가 생명과 질병을 이해하는 데 있어 얼마나 중요한 존재인지도 깨닫지 못했을 것이다. 지금 나는 교수님과 함께 양자컴퓨터를 이용해 미토콘드리아의 전자전달 과정을 탐구하며, 암과 같은 난치성 질환을 정복하기 위한 새로운 패러다임을 만들어가고 있다.

기술의 진보, 특히 양자컴퓨팅의 발전은 우리가 상상조차 하지 못했던 방식으로 생명의 비밀을 풀어낼 것이다. 언젠가 우리는 신의 영역에 한 걸음 더 가까이 다가서서, 진화의 원리와 자연의 본질을 이해하게 될지도 모른다. 그 긴 여정의 시작점에서, 나는 언제나 변함없이 학문과 인간에 대한 깊은 통찰로 이끌어주신 여러 교수님들께 마음 깊은 감사를 드린다.

이 여정을 함께 걸어온 동료와 선후배들에게도 깊은 감사를 전한다. 밤낮없이 데이터를 다루고 실험을 반복하며, 서로의 생각을 치열하게 부딪

퀀텀, 생명의 탄생

히던 시간들이 있었기에 이 책이 세상에 나올 수 있었다. 과학이란 결국 한 사람의 성취가 아니라, 함께 고민하고 성장한 수많은 이들의 노력 위에 세워진 공동의 결실임을 나는 그들과의 시간을 통해 배웠다. 또한 언제나 한결같이 곁을 지켜주고 믿어준 가족들에게도 마음 깊이 고맙다. 연구와 글쓰기가 끝없이 이어지는 시간 속에서도 나를 이해하고 기다려준 그들의 존재는 무엇과도 바꿀 수 없는 힘이 되었고, 지치지 않고 걸어올 수 있었던 이유이기도 하다.

그리고 이 책을 읽는 모든 독자와 학생 여러분께도 한 가지 부탁을 드리고 싶다. 과학은 결코 고립된 지식이 아니라, 서로 다른 생각과 분야가 부딪히고 연결될 때 가장 크게 도약한다.

우리가 암을 이해하기 위해 물리학을, 우주를 이해하기 위해 생물학을 배우듯, 학문의 경계를 넘어서는 용기가 새로운 시대를 연다. 앞으로 다가올 시대는 양자과학, 생명정보학, 인공지능, 의학이 서로 얽히고 융합하여 지금과는 전혀 다른 수준의 통찰을 요구할 것이다. 여러분 한 사람 한 사람이 이 변화의 물결 속에서 새로운 아이디어를 품고 도전한다면, 대한민국의 과학기술은 인류 지식의 선두에 설 수 있다. 나는 그 미래를 믿는다. 이 책이 누군가에게 그 길을 향한 첫걸음이 되기를, 그리고 우리가 함께 만들어갈 다음 세대의 과학이 지금보다 더 아름답고 더 인간적인 세계를 열어가기를 진심으로 바란다.

마지막으로, 이 책을 읽는 독자와 학생들에게 진심 어린 감사의 말을 전하고 싶다. 여러분이 이 책을 통해 새로운 질문을 품고 다음 탐구의 여정을 시작한다면, 그것이야말로 과학이 앞으로 나아가는 가장 아름다운 이유일 것이다.

성지용

들어가는 글

 책을 쓴다는 것의 무게감을 알기에 선뜻 답하지 못했다. 아무리 대중 교양서라고 하더라도 아니 그러기에 더욱 주저할 수밖에 없었다. 저자로서의 자격에 대해 엄밀한 조건을 언제나 요구한 나 스스로가 비록 내 학문 분야의 근원적 질문에 답하기 위해 글을 쓴다 하더라도 그 질문에 대한 답에 양자과학이라는 주제가 사용된다면 심히 고민하지 않을 수 없다. 이에 대한 변명은 나에게 이 글을 쓸 용기와 나의 학문적 신념의 근간이 된 『생명이란 무엇인가?』의 저자인 슈뢰딩거의 서문으로 갈음하고자 한다. 아무리 고민해 보아도 슈뢰딩거가 서문에서 역설하는 학자로서의 노블리스 오블리제를 벗어날 수밖에 없는 이유 외에 달리 나의 심정을 전할 다른 언어를 찾을 수 없기 때문이다.

 나도 아인슈타인처럼 이 우주를 관통하는 하나의 법칙이 있을 것이라 믿어왔다. 에너지로부터 물질이 탄생하고 물질이 진화하며 어느 시점에 —특정 조건이 형성되어— 생명이 탄생했다. 그것이 우리가 살고 있는 지구라는 별이다. 우리는 여전히 우주에 우리와 같은 생명체가 존재하는지 궁금해하며 외로운 탐험을 하고 있다. 얼마 전 화성에서 온 운석을 분석한 결과를 미 우주항공청NASA이 전격 발표하며 다른 행성에도 생명이 존재할 새로운 가능성을 공식화했다.

생명의 근간이 양자역학적이라면 양자역학이 지배하는 우주에 지구 외에 또 다른 생명이 없을 것이라는 것이 오히려 이상하다.

나는 질병을 연구하고 치료하는 의사다. 보통 의사들에게 장기나 조직 또는 세포 단위보다 낮은 수준에서의 지식이 절대적이지는 않다. 환자를 치료하기 위해 필요한 실제적 지식은 대부분 아세포 수준, 즉 DNA, RNA, 단백질 등의 분자 수준 이하로는 가는 경우가 없기 때문이다. 그럼에도 나는 언제나 이러한 생명의 기본 단위가 조성되는 근원적 원리에 대한 이해가 인간의 질병을 더 잘 진단하고 치료하는 데 필수적이라고 믿어왔다. 나아가 건강한 삶을 완성하고 노화를 정복하는 기원이 될 것이라고 확신한다.

현재 생명과학의 주류 이론은 유전자 이론이다. DNA가 생명의 블루프린트임을 부인하지 않는다. 모든 생명 현상의 원시정보는 모두 이 독특한 고분자 화합물의 서열에 저장되어 있다. 하지만 일란성 쌍둥이 실험의 충격적 결과는 이러한 정보가 어떻게 "발현"되는가 여부가 개체의 표현형, 즉 최종적인 우리의 모습과 상태를 결정한다는 것이다. 훨씬 더 복잡한 유전자 발현 조절에 대한 수많은 이론과 실험 결과들이 넘쳐난다. 하지만 눈을 감고 잠시만 생명의 본질에 대한 상상을 해보면 "정보와 에너지 그리고 구조" 사이의 연계성에 대한 질문과 마주하게 된다.

결론부터 말하면 정보(DNA)와 에너지(ATP)는 뉴클레오타이드nucleotide라는 공통된 분자 언어로 구현된 생명의 두 축이다. 이는 우연이 아니다. 정보의 물리적 구현information embodiment은 필연적으로 에너지를 필요로 하며, 생명은 이 원리를 분자 수준에서 통합한 시스템이다. 섀넌Shannon 정

23

들어가는 글

보 이론과 열역학의 연결(란다우어의 원리Landauer's principle 등)이 보여주듯, 정보-에너지 통합은 생물학에서 구체화된 보편적 물리 법칙이다.

최초의 세포가 탄생하고 또 다시 약 15억 년의 시간이 흐른 후 탄생한 진핵세포는 단 한 번의 우연한 사건으로 촉발되었다. 고세균과 알파프로테오박테리아Alphaproteobacteria의 우연한 공생이 역동적인 진화의 사슬을 이어오며 오늘의 우리를 있게 했다. 이 '우주적 사건'의 핵심은 두 가지이다. 왜 고세균은 우연히 세포 내로 들어온 알파프로테오박테리아를 소화하지 못했을까? 두 번째는 보다 더 중요한 함의가 있다. 바로 이 사건으로 후일 진핵세포로 진화하게 되는 고세균은 에너지의 풍요로움을 누리게 되었다는 것이다. 즉, 먹고사는 문제가 어느 정도 해결이 되자 세포는 더 이상 에너지를 오직 즉각적인 생존을 위해서만 사용할 필요가 없어졌다. 곧 잉여 에너지를 '정보화'하여 세포 내 다양한 구조를 만들어낸다. 그 이전에는 필요에 따라 ― 환경의 변화에 대응하는 진화의 기본 원리에 충실하게 ― 반영구적 구조가 아닌 일시적인 세포 공정이나 소산 환경Dissipation environment에서 낮은 효율의 생화학 반응을 통해 비용 높은 과정을 반복해야 했다. 이제 에너지의 풍요는 주어진 환경에서 세포의 안정화를 추구하는 방향으로 진화하며 다양한 환경 자극에 상시적인 반응이 가능한 세포 내 구조물, 즉 핵막, 소포체, 골지체, 엽록체 등과 같은 세포소기관과 세포골격을 형성하여 특수 임무를 수행하게 한다. 이러한 에너지-정보-구조의 강력한 진화적 도구를 습득함으로써 단일 세포는 생존에 필수적인 기능을 더 이상 하나의 세포 안에만 국한시키지 않게 된다. 각각의 기능은 다양한 세포들로 분화되고, 세포 간 협력은 구조화되며 그 결과 조직과 기관이 형성된다. 이렇게 생명은 마침내 다세포 개체로 진화할 수 있었다.

문제가 여전히 남아 있다. 자연의 기본 원리인 엔트로피 (무질서도) 증가의 법칙을 거스를 수 없다. 생명은 어떻게 이를 극복할 수 있을까? 슈뢰

퀀텀, 생명의 탄생

딩거의 통찰의 정점은 바로 우주적 기본 원리에 기반하여 생명 현상이 가능함을 보여준 것이다. 시간이 흐르면 불가피하게 증가하는 무질서도는 정교한 질서 그 자체인 생명에게는 치명적이다. 우리가 흔히 '죽음'이라 부르는 사건은 다르게 말하면 생명 시스템이 더 이상 질서를 유지하지 못하고 엔트로피가 최대치로 증가해 열역학적 평형에 도달한 순간의 다른 이름일 뿐이다. 어떻게 생명은 이 불가피한 결말을 늦출 수 있을까?

생명의 진화는 놀랍도록 열역학적 법칙에 충실하다. 생명 현상은 외부 환경으로부터 에너지를 지속적으로 섭취하여 엔트로피 증가를 낮춘다. 식물은 태양으로 부터의 빛 에너지를, 동물은 음식물을 통한 에너지 섭취를 통해 엔트로피 증가를 늦춘다. 이러한 종별로 특이한 물질 대사 방식에 따라 최대 엔트로피에 도달하기까지의 시간이 달라지며, 그것이 곧 각 생명체에게 부여된 평균 수명이다.

슈뢰딩거는 의도적으로 '네겐트로피를 섭취한다'는 능동적이고 적극적인 표현으로 '생명은 그저 살고자 한다'는 생명 현상의 본질을 전달하고자 한 것은 아닐까?

우리는 어떻게 섭취한 음식물로부터 에너지를 얻을 수 있을까? 사실 미토콘드리아가 없어도 우리는 '발효'를 통해 에너지를 얻을 수 있다. 탄수화물의 한 종류인 포도당은 해당 작용을 통해 미토콘드리아가 없어도 에너지(ATP)를 만들 수 있다. 우리 몸의 흰색 근섬유세포들은 이러한 방식으로 단시간에 에너지를 만들어서 단거리 운동에 사용한다. 반면 마라톤과 같은 장시간 지속적 활동을 위해서는 적색 근섬유세포가 미토콘드리아에 의존하는 에너지 대사를 수행해야 한다. 다시 미토콘드리아로 돌아가보자. 미토콘드리아는 두 겹의 막을 가지고 있다. 바깥은 20억 년 전 공생을 시작한 고세균막의 흔적이며 안쪽의 내막이 진짜 자신의 고유한 막이다. 이 내막에 전자전달계가 자리 잡고 있다. 우리가 음식을 섭취하면 일련의 대사 과정을 거쳐 NADH 혹은 $FADH_2$라는 에너지 저장 분자가 생성된다. 전자전달계가 하는 역할은 이들 분자에 저장된 에너지를 추출해서 세포가 직접 사용할 수 있는 에너지 형태, 즉 ATP로 전환하는 것이다. 물리적으로 보면 단순한 에너지 전환 과정일 뿐이다. 그러나 그 내부를 자세히 들여다보면 이 과정은 양자역학적 원리에 따라 작동하는 정교한 질서 생성 시스템이다.

미토콘드리아의 에너지 대사는 슈뢰딩거가 던진 '생명이란 무엇인가'에 대한 하나의 답변이 될 수 있다. 생명은 양자역학이라는 우주적 기본 원리 위에서 열역학법칙에 충실하면서도 질서를 유지하기 위한 가장 효율적인 전략을 진화시켜 온 존재인 것이다. 그렇다 하더라도 문제는 남아 있다.

핵심적인 질문은 이것이다. 연속적인 물리적 스케일 속에서 과연 어느 지점에서 생명의 고유한 특질이 나타나는가? 다시 말해 생명 현상은 단순한 물리 과정의 연장선 위에 놓여 있는가, 아니면 어떤 스케일에서 질적으로 다른 특성을 획득하는가 하는 문제다. 이 질문을 사유하는 데에는 유명한 로저 펜로즈Roger Penrose의 양자적 의식* 가설과 이에 대한 막스 테그마크Max Erik Tegmark의 반론에서 통찰을 얻을 수도 있다. 물론 정확히 의식이란 무엇인가를 논하는 것은 현대 과학으로도 버거운 주제이다. 따라서 여기서는 측정과 검증이 가능한 범위에서 신경계가 신호를 수용하고 처리하고 전달되는 물리적 작동 시간에 주목해 보자. 정상 과학이 다루는 신경세포 수준에서 정보 처리는 대략 1밀리초(0.001초) 단위에서 이루어진다. 반면 양자적 의식 가설의 핵심인 미세소관microtubule 내부의 파동함수 붕괴는 10조분의 1초(0.000000000001초) 이내에 일어난다. 두 시간 스케일 사이에는 무려 아홉 자릿수 이상의 간극이 존재한다. 설령 미세소관에서

어떤 양자적 현상이 실제로 존재한다고 하더라도 밀리초 스케일에서 일어나는 의식 과정에서는 이러한 양자 효과는 배경 소음background noise으로 소멸될 가능성이 크다는 것이 테그마크의 핵심 반론이다.

이 지점에서 불편하지만 피할 수 없는 질문과 마주하게 된다. 과연 우리는 이러한 객관적 물리적 사실들과 생명의 양자적 특성에 관한 직관을 어떻게 조율하고 새로운 과학의 지평을 열어갈 수 있을까? 바로 이 질문이 이 책을 쓰게 된 이유이기도 하다. 일방적인 주장이나 유사과학의 비난 혹은 무관심이 아니라 이제는 피할 수 없는 거대 담론의 포럼으로서 이 책의 지면들이 할애되기를 바란다. 나는 안온한 학문 간 화평을 원하지 않는다. 더 많은 지식의 충돌과 긴장을 통해서 우리가 도달해야 하는 새로운 지적 "아우프헤벤aufheben"(보존하면서도 넘어서는 사유)이 가능하기 때문이다.

자 이제 우리 주변에 40억 년간 지속되어 온 생명이 어떤 물리적 원리 위에서 진화해 왔는지를 묻는 여정이 시작된다. 생명이란 무엇인가에 대해 양자역학이라는 가장 근원적인 언어로 슈뢰딩거와의 대화 여행을 떠나보자.

정재호

*　*　*

지면을 빌려 우리를 믿어주고 기꺼이 이 책이 세상에 나올 수 있도록 해준 한울엠플러스(주)와 집필 과정에서 많은 도움을 주신 조인순 편집자에게 고마움을 전한다. 그리고 나의 무지와 무능에도 불구하고 책을 쓸 수 있는 용기와 언제나 변함없이 격려를 해준 가족들에게도 감사한 마음을 남긴다.

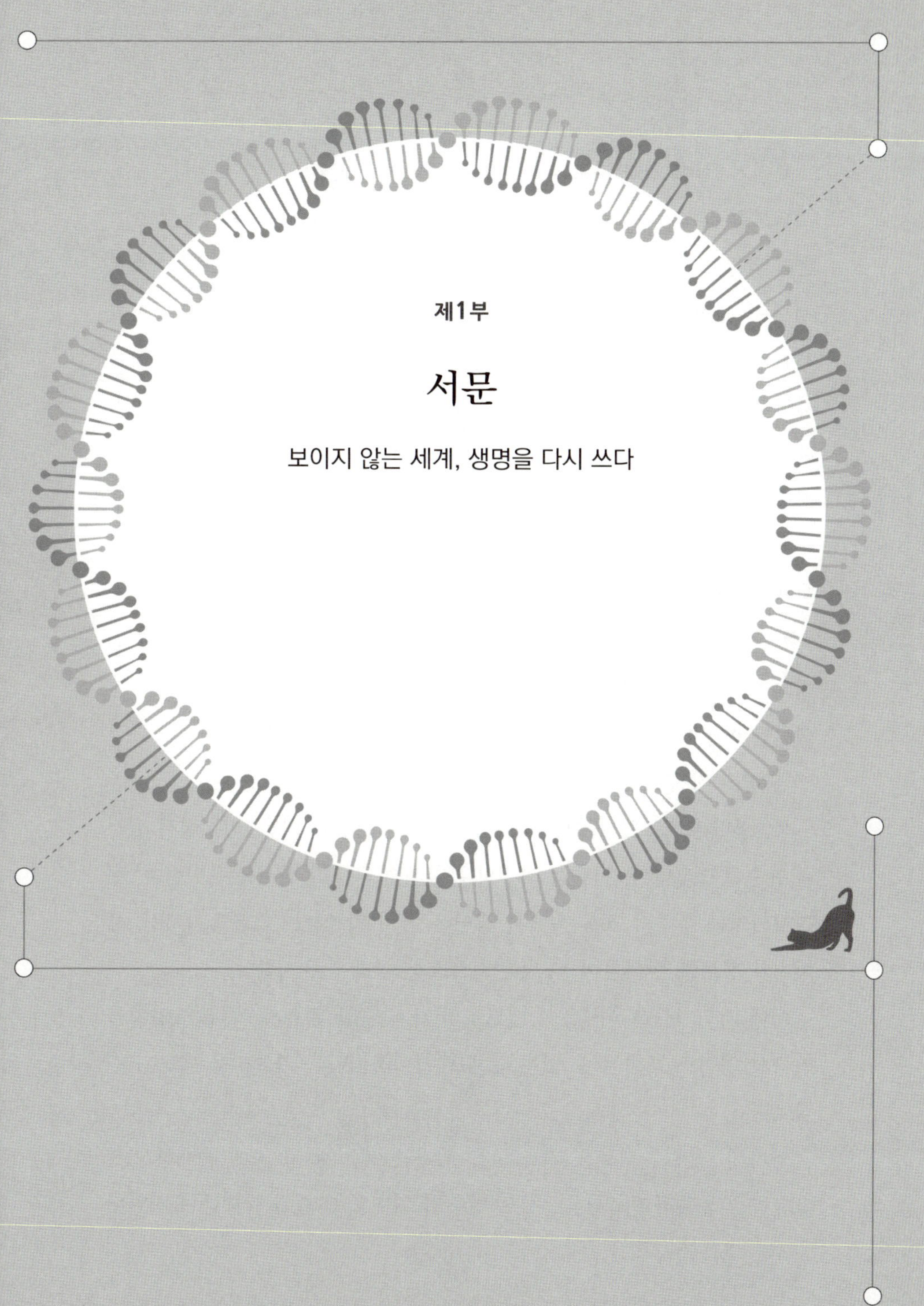

제1부

서문

보이지 않는 세계, 생명을 다시 쓰다

우리가 "살아 있다"라고 말할 때, 그 의미는 무엇일까?

세포는 끊임없이 움직인다. DNA는 정밀하게 정보를 복사하며, 효소는 믿기 힘들 만큼 빠른 속도로 화학 반응을 일으킨다. 생명체는 마치 스스로 '질서'를 유지하려는 의지를 지닌 것처럼 보인다. 하지만 물리학이 말하는 자연의 법칙, 즉 엔트로피는 정반대다. 우주는 항상 더 무질서한 상태를 향해 나아가며 무질서 정도를 나타내는 엔트로피는 시간이 지날수록 증가한다. 아무런 개입이 없다면 모든 질서는 결국 붕괴decay하고 서로 구분되지 않는 상태로 균질해진다.

그렇다면 생명은 어떻게 우주의 근본 원리를 거슬러 존재할 수 있을까?

1940년대, 오스트리아의 물리학자 에르빈 슈뢰딩거Erwin Schrödinger는 『생명이란 무엇인가』에서 이 질문에 가능성을 제시했다. 그의 주장은 현대 과학 관점에서 일부 사실과 멀지만 사물의 핵심을 꽤 뚫는 통찰은 단순했지만 혁명적이었다.

"생명은 네겐트로피negative entropy(음의 엔트로피)를 먹고 산다."

즉, 생명은 스스로 질서를 만드는 존재가 아니다. 대신, 외부에서 질서를 흡수하고, 그것을 이용해 내부의 복잡성과 구조적 질서를 유지한다. 무질서해지는 우주의 흐름 속에서 생명은 마치 역류하는 소용돌이처럼, 에너지와 정보를 '빨아들여' 더 낮은 엔트로피 상태를 유지한다.

이제 과학자들은 이 "음의 엔트로피"가 단순한 은유가 아니라, 양자물리학의 언어로 표현될 수 있는 실제 메커니즘이라는 가능성을 깨닫기 시작했다.

양자의 세계는 직관을 거스른다. 입자는 동시에 두 곳에 존재하고(중첩), 벽을 통과하며(터널링), 서로 떨어져 있어도 연결된 상태를 유지한다

(얽힘). 그리고 놀랍게도 생명은 이 기묘한 법칙을 단순히 '겪는' 수준이 아니라 적극적으로 '활용'하고 있다.

잎사귀 속 광합성 복합체에서 들뜬 전자의 여기자exciton는 가능한 모든 경로를 동시에 탐색해 에너지를 거의 잃지 않고 이동한다. 철새의 눈에서는 얽힌 전자쌍이 지구 자기장의 미세한 변화를 읽어내고, DNA 복제에서는 양성자가 양자 터널링tunneling으로 염기를 뛰어넘으며 돌연변이의 씨앗을 남긴다. 효소의 활성 부위는 입자가 장벽을 통과하기 쉬운 '양자 터널'을 설계하고, 어쩌면 우리의 후각은 분자의 모양뿐 아니라 진동수, 즉 파동의 음표를 듣는지도 모른다.

이 모든 현상의 공통점은 하나다.

생명은 에너지를 더 많이 소비하는 방식으로 질서를 유지하지 않는다. 오히려 양자 법칙을 활용해 에너지를 절약하면서도 정교한 질서를 효율적으로 만들어낸다. 이것은 자연의 최소작용 원리와 정확히 맞닿아 있다. 생명은 외부에서 에너지를 받아 양자적으로 조직화하고, 무질서 속에서도 새로운 질서를 '추출'하며, 결국 우주의 엔트로피 증가 흐름에 맞서 자신의 구조를 지켜낸다.

$E = nh\nu$는 흔히 물리학 교과서에서 등장하는 간단한 방정식으로 보인다. 하지만 이 단순한 공식이 의미하는 바는 결코 간단하지 않다. 그것은 에너지가 연속적으로 흐르지 않고, 일정한 크기의 '묶음'으로만 교환된다는 자연의 규칙이다.

막스 플랑크는 에너지가 물처럼 끊임없이 흘러가는 것이 아니라, $h\nu$라는 최소 단위를 정수 배(n)로만 흡수되거나 방출된다는 사실을 밝혀냈다. 이는 에너지가 언제나 "필요한 만큼만, 허용된 크기로만" 전달된다는 뜻이다. 이 양자화 된 구조 덕분에 자연은 에너지의 낭비를 최소화할 수 있다.

흥미로운 점은, 생명체의 에너지 활용 방식이 이 규칙과 놀라울 정도로 닮아 있다는 사실이다. 미토콘드리아에서 전자가 이동할 때, 혹은 ATP가 합성될 때 에너지는 연속적으로 흘러가지 않는다. 전자는 정해진 에너지 준위 사이를 이동하고, 화학 반응은 특정 문턱을 넘을 때만 일어난다. 생명 활동은 본질적으로 정해진 크기의 에너지 계단을 오르내리는 과정인 셈이다.

이러한 양자화는 생명에게 중요한 이점을 준다. 에너지가 연속적이었다면, 작은 요동만으로도 반응은 쉽게 붕괴되었을 것이다. 그러나 에너지가 이산적으로 나뉘어 있기 때문에, 생명은 필요한 반응만 선택적으로 일어나게 하고, 나머지는 억제할 수 있다. 이는 곧 질서를 유지하는 가장 효율적인 전략이다.

생명은 우주에서 특이한 존재다.

무질서로 흐르는 자연법칙 속에서도 질서를 만들고, 에너지를 조직하며 정보를 축적하고 진화를 이끌어간다. 그것은 마치 '시간의 화살'에 저항하는 시스템처럼 보인다. 그리고 그 모든 전략의 중심에, 보이지 않지만 강력한 물리 법칙 — 바로 양자역학이 자리하고 있다.

이 책은 그 보이지 않는 전략을 탐험하는 여정이다.

양자는 더 이상 실험실 속 추상적인 개념이 아니다. 그것은 잎사귀 속에서 에너지를 운반하고, 철새의 눈 속에서 방향을 제시하여 긴 여정을 인도하며, DNA 사슬의 상보적 결합 속에서 새로운 생명의 서사를 쓴다. 그리고 무엇보다, 역설적이게도 생명은 환경과 상호작용을 통해 양자 현상을 적절히 붕괴시켜 존재를 넘어 스스로를 실재實在하게 하는 우주의 깊은 질서다.

지금 우리는 새로운 질문 앞에 서 있다.

"양자 효과가 생명 속에서 작동하는가?"에서

"생명은 어떻게 양자를 이용해 엔트로피를 거슬러 존재를 지속하는가?"로.

이 질문이 바로, 생명을 다시 쓰는 과학 혁명의 시작이다.

이 책은 그 여정의 출발점에서, 여러분을 양자와 생명의 공진共振이 빚어낸 가장 깊고도 아름다운 이야기로 초대한다.

1

심연에서 온 신호

에너지가 구조를 만들고, 구조가 진화를 이끈다

지구의 생명사는 생각보다 훨씬 더 깊고 뜨거운 곳에서 시작되었는지 모른다. 태양빛 한 줄기조차 닿지 않는 해저 수천 미터 아래, 압력은 상상을 초월하고, 물은 끓어오르며 황화수소와 금속 이온이 뒤섞여 치열한 화학 반응을 일으키는 곳, 바로 심해 열수 분출공hydrothermal vent이다. 생명에게 가장 적대적으로 보이는 이 환경이 사실은, 지구 최초의 생명 에너지 시스템이 태동한 "기원점"일지도 모른다. 이 극한의 세계 한가운데에서, 과학자들이 "지구에서 가장 특이한 동물"이라고 부르는 한 존재가 살아간다. 바로 비늘발 고둥Scaly-foot gastropod, Chrysomallon squamiferum이다.

1. 에너지를 구조로 바꾸는 생명체

비늘발 고둥은 2,400~2,800m 깊이의 인도양 열수 분출공에서만 발견

비늘발 고둥

되는 희귀한 심해 고유종으로, 알려진 생명체 중 유일하게 '철황화물', 주로 황철석(FeS_2)을 몸의 보호 외피로 사용하는 동물이다. 이 고둥의 껍질은 세 겹의 층으로 이루어져 있다. 가장 바깥층에는 황화철pyrite(FeS_2)과 비정질 황화철($Fe_{1-x}S$) 입자가 빽빽하게 박혀 있어 천적의 공격을 튕겨낸다. 그 안쪽의 중간층은 단백질 기반의 유기질 복합체로 구성되어 외부 충격을 흡수하고, 가장 안쪽 층은 아라고나이트aragonite(탄산칼슘)가 껍질 전체의 구조적 안정성을 지탱한다. 이 구조는 단순한 '방어 장치'를 넘어선다. 금속 성분과 단백질, 광물성 물질이 층층이 결합된 이 복합 장갑은, 마치 서로 다른 물성이 협주하듯 조화를 이루며 하나의 기능적 구조를 만들어낸다. 이는 생명체가 주변 환경에 존재하는 화학 성분과 에너지 흐름을 재료로 삼아, 자신의 몸을 설계해 온 진화의 결과라 할 수 있다. 심해 열수 분출공에서 분출되는 화학에너지는 이 고둥에게 단순히 생존을 위한 '연료'가 아니다. 그 에너지 흐름은 생존을 가능하게 할 뿐 아니라, 껍질이라는 물질적 구조로 '응축'되어 나타난다. 에너지는 구조를 만들고, 그렇게 만들어진 구조는 다시 더 정교한 에너지 활용 전략을 가능하게 한다. 이 순환 속에서 생명은 환경에 적응하는 수준을 넘어, 환경의 재료를 조직화하며 점점 더 복잡한 형태로 자신을 확장해 왔다.

2. '용의 심장'을 가진 동물

비늘발 고둥이 진화적으로 특별한 이유는 단지 껍질의 독특한 소재 때문만은 아니다. 최근의 3차원 해부학적 연구는 이 동물이 지구에서 가장 발달한 심혈관계를 가진 연체동물임을 보여준다. 특히 심장이 몸무게의 약 4%[*]에 이를 정도로 크게 발달해 있다. 이는 일반적인 연체동물에 비해 상당히 큰 비율로, 심해의 저산소 환경에서 효율적으로 산소와 영양분을 운반하기 위한 진화적 해법으로 해석된다.

이 고둥은 열수 분출공 주변의 화학 환경 ─ 황화수소, 철 이온, 산화제와 같은 물질 ─ 에 의존해 살아가는 공생 미생물과 긴밀히 연결된 대사 체계를 갖고 있다. 이러한 환경에서는 전자의 이동과 산화·환원 반응이 곧 에너지 획득의 핵심이 되며, 고둥의 순환계는 이러한 화학에너지 흐름을 전신으로 효과적으로 분배하는 역할을 한다. 다시 말해, 에너지 획득과 전달의 효율성이 순환계 구조의 진화에 깊이 반영되어 있는 셈이다.

이러한 전략은 세포 내부에서 작동하는 미토콘드리아의 원리와도 흥미로운 유사성을 보인다. 미토콘드리아는 전자를 단계적으로 전달하며 양성자 구배를 형성하고, 그 에너지를 ATP 합성으로 전환해 생명 유지에 연결한다. 스케일은 다르지만, 비늘발 고둥의 발달한 순환계 역시 에너지의 흐름을 생존 전략의 핵심 축으로 삼아 조직화되었다는 점에서, 진화가 에너지 전달의 효율을 얼마나 중요한 설계 원리로 삼아왔는지를 보여주는 하나의 상징적 사례로 '진화의 살아 있는 기록'이라 할 수 있다.

---

* 일반적으로 사람의 심장은 몸무게의 약 0.4~0.5% 정도이다.

3. 공생과 정보 – 세포 수준의 전략

이 고둥은 단독으로 살아가지 않는다. 몸속에는 황화수소를 산화하는 화학합성 세균이 공생하고 있으며, 이 미생물들은 열수 분출공에서 방출되는 무기 화학에너지를 유기물 형태의 에너지로 전환해 숙주에게 공급한다. 다시 말해, 비늘발 고둥의 생존은 주변 환경의 '화학적 흐름'이 내부의 대사 네트워크와 긴밀히 연결된 결과다.

유전체 분석 연구들은 이러한 공생 전략이 일시적인 적응이 아니라, 장기간의 진화를 통해 깊이 통합된 생리적 시스템임을 보여준다. 실제로 이 고둥과 공생 미생물의 대사 경로에는 철과 황을 다루는 다양한 단백질들이 관여하며, 이들이 껍질에 포함된 황화철 성분의 형성과 침전에 간접적으로 기여하는 것으로 해석된다. 최근 연구들은 특정 헤모단백질이나 금속 결합 단백질이 철-황 화합물의 미세 구조 형성에 관여할 수 있음을 시사하고 있다.

이러한 관점에서 보면, 비늘발 고둥은 단순히 환경을 '이용'하는 존재를 넘어, 주변의 화학에너지와 물질 흐름을 생존 전략에 맞게 조직화하는 방향으로 진화해 왔다고 할 수 있다. 전자 이동과 산화·환원 반응이라는 미시적 에너지 흐름이, 공생과 껍질 구조라는 거시적 생명 전략으로 이어지는 장면을 이 작은 심해 생물은 상징적으로 보여준다.

4. 에너지, 정보, 구조, 그리고 진화

비늘발 고둥의 존재는 생명에 대해 한 가지 중요한 통찰을 던져준다. 생명은 에너지를 활용해 기능적 '정보'를 만들어내고, 그 정보는 다시 물질적 구조로 구현되며, 이렇게 형성된 구조는 다음 단계의 진화적 변화를 가능하게 하는 조건이 된다. 에너지, 정보, 구조, 진화가 서로 맞물린 순환이 생명의 작동 방식이라는 점이다.

심해 열수 분출공에서 시작된 화학적 전자 이동과 산화·환원 반응은, 진화의 긴 시간 속에서 미토콘드리아의 전자전달계와 같은 정교한 생체 에너지 시스템으로 확장되었다. 오늘날 세포 속에서 ATP를 합성하는 복잡한 대사 네트워크는, 이러한 원시적 에너지 활용 원리가 누적되고 진화한 결과라 볼 수 있다.

이런 의미에서 비늘발 고둥은 '살아 있는 진화의 교과서'에 비유될 만하다. 이 생물은 생명이 단지 유전자의 산물이나 우연한 변화의 결과로만 이해될 수 없음을 상기시킨다. 생명은 무작위적 변이 위에 자연선택이 작동하며, 에너지 흐름을 질서 있는 구조로 조직하는 방향으로 진화해 온 과정이기 때문이다.

결국 생명이란, 에너지의 흐름 속에서 국소적인 질서를 만들어내고, 그 질서가 다시 더 효율적인 에너지 활용을 가능하게 하는 구조로 이어지는 '순환 알고리즘'이다. 이 순환이 시간에 따라 축적되며, 정보는 점점 더 복잡한 형태의 구조로 구현되고, 생명과 물질의 진화는 서로 얽힌 연쇄로 계속 이어져 왔다.

5. 양자생물학으로 향하는 문

이 책이 따라가는 양자생물학의 여정도 바로 여기에서 출발한다. 전자가 만들어내는 에너지 흐름이 어떻게 분자 구조를 형성하고, 그렇게 형성된 구조가 다시 전자의 흐름을 조율하며, 그 상호작용이 모여 생명이라는

'에너지-정보의 복합체'를 빚어내는가라는 질문이다.

　심해의 어둠 속에서 철을 몸에 두른 비늘발 고등이 전해주는 메시지는 단순하다. 생명은 에너지를 수동적으로 받아들이는 존재가 아니라, 에너지의 흐름을 조직하고 활용하는 방식으로 자신을 만들어가는 존재라는 것이다.

　그리고 그 설계의 가장 깊은 층위에는 언제나 양자적 전자의 흐름이 자리하고 있다. 우리가 미토콘드리아 속에서 이동하는 전자 하나를 끝까지 따라가다 보면, 그 궤적은 결국 심해의 화학에너지에서 시작된 생명의 오래된 역사와 맞닿게 된다. 그 끝에서 마주하는 것은 바로 이 심연에서 시작된, 생명의 본질 그 자체다.

2

입자도 파동도 아닌 세계

우리 일상을 지배하는 보이지 않는 법칙

1. 눈에 보이지 않는 또 하나의 세계

우리가 '현실'이라고 부르는 것은 감각 기관으로 지각할 수 있는 세상을 말한다. 보통 눈으로 볼 수 있고, 손으로 만질 수 있으며, 직관적으로 이해할 수 있는 세계를 뜻한다. 사과가 나무에서 떨어지고 강물이 바다로 흘러가며, 지구가 태양 주위를 돌고 태양이 동쪽에서 떠오르는 세계는 모든 것이 질서 정연하며 예측 가능하다. 뉴턴Isaac Newton의 운동 법칙, 맥스웰James Maxwell의 전자기 방정식, 아인슈타인Albert Einstein의 상대성이론과 같은 위대한 과학적 성취는 이러한 거시 세계를 놀라울 정도로 정확히 설명한다. 인간은 이러한 법칙에 기반하여 항공기·인공위성·핵발전소·스마트폰까지 만들어냈으며 지구를 박차고 우주로 삶의 경계를 확장하고 있다. 그러나 이 거대한 질서의 표면을 벗겨내고, 사물의 본질을 이루는 원자와 전자의 깊숙한 세계로 내려가면, 우리의 직관과 경험은 더 이상 통하지 않는다. 입자는 고정된 위치를 가지지 않고, 때로는 '존재한다'는 개념조차 불분명하다. 입자는 하나의 점이 아니라 공간 전체에 퍼진 확률적 파동으로 존재하고, 한순간에 여러 장소에 동시에 있을 수도 있다. 심지어 우리가 그 입자를 '관찰'한다는 행위 자체가 그것의 상태를 바꾸고 현실을 결정짓는다. 이 기묘하고 낯선 세계가 바로 양자quantum 세계다.

20세기 초, 과학자들이 처음 이 사실을 마주했을 때 그 충격은 이루 말할 수 없었다. 물리학자 닐스 보어Niels Bohr는 "우리가 실제라고 부르는 모든 것들은 실제라고 여겨질 수 없는 것들로 이루어져 있다"라고 말하며 이 새로운 세계를 표현했다. 입자가 동시에 두 개의 상태에 존재한다는 사실은 '상식'을 무너뜨렸고, 측정 전에는 현실이 확정되지 않는다는 개념은 철학적 사고까지 뒤흔들었다. 그러나 더 놀라운 사실은 이 미시 세계의 법칙이 결코 실험실 안의 특수한 조건에서만 나타나는 것이 아니라는 점이다. 양자 법칙은 모든 물질과 에너지의 근본적 작동 원리이며, 우리가 매일 보는 사물들, 빛, 심지어 우리 몸을 구성하는 세포까지도 이 법칙에 따라 움직인다. 다만 거시 세계에서는 그 효과의 결과만 볼 수 있다.

오늘날 우리는 이 양자 법칙이 단순히 전자기기나 반도체의 작동 원리를 설명하는 데서 끝나지 않는다는 것을 알고 있다. 생명은 이 기묘한 법칙을 적극적으로 활용하고 있다.

식물의 광합성 복합체에서 빛에 의해 활성화된 전자는 여러 경로를 동시에 탐색하며 거의 손실 없이 에너지를 전달하고, 새의 눈 속 단백질은 전자스핀spin 얽힘을 이용해 지구 자기장의 미세한 변화를 감지한다. DNA 복제 과정에서 양성자는 터널링을 통해 염기쌍base pair을 건너뛰며 돌연변이를 일으키고, 효소는 반응 속도를 높이기 위해 전이 상태 전자들이 미시적인 양자 장벽을 '뚫고' 지나간다.

이처럼 양자 세계는 생명 현상의 주변부가 아니라 핵심이다. 우리가 일

42

상에서 보는 질서 정연한 세계는 이 보이지 않는 법칙이 만들어낸 표면 현상일 뿐이다. 생명과 우주의 모든 질서는, 궁극적으로 이 미시 세계의 확률과 파동이 빚어낸 결과다. 따라서 양자 세계를 이해하는 일은 단순히 물리학을 배우는 것을 넘어, 생명 자체의 본질을 파악하는 첫걸음이 된다.

2. 고전 물리학의 한계 – 설명되지 않던 현상들

17세기 뉴턴의 고전 역학은 인류의 자연관을 완전히 바꾸어놓았다. 사과의 낙하에서 행성의 운동까지, 물체의 움직임은 모두 힘과 질량, 가속도의 관계로 설명할 수 있었다. 19세기 말에는 전자기학과 열역학이 체계를 갖추면서, 과학자들은 "자연의 법칙은 모두 완성되었다"고 믿기 시작했다. 영국의 위대한 물리학자인 켈빈 경(윌리엄 톰슨William Thomson)은 1900년 학회 연설에서 "물리학의 하늘에는 두 개의 작은 구름만이 남아 있을 뿐"이라고 말할 정도였다. 그러나 그 두 개의 '작은 구름'이 곧 자연관을 완전히 뒤집는 폭풍이 되었다. 첫 번째 구름은 흑체 복사blackbody radiation 문제였다. 뜨겁게 달군 금속이 방출하는 빛의 스펙트럼은 고전 물리학으로 예측할 수 없었다. 고전 이론에 따르면, 높은 주파수의 빛은 무한히 에너지가 커야 하지만, 실제 실험에서는 그렇지 않았다. 이를 해결하기 위해 독일의 물리학자 막스 플랑크는 1900년 혁명적인 가정을 내놓았다. 에너지가 연속적으로 방출되는 것이 아니라, 일정한 크기의 '조각'(양자)으로만 교환된다는 것이다. 에너지의 양자화 개념은 현대 물리학의 시작을 알리는 신호탄이었다.

두 번째 구름은 광전 효과photoelectric effect였다. 금속 표면에 특정 파장의 빛을 쏘이면 전자가 튀어나오는 현상이었다. 고전 이론이라면 빛의 세기가 세질수록 더 많은 전자가 방출되어야 했지만, 실험은 전혀 그렇지 않았다. 빛의 세기보다 주파수가 중요했고, 특정 주파수 이하에서는 아무리 강한 빛이라도 전자가 나오지 않았다. 아인슈타인은 이를 해결하기 위해 빛이 입자(광양자light quanta, 광자photon)로서 행동한다고 설명했다. 빛이 파동일 뿐만 아니라 입자라는 개념은 과학자들의 직관을 송두리째 흔들었다. 이 외에도 수많은 실험이 기존 이론을 무너뜨렸다. 프랭크-헤르츠Franck-Hertz 실험은 원자가 특정한 에너지 단위로만 들뜰 수 있음을 보여주었고, 콤프턴 산란Compton scattering 실험은 광자의 입자성을 다시 한번 입증했다. 전자의 간섭 실험은 입자가 파동처럼 행동할 수 있음을 증명했다. 과학자들은 더 이상 "연속적이고 결정론적인 세계"라는 개념을 유지할 수 없었다. 이러한 새로운 사실들이 하나둘 밝혀지면서, 과학자들은 깨닫게 되었다. 자연은 우리가 생각했던 것처럼 매끄럽고 연속적인 기계가 아니며, 작은 세계에서는 완전히 다른 법칙이 지배하고 있다는 것을 말이다. 우주는 거대한 아날로그 시계 장치가 아니라, 에너지와 물질이 불연속적으로 교환되고, 확률적으로 움직이는 디지털적 우주였다.

고전 물리학은 거시 세계를 정밀하게 설명했지만, 그 이면의 물질의 이중성·에너지 세계를 설명하기에는 불충분했다. 이러한 한계에서 탄생한 것이 바로 양자역학이며, 그것이야말로 20세기 이후 과학의 방향을 완전히 바꿔놓은 패러다임이다.

3. 입자인가 파동인가 - 물질의 이중성

고전 물리학에서 입자와 파동은 명확히 구분되는 개념이었다. 입자는 질량을 가진 개별적인 물체로, 특정한 위치와 운동량을 지니며 시간에 따라 궤적을 따라 움직인다. 반면 파동은 공간 전체로 퍼져 나가는 연속적인 현상으로, 간섭과 회절을 일으키며 입자와는 전혀 다른 특성을 가진다. 물방울과 빛, 야구공과 소리처럼, 두 세계는 결코 겹치지 않을 것처럼 보였다. 그러나 20세기 초, 이 분명했던 경계가 무너졌다. 전자는 입자처럼 충돌하고 궤도를 따라 움직이는 동시에, 파동처럼 간섭과 회절을 일으켰다. 빛은 파동으로 알려져 있었지만, 광전 효과에서는 입자처럼 행동했다. 물리학자들은 더 이상 "입자인가, 파동인가?"라는 이분법적 질문을 유지할 수 없었다. 대신 새로운 질문이 등장했다. "물질과 에너지는 왜 두 가지 성질을 모두 갖는가?"

이 질문을 극적으로 보여주는 실험이 바로 데이비슨-거머Davisson-Germer 이중 슬릿double-slit 실험이다. 전자를 하나씩 쏘아 두 개의 슬릿을 통과하게 하면, 입자라면 두 개의 줄무늬가 생겨야 한다. 하지만 실제로는 파동 특유의 간섭무늬가 나타난다. 더욱 놀라운 것은 전자를 하나씩, 천천히 쏘아도 결과는 똑같다는 것이다. 전자가 스스로 간섭하고 있다는 뜻이다. 마치 전자가 "두 개의 슬릿을 동시에 통과했다"는 것처럼 보인다. 이 현상을 설명하기 위해 양자역학은 새로운 개념을 도입했다. 바로 파동함수 wavefunction(Ψ)다. 파동함수는 입자의 존재 가능성을 기술하는 수학적 함수이며, 입자가 어느 곳에서 어떤 상태로 발견될 확률을 결정한다. 전자는 한 점에 있는 것이 아니라, 여러 가능성의 중첩superposition 상태로 존재한다. 슬릿 A를 통과할 확률과 슬릿 B를 통과할 확률이 동시에 존재하며, 이 확률파가 서로 간섭하여 간섭무늬를 만든다. 더욱 근본적인 사실은, 이 중첩 상태가 단지 전자의 특성이 아니라 자연의 보편적인 성질이라는 점이다. 원자, 분자, 심지어 복잡한 거대 분자나 초전도 회로도 중첩 상태에 놓일 수 있다. 이 말은 곧 "하나의 물체가 동시에 여러 상태에 존재한다"는 것이며, 이는 우리의 일상 경험과 정면으로 배치된다. 우리의 직관에 반하

45

는 양자역학의 핵심은 입자의 특성과 파동의 특성을 모두 가지고 있는 물질의 이중성에 대한 것이다.

이중성은 생명체의 수준에서도 중요한 의미를 가진다. 예를 들어 광합성 복합체에서 들뜬 전자는 에너지를 전달할 때 특정한 하나의 경로만을 따라가지 않는다. 가능한 모든 경로를 동시에 탐색하며, 가장 효율적인 경로를 '결과적으로' 선택한다. 이는 마치 미로를 걸을 때 모든 길을 동시에 가본 뒤 가장 짧은 길을 찾는 것과 같다. 자연은 이러한 양자적 탐색 능력을 이용하여 에너지 손실을 최소화한다. 즉, 양자 중첩은 생명의 효율성을 극대화하는 전략이기도 하다.

결국 입자-파동 이중성은 단순한 물리적 기묘함이 아니다. 그것은 자연이 정보와 에너지를 다루는 방식이며, 생명이 작동하는 방식이다. 입자는 고정된 궤도를 따라가는 것이 아니라, 가능한 모든 경로를 동시에 '탐색'한다. 자연은 이 잠재성의 공간에서 최적의 결과를 선택한다.

4. 관측이 현실을 만든다

양자역학에서 가장 충격적인 개념은 아마도 '관측의 역할'일 것이다. 고전 물리학에서 관측이란 단순히 이미 존재하는 현실을 보는 행위였다. 사과는 나무에 매달려 있고, 떨어지면 땅에 도달한다. 우리가 그것을 관찰하든 말든 결과는 변하지 않는다. 하지만 양자 세계에서는 상황이 완전히 다르다. 관측 자체가 결과를 바꾼다. 이중 슬릿 실험에서 전자가 어떤 슬릿을 통과했는지 관찰하려 하면, 간섭무늬는 사라지고 전자는 입자처럼 행동한다. 다시 말해, 관찰하기 전까지 전자는 중첩 상태에 있지만, 관찰하는 순간 하나의 경로를 '선택'한다. 파동함수는 붕괴collapse하여 하나의 현실만이 나타난다. 이 현상은 양자역학의 본질을 단적으로 보여준다. "관찰 전에는 현실이 확정되지 않는다."

이 개념은 단순한 철학적 논쟁이 아니다. 실험적 사실이다. 그리고 이 사실은 우리가 현실이라고 믿는 것이 근본적으로 확률과 측정의 산물임을 뜻한다. 아인슈타인은 "달은 우리가 보지 않아도 거기 있지 않은가?"라고 반문하며 이 개념을 받아들이지 못했다. 그러나 현대 물리학은 명백히 말한다. 달처럼 거대한 물체는 환경과 끊임없이 상호 작용하는 사실상 '지속적 관측 상태'*에 있기 때문에 항상 결정된 상태로 존재할 뿐, 확률적 미시 세계에서는 관측, 즉 상호작용이 일어나는 순간 곧 현실을 만든다.

생명 현상에서도 관측과 유사한 개념이 작동한다. 예를 들어 DNA 복제 과정에서 전자가 터널링으로 염기를 건너뛸 확률은 주변 단백질 환경, 수소 결합 네트워크, 온도 등과 밀접히 연관된다. 즉, 주변 환경이 전자의 '관측자' 역할을 하며, 어떤 전자 상태가 실현될지를 결정한다. 효소 반응에서도 반응 입자의 파동함수가 효소의 전기장과 상호 작용하면서 특정 반응 경로로 전이 확률이 증가한다. 효소 단백질 내부에는 수천 개의 원자들이 정교한 구조를 이루고 있으며, 각각은 전자와 전자구름을 지닌 원자핵으로 구성되어 있다. 이들이 만들어내는 전하 분포는 서로 얽혀 복잡한 전기 퍼텐셜, 즉 전기장을 형성한다. 우리가 '효소의 전기장'이라 부르는 것은 바로 이러한 총체적 전기적 환경으로, 이는 단백질을 구성하는 아미노산 잔기의 전하 분포를 비롯해 활성 부위에 자리한 금속 이온과 보조인자의 전자적 영향, 극성 잔기나 수소 결합 네트워크가 만들어내는 퍼텐셜, 나아가 단백질 전체의 영구 쌍극자나 유도 쌍극자 효과까지 모두 포괄한다. 다시 말해, 효소의 전기장이란 반응 입자가 활성 부위에서 '느끼는' 미

---

* 주변 계와 상호작용이 일어나는 상태.

세하고도 역동적인 전자기적 배경이며, 바로 이 보이지 않는 장이 반응의 방향과 경로를 섬세하게 이끌어간다.

자연은 이러한 확률성을 '잡음'으로 여기지 않는다. 오히려 관측과 환경의 상호작용을 이용해 결과를 설계한다. 생명체는 이 불확실성을 받아들이는 것을 넘어, 이를 전략적으로 활용한다. 결국 양자 세계에서 "현실"이란 고정된 상태가 아니다. 그것은 환경과 상호작용의 산물이며, 항상 잠재성과 확률 속에서 '형성되는 것'이다. 생명체는 이 불안정한 세계 속에서 질서를 만들고, 환경과 상호 작용하며 자신에게 유리한 현실을 '선택'한다. 우리가 보는 현실이란, 자연이 무수한 가능성 속에서 선택한 하나의 가능성일 뿐이다.

5. 불확정성의 원리 - 자연의 근본적 성질

양자역학이 제시한 가장 근본적인 깨달음 중 하나는 '불확실성uncertainty' 이 단순한 측정의 한계가 아니라 자연의 본질이라는 사실이다.

1927년 베르너 하이젠베르크Werner Heisenberg는 유명한 불확정성 원리를 발표했다. 그는 입자의 위치(x)와 운동량(p)을 동시에 정확히 아는 것은 원리적으로 불가능하다고 주장했다. 수학적으로는 다음과 같이 표현된다.

$$\Delta x \cdot \Delta p \geq \hbar/2$$

여기서 Δx는 위치의 불확정성, Δp는 운동량의 불확정성을 의미하고, $\hbar$는 디랙 상수*이다.

이 식이 말하는 것은 단순히 측정 기기의 정밀도 문제나 기술적 한계가 아니다. 자연 자체가 입자의 위치와 운동량을 동시에 '결정하지 않는다'는 것이다. 이 원리를 이해하기 위해 전자의 성질을 생각해 보자. 전자를 아주 정확히 위치를 측정하려면 매우 짧은 파장의 빛(즉, 높은 에너지의 광자)을 사용해야 한다. 하지만 이 광자가 전자를 때리는 순간, 전자의 운동량이 바뀌어버린다. 반대로 운동량을 정확히 측정하려 하면, 전자의 위치를 흐릿하게 파악할 수밖에 없다. 이 불확정성은 측정 장비를 아무리 발전시켜도 사라지지 않는다. 우리는 흔히 불확정성 원리를 "측정 장비의 한계"로 설명한다. 예를 들어 전자의 위치를 아주 정확히 알아내려면 파장이 짧은, 즉 에너지가 높은 빛을 사용해야 하고, 그 순간 광자와 충돌한 전자의 운동량이 바뀌어버린다는 식이다. 하지만 이런 설명은 불확정성의 본질을 오해하게 만든다. 불확정성은 측정 기술의 한계가 아니라, 자연 그 자체의 작동 원리다. 전자는 단순히 우리가 모른다고 해서 불확정한 것이 아니다. 전자의 위치가 원자핵에 가까워져 공간적으로 더 정밀하게 한정될수록, 파동함수의 형태는 더 짧은 파장 성분을 포함하게 되어 운동량의 불확실성이 커진다. 그러면 전자는 더 높은 운동 에너지를 얻어 핵으로부터 멀어지려는 경향을 보인다. 반대로 운동량이 잘 정의되어 파동함수가 부드럽게 퍼지면, 위치의 불확실성이 커지면서 전자는 다시 넓은 영역에 걸쳐 존재하게 된다. 이렇게 위치와 운동량의 불확정성은 항상 플랑크 상수 h에 의해 제한되며, 결코 $h/4\pi$보다 작아지지 않는다. 이 끊임없는 상호작용 속에서 전자는 고정된 입자라기보다 확률 구름처럼 퍼져 존재한다. 우리가 "전자껍질"이라고 부르는 것도 결국 이 확률 분포가 만들어낸 구조다. 실제로 이러한 불확정성 조건에서 에너지와 운동량이 균형을 이루는 지점이 바로 보어 반지름이며, 원자의 크기는 이 자연스러운 양자적 조화

---

* 플랑크 상수를 2π로 나눈 값.

의 산물이다. 중요한 점은, 이러한 현상은 우리가 관측하든 말든 항상 일어나며, 불확정성은 관측자의 개입이 아닌 자연 자체의 근본 법칙이라는 것이다. 자연°이 그렇게 작동하기 때문이다. 불확정성은 단순한 물리학적 흥밋거리를 넘어, 자연의 창조성과 다양성의 근원이다.

전자의 위치가 고정되어 있다면 원자는 하나의 형태만 가질 것이고, 화학 결합도 단조롭고 획일적일 것이다. 하지만 전자는 항상 확률적 분포 속에 있기 때문에 다양한 결합과 구조가 가능해진다. 이 확률적 성질이 물질의 복잡성을 만들고, 결국 생명의 다양성을 만들어낸다.

생명체는 이 불확실성을 회피하지 않는다. 오히려 적극적으로 활용한다. 효소 반응에서 입자가 어느 경로를 지나가는지 미리 정해져 있다면, 반응의 유연성은 크게 떨어질 것이다. 하지만 전자의 위치가 확률적으로 분포하기 때문에 효소는 다양한 경로를 '탐색'하고, 가장 에너지가 낮은 반응 경로를 자연스럽게 선택할 수 있다. 진화도 마찬가지다. 돌연변이가 완전히 결정론적으로 일어난다면 새로운 적응은 극히 드물 것이다. 불확정성은 무작위적 변화를 허용하고, 그것이 자연선택의 원료가 된다. 무작위적(확률적) 변이는 진화의 원료가 되며, 자연선택은 그 가운데 유리한 변이를 선택해 적응을 만든다. 결국 하이젠베르크의 불확정성 원리는 우주의 창조적 동역학을 설명하는 근본 법칙이며, 생명은 이 양자적 무작위성을 발판 삼아 끊임없이 적응하고 진화한다. 불확정성은 무질서의 상징이 아니라, 창조성의 조건인 것이다.

---

* 자연(自然)은 "스스로 그러하다"는 뜻이다.

6. 양자가 바꾼 우리의 삶

양자역학은 처음 등장했을 때 철저히 이론적인 과학처럼 보였다. 입자가 두 곳에 동시에 존재한다거나, 관측이 현실을 바꾼다는 개념은 당시 대부분의 사람들에게 추상적인 철학에 가까웠다. 하지만 21세기 초 우리가 살고 있는 세상을 돌아보면, 양자역학 없이는 단 한 가지 기술도 존재하지 않는다. 스마트폰과 컴퓨터의 핵심인 반도체는 전자의 파동성과 에너지 준위를 제어하는 양자역학적 원리를 바탕으로 한다. 레이저는 전자가 양자화 된 에너지 준위를 오가며 방출하는 광자를 '증폭'시킨 결과물이다. 암 진단이나 뇌 영상에 중요한 자기공명영상(MRI)은 원자핵 스핀의 양자 상태 변화를 감지하여 인체 내부를 시각화한다. GPS 위성의 정밀한 시간 동기화 역시 양자역학적 시계(세슘 원자시계)에 의존한다. 최근 급속히 발전 중인 양자컴퓨터는 중첩과 얽힘을 이용하여 고전 컴퓨터가 수천 년 걸릴 계산을 몇 초 만에 수행할 수 있다. 이렇듯 양자역학은 이제 물리학자들의 전유물이 아니다. 우리가 매일 사용하는 기술의 근간이며, 인류 문명의 형태를 바꾸고 있다. 이제 양자역학은 물질을 넘어 정보·에너지·기술의 모든 영역을 설명하는 보편적 언어가 되었다.

7. 생명과 양자 - 다가올 과학의 혁명

생명과학의 역사는 "어떻게"라는 질문에서 시작되었다. 세포는 어떻게 분열하는가? DNA는 어떻게 정보를 복제하는가? 단백질은 어떻게 기능하는가? 이 질문들은 고전 생물학의 발전을 이끌었고, 우리는 세포생물학, 분자생물학, 유전체학이라는 위대한 성과를 이뤄냈다.

그러나 이제 질문은 "어떻게"에서 "왜"로 이동하고 있다. 왜 광합성은 거의 100%의 효율을 보이는가? 왜 효소 반응은 이론보다 수십만 배 빠른가? 왜 철새는 미약한 자기장을 감지할 수 있는가? 이 질문들의 답은 화학이나 생물학만으로는 설명되지 않는다. 답은 물리학, 그중에서도 양자역학 속에 숨어 있다.

생명은 단순히 화학 반응들의 집합이 아니다. 그것은 미시적 자연법칙을 능동적으로 활용하여 스스로를 조직하고 유지하는 지능형 정보-에너지 네트워크다. 생명체는 이러한 법칙의 영향을 수동적으로 받는 존재가 아니라, 이를 전략적으로 조합해 복잡성을 창출하는 자기설계적 시스템이다. 이 관점에서 생명은 더 이상 우연히 생겨난 신비가 아니다. 오히려 자연이 양자 법칙을 통해 구현한 정교한 진화 알고리즘이며, 우리가 이 원리를 해독할수록 생명 현상을 예측하고 재구성할 수 있는 능력에 한층 가까워진다.

예를 들어, 단백질-리간드protein-ligand 결합을 전자구조 수준에서 정밀하게 분석할 수 있다면, 기존보다 훨씬 정교한 신약 설계 전략이 가능해질 것이다. 고감도 양자 센서 기술이 성숙한다면, 현재의 MRI보다 더 미세한 생체 신호를 포착하는 새로운 진단 도구로 이어질 잠재력도 있다. 또한 양자 정보 처리의 원리를 모방한 계산 모델은, 기존 인공지능과는 다른 방식으로 인간 뇌의 창의적 사고를 모사한 문제 해결 구조를 탐색하는 데 영감을 줄 수 있다.

외계 생명체 탐사 역시 관점을 확장해 볼 여지가 있다. 물과 산소는 여전히 중요한 단서이지만, 특정한 화학·물리적 조건 — 에너지 전달이 안정적으로 이루어질 수 있는 환경 — 이 생명의 또 다른 공통분모일 가능성도 제기되고 있다.

이러한 흐름은 과학의 관점을 "생명은 화학이다"라는 고전적 틀에서,

"생명은 화학 위에 놓인 양자적 원리의 정교한 구현이다"라는 보다 넓은 시야로 확장시키고 있다. 양자역학은 그 확장의 중요한 언어 중 하나다. 이 관점의 전환은 생명과학을 넘어 물리학, 의학, 정보과학, 그리고 우주 탐사에 이르기까지, 서로 다른 분야를 잇는 새로운 질문과 협력의 장을 열어줄 가능성을 품고 있다.

8. 결론 - '보이지 않는 것'을 이해하는 법

양자 세계는 우리의 직관에 어긋나고, 때로는 상식과 충돌하는 것처럼 보인다. 그러나 이 오래된 낯선 규칙들 속에는 자연이 작동하는 가장 근본적인 원리가 숨어 있다. 이 미시적 질서를 이해하지 않고서는 생명과 진화, 나아가 의식이라는 문제에 대해서도 온전한 그림을 그리기 어렵다.

작고 불확실해 보이는 세계를 탐구하는 일은, 결국 생명과 우주의 깊은 층위를 들여다보는 작업이다. 이 여정이 깊어질수록, 우리가 상상하고 선택할 수 있는 미래의 폭 또한 넓어질 것이다.

21세기 과학이 던지는 다음 질문은 분명하다.

"생명은 양자 법칙을 어떤 방식으로 활용하고 있는가?"

이 질문에 답을 찾아가는 과정에서 우리는 생명을 새롭게 정의하고, 인간 존재에 대한 이해를 확장하며, 미래 문명의 지도를 다시 그리게 될지도 모른다.

3

뉴턴에서 슈뢰딩거까지

고전 생물학과 양자물리학의 충돌

1. 생명은 기계다 - 고전 과학이 만든 위대한 패러다임

17세기 말, 인류는 자연을 바라보는 눈을 완전히 바꾸는 혁명을 맞이했다. 1687년, 아이작 뉴턴이 세상에 내놓은 『자연철학의 수학적 원리 Philosophiae Naturalis Principia Mathematica』는 단순히 과학 서적이 아니었다. 그것은 세상의 모든 질서를 재정의한 일종의 "우주 헌법"이었다. 행성들이 태양을 중심으로 움직이는 궤도, 사과가 지면으로 떨어지는 이유, 조수 간만의 변화까지, 이전에는 신의 의지나 신비로 여겨졌던 자연 현상들이 하나같이 수학이라는 언어로 이해되기 시작했다. 뉴턴 이후 과학자들에게 우주는 더 이상 신비로운 존재가 아니었다. 그것은 정교하게 짜인 기계였다. 태엽이 감기면 바퀴가 돌아가고, 톱니가 맞물려 운동을 전달하듯, 자연은 법칙에 따라 움직였고, 인간은 그 법칙을 발견하고 이해함으로써 세상을 예측할 수 있는 존재가 되었다. 뉴턴 역학의 성공은 물리학을 넘어 생명과학에도 깊은 영향을 미쳤다. 생명체조차 결국 물질로 이루어진 존재라면, 언젠가 그 복잡한 움직임도 수학으로 풀 수 있으리라는 믿음이 싹트기 시작한 것이다.

1) 생명도 결국 물리학의 연장선

18~19세기, 이 새로운 세계관은 생명에 대한 생각마저 바꾸어놓았다. 과학자들은 생명을 신비한 '혼魂'이나 '기氣' 같은 초자연적 개념이 아닌, 기계적 작동 원리로 이해하려는 시도를 본격적으로 시작했다. 찰스 다윈 Charles Darwin은 자연에서 살아남는 종들이 무작위 돌연변이와 환경 선택의 합으로 진화한다고 주장했다. 그의 『종의 기원On the Origin of Species』은 생명체를 어떤 목적을 가진 존재가 아닌, 법칙과 확률의 산물로 보게 만들었다. 멘델Gregor Mendel은 완두콩 실험을 통해 유전의 법칙을 수학적으로 정리하며, 생명의 연속성마저도 수학적 규칙의 틀 안에 넣었다. "부모가 가진 형질은 일정한 비율로 자손에게 전달된다"는 사실은 생명이 더 이상 신비가 아닌, 계산 가능한 과정이라는 생각을 강화시켰다.

20세기 초, 기계론적 생명관의 결정판이 등장했다. 1953년 제임스 왓슨 James Watson과 프랜시스 크릭Francis Crick은 DNA의 이중나선 구조를 밝혀냈고, "생명의 비밀이 드디어 풀렸다"는 전율이 과학계를 뒤흔들었다. 유전자는 정보를 저장하는 분자 코드였고, 단백질은 그 정보를 실행하는 기계였다. 생명체는 정보의 흐름과 화학 반응의 연속일 뿐이며, 복잡해 보이지만 결국 규칙적인 알고리즘이라는 사고가 지배하기 시작했다.

2) 세포는 톱니바퀴, 유전자는 프로그램

이 기계론적 패러다임 아래에서 생명은 거대한 자동 장치처럼 묘사되었다. 세포는 미세한 공장이고, 효소는 공장의 기계 팔이며, DNA는 모든 것을 조율하는 프로그램이다. 단백질은 톱니바퀴처럼 서로 맞물려 화학 반응을 일으키고, 그 결과로 호흡, 성장, 복제, 죽음이 발생한다. 한 세포의 생명 활동을 이해하려면 단지 그 구성 요소를 분해하고, 반응 경로를 추적하고, 화학식을 세우면 된다는 생각이 지배했다. 이러한 사고방식은 생명과학을 눈부시게 발전시켰다. 미생물에서 인간에 이르기까지 생명체를 구성하는 성분이 밝혀졌고, 질병의 원인이 되는 유전자의 변화를 찾아내는 것도 가능해졌다. 분자생물학자들은 세포 안에서 일어나는 일들을 정교한 회로도처럼 그려내며 "생명의 설계도"를 만들기 시작했다. 인간 게놈 프로젝트가 완성되었을 때, 많은 과학자들이 "이제 생명을 완전히 이해했다"고 믿은 것도 바로 이런 배경 때문이었다.

3) 결정론의 시대

고전 과학이 만들어낸 이 패러다임의 핵심은 결정론determinism이다. 충분히 정확한 정보만 주어지면, 미래의 상태는 언제나 예측 가능하다는 믿음이다. 뉴턴이 말한 것처럼, "지금 이 순간 우주의 모든 입자의 위치와 속도를 안다면, 과거와 미래를 모두 계산할 수 있다". 이 생각을 극단까지 밀어붙인 사람이 프랑스의 수학자 피에르-시몽 라플라스Pierre-Simon Laplace였다. 그는 "만약 어떤 전지적全知的 지성이 우주의 모든 입자의 위치와 운동량을 한순간에 정확히 알고 있다면, 과거와 미래의 모든 사건을 계산해 낼 수 있을 것"이라고 말했다. 이 사고실험은 훗날 '라플라스의 악마Laplace's demon'라는 이름으로 불리며, 결정론적 세계관을 상징하는 비유가 되었다.

이 사유의 연장선에서 생명도 예외가 아니었다. 과학자들은 DNA 염기서열이 무엇인지, 단백질이 어떻게 작동하는지만 알면, 세포의 운명까지 예측할 수 있으리라 생각했다.

생명은 하나의 거대한 기계였고, 그 작동 원리는 수학과 물리 법칙으로 완벽히 해석 가능하다는 확신이 퍼졌다. 이런 결정론적 세계관은 단순하면서도 매혹적이었다. 모든 것은 인과의 사슬 속에서 일어나며, 우연은 무지의 또 다른 이름일 뿐이었다. 과학이 발전하면 발전할수록 우연과 불확실성은 사라지고, 남는 것은 완벽한 예측과 통제일 것이라는 낙관이 과학계를 지배했다.

하지만 여기서 한 가지 중요한 질문이 떠오른다. 정말 생명은 그렇게 단순한 기계일까? 세포 속에서 일어나는 현상들은 왜 때로 예측을 벗어나고, 유전자가 같아도 개체마다 왜 그렇게 다른가? 자연이 보여주는 창발성emergence과 우연성, 그리고 생명의 복잡성은 단순한 톱니바퀴의 움직임으로 설명될 수 있을까? 이 질문은 곧 과학을 새로운 차원으로 이끌었다. 고전 물리학이 만들어낸 '예측 가능한 기계로서의 생명'이라는 패러다임에 균열을 낸 것은, 다름 아닌 20세기 초 등장한 양자물리학이었다. 그리고 그 충돌의 여파는 지금까지도 과학의 패러다임을 뒤흔들고 있다.

2. 고전 생물학의 한계 - 설명되지 않는 정교함

뉴턴적 기계론 패러다임은 생명과학을 비약적으로 발전시켰지만, 시간이 지날수록 그 설명력에 미묘한 균열이 생기기 시작했다. 처음엔 사소한 예외처럼 보였던 것들이 점차 생명 현상의 중심에서 등장하기 시작했다. 예를 들어, 생명체의 핵심 엔진이라 할 수 있는 효소 반응을 생각해 보자. 교과서적인 설명에 따르면 효소는 활성화 에너지를 낮춰 반응을 촉진하는 단백질일 뿐이다. 그러나 실제 반응 속도를 측정하면 놀라운 일이 드러난다. 어떤 효소는 특정 반응을 일반 화학 반응보다 수십억 배 빠르게 진행시킨다. 이는 단순히 "활성화 에너지를 낮춘다"는 설명으로는 턱없이 부족하다. 마치 자동차 엔진을 조금 손봤는데 로켓 엔진 수준의 출력을 내는 것과 같다. 비슷한 미스터리는 식물의 잎에서도 벌어진다. "광합성에서 태양광 에너지는 거의 손실 없이 전자 형태로 전달된다. 이 수준의 효율은 단순히 입자가 충돌하며 이동한다는 고전 물리학적 모델로는 설명할 수 없다. 전자는 무작위 전자 도약 이동hopping이 아니라, 마치 어떤 '지도를 참고하듯' 가장 이상적인 경로를 찾아 이동하는 듯한 정밀함을 보인다. 자연이 이토록 치밀하게 에너지를 조직하는 방식을 설명할 수 있는 기존 이론은 아직 없다. 기존의 열역학 모델과 확률론적 충돌 모델로는 이런 정밀함을 설명할 길이 없다. 후각도 수수께끼였다. 과학자들은 처음에 후각 수용체가 냄새 분자의 '모양'을 인식한다고 생각했다. 하지만 실험 결과, 구조가 거의 같은 두 분자가 전혀 다른 냄새를 내거나, 반대로 구조가 다른 분자가 같은 향기로 인식되는 경우가 있었다. 분자 모양만으로는 설명되지 않는 것이다. 그리고 새들의 항법. 철새는 수천 킬로미터를 날아가면서도 방향을 잃지 않는다. 심지어 낮에도, 구름이 낀 날에도, 지형지물이 없어도 정확히 길을 찾아낸다. 그들은 대체 어떻게 지구 자기장을 감지하는 것일까? 고전적인 자성 감지 메커니즘으로는 이 정도의 정밀한 감각을 설명할 수 없었다. 가장 근본적인 수수께끼는 세포의 정보 처리 능력이었다. 세포는 초당 수십억 번의 화학 반응을 수행하면서도 오류율이 극히 낮다. DNA 복제는 마치 원자 수준에서 '줄자'를 대고 그린 것처럼 정확하며, 단백질 합성 과정도 거의 실수 없이 이루어진다. 고전 화학이 전제하는 무작위 충돌 모델만으로는 이러한 수준의 정밀함을 도저히 설명할 수 없었다.

과학자들은 점점 확신하기 시작했다. "무언가 더 근본적인 법칙이 숨어 있다." 고전 물리학으로는 볼 수 없는 새로운 질서, 자연이 사용하는 더 깊은 계산법이 있다는 것이다.

3. 물리학의 반란 – 양자혁명의 도래

20세기 초, 생명과학 외부에서 거대한 혁명이 일어나고 있었다. 20세기의 시작과 함께 물리학은 스스로의 근본을 뒤흔드는 전환점을 맞이했다.

1900년, 막스 플랑크Max Planck는 흑체 복사 문제를 풀기 위해 "에너지는 연속적이지 않고, 일정한 크기의 '양자'로 교환된다"는 충격적인 가설을 내놓았다. 1905년, 알베르트 아인슈타인은 광전 효과를 설명하며 빛이 입자처럼 행동한다고 주장했고, 1913년 닐스 보어는 수소 원자 모형을 제시하며 전자가 불연속적인 궤도를 돌 수밖에 없다고 말했다. 이것은 단지 새로운 이론이 아니었다. 과학이 300년간 당연하게 여겨온 "연속성"과 "결정론"이라는 전제가 무너지는 순간이었다. 자연은 뉴턴이 말한 것처럼 매끈한 시계 장치가 아니었다. 그것은 불연속적이며, 예측 불가능한 확률적 세계였다. 1920~1930년대, 이 변혁은 절정에 달했다. 베르너 하이젠베르크는 불확정성 원리를 통해 "입자의 위치와 운동량을 동시에 정확히 알 수 없다"고 선언했고, 에르빈 슈뢰딩거는 물질의 본질을 입자가 아닌 파동함수(Ψ)로 묘사했다. 입자는 고정된 상태가 아니라 여러 가능성이 중첩된 존재이며, 관찰하기 전까지는 어떤 상태인지조차 알 수 없다. 심지어 관측 행위 자체가 현실을 결정한다는 기이한 개념까지 등장했다.

이 모든 것은 뉴턴적 세계관으로는 상상조차 할 수 없는 이야기였다. 뉴턴의 우주가 기계의 톱니처럼 예측 가능한 곳이었다면, 슈뢰딩거의 우주는 불확실성과 확률이 춤추는 거대한 파동의 무대였다. 물리학은 더 이상 결정론적 법칙만으로 설명되지 않는 세계에 진입한 것이다.

4. 생명과학의 충돌 - 두 패러다임의 교차점

그렇다면 생명과학은 이 새로운 물리학적 패러다임 앞에서 어떤 변화를 맞이하고 있을까? 오랫동안 생명과학은 고전 물리학의 언어로 세계를 설명해 왔다. 세포는 화학 반응이 일어나는 미세한 공장이었고, 단백질은 그 공장에서 기능을 수행하는 정교한 부품이었다. 효소는 촉매 역할을 하며 반응 속도를 높이고, 유전자는 생명 프로그램의 설계도였다. 이 틀은 지금도 여전히 교과서의 뼈대를 이루고 있으며, 우리가 세포를 이해하는 기본 언어다. 그러나 21세기에 접어들면서 과학자들은 점점 더 많은 생명 현상이 이 단순한 기계적 모델만으로는 설명되지 않는다는 사실을 깨닫고 있다. 자연은 생각보다 훨씬 정교하고, 훨씬 더 미묘한 법칙을 활용하고 있었다. 그리고 그 법칙은 놀랍게도 양자역학에 기반하고 있다.

1) 광합성 - 전자가 '길을 고르는' 방법

광합성은 생명계의 에너지 순환을 시작하는 가장 근본적인 과정이다. 식물의 엽록체 안에서 전자는 빛 에너지를 흡수해 들뜬 상태가 되고, 이를 화학에너지로 바꾸기 위해 이동한다. 그런데 이 이동 과정에서 전자-정공 쌍은 단순히 정해진 한 경로를 따라가는 것이 아니다. 마치 여러 갈림길을 동시에 걷는 여행자처럼, 중첩 상태로 가능한 모든 경로를 한꺼번에 탐색한다. 그리고 그중 에너지 손실이 가장 적은 길을 선택한다. 이 현상은 효율을 극적으로 높여주며, 실제 실험에서는 전자가 수백 펨토초femtosecond (10^{-15}초) 동안 파동처럼 '흩어졌다가' 가장 이상적인 경로로 수렴하는 모습을 관찰할 수 있다. 자연은 인간보다 수십억 년 먼저 양자 알고리즘을 활용해 에너지 효율 문제를 해결하고 있었던 것이다.

2) DNA 복제 - 터널을 뚫는 전자의 도약

DNA 복제는 생명의 연속성을 유지하는 핵심 과정이다. 전통적인 설명에 따르면 염기쌍은 수소 결합으로 서로 인식하며 결합한다. 그러나 이 단순한 설명만으로는 복제 속도나 오류율을 이해하기 어렵다. 최근 연구에 따르면, 염기쌍 사이에서 전자가 터널링tunneling 효과를 통해 이동한다. 전자가 고전적으로는 넘지 못할 에너지 장벽을 뚫고 반대편으로 '순간 이동' 하듯 이동하는 것이다. 이 과정이 결합 속도를 획기적으로 높이고, 때로는 아주 미묘한 오차를 발생시켜 돌연변이의 씨앗이 되기도 한다. 즉, 진화의 무작위성조차도 사실은 양자 확률의 지배를 받는 셈이다.

3) 조류의 항법 - 눈으로 자기장을 본다

철새들이 수천 킬로미터를 날아가면서도 길을 잃지 않는 이유는 오랫동안 수수께끼였다. 낮에도 밤에도, 심지어 구름 낀 날에도 그들은 정확히 방향을 잡는다. 그 비밀은 눈 속의 단백질인 크립토크롬cryptochrome에 있다. 이 단백질 내부에서 전자쌍이 생성되는데, 이들은 서로 얽힘entanglement 상태에 있다. 얽힌 전자쌍은 지구 자기장의 방향에 따라 서로 다른 반응성을 보이며, 이를 통해 철새는 자기장의 방향을 '감지'한다. 즉, 새들은 눈으로 자기장을 본다. 이는 고전적인 자성 감지 이론으로는 절대 설명할 수 없는 능력이다.

4) 후각 - 전자는 '냄새'를 듣는다

냄새 인식에 대한 전통적인 설명은 "자물쇠와 열쇠" 모델이다. 냄새 분자(열쇠)가 수용체(자물쇠)의 모양과 맞아떨어지면 냄새를 느낀다는 것이다. 하지만 구조가 비슷한 분자가 전혀 다른 냄새를 내거나, 구조가 다른 분자가 같은 냄새를 내는 경우가 많다. 여전히 논쟁 중이지만 새로운 이론은 전자 터널링이 분자의 진동수를 감지한다는 것이다. 즉, 특정 냄새 분자의 진동 모드가 수용체 내부에서 전자의 전이를 가능하게 할 때, 그 분자는 하나의 '냄새'로 인식된다는 것이다. 냄새는 단순한 구조 문제가 아니라, 분자의 양자적 진동 스펙트럼을 "듣는" 현상이라는 것이다. 어쩌면 우리의 코는 사실상 미세한 양자 스펙트로미터spectrometer라고 할 수 있다.

5) 뇌 속 양자 정보 처리 – 의식의 미스터리

인간의 뇌는 약 20W(와트) 정도의 전력만으로도 현대의 슈퍼컴퓨터를 능가하는 수준의 정보 처리를 수행한다. 뉴런 사이를 오가는 전기·화학적 신호와 시냅스synapse의 확률적 반응만으로, 이처럼 효율적이면서도 창발적인 지능의 작동 원리를 완전히 설명하기는 쉽지 않다.

이 때문에 일부 이론가들은 보다 급진적인 가능성에 주목해 왔다. 예컨대 뉴런 내부에 존재하는 '미세소관microtubule'이라는 구조가, 전자와 같은 미시적 입자의 양자적 중첩 상태를 일정 시간 유지하면서 정보 처리에 관여할 수 있다는 가설이다. 이 주장은 아직 실험적으로 충분히 입증되지 않았고, 많은 신경과학자와 물리학자들 사이에서 논쟁의 대상이 되고 있다.

그럼에도 불구하고, 뇌의 불확실성·유연성·창발성이 단순한 고전적 계산을 넘어서는 어떤 물리적 원리와 연결되어 있을 가능성은 점차 진지한 탐구의 주제로 떠오르고 있다. 만약 뇌의 작동 일부에 양자 확률성이 실제로 의미 있는 역할을 한다면, 이는 우리가 "의식"이라 부르는 난제를 전혀 다른 물리학적 언어로 다시 사유해 볼 단초를 제공할지도 모른다. 어쩌면 우리는 생명의 가장 신비로운 현상 앞에서, 물리학의 가장 기묘한 법칙을 다시 만나게 될지도 모른다.

6) 세균의 '양자 감각' – 한 개의 광자도 놓치지 않는다

자주색 광합성 세균은 단 하나의 광자만으로도 광합성을 시작할 수 있다. 2023년 버클리 연구팀이 단일 광자 실험으로 이를 증명했다. 이들의 광포집 복합체(LH2)에서는 놀라운 현상이 일어난다. 9개의 색소 분자로 이루어진 작은 고리가 광자를 흡수하면, 그 에너지가 0.7피코초picosecond(1조분의 0.7초) 만에 18개 분자로 된 큰 고리로 전달된다. 더욱 흥미로운 점은 이 과정에서 '양자 결맞음quantum coherence'이 관찰된다는 것이다. 색소 분자들이 마치 하나의 파동처럼 동시에 진동하며, 이것이 에너지 전달 경로를 최적화하는 데 기여한다. 비록 효율성을 크게 높이지는 않지만, 자연이 양자역학적 현상을 생명 과정에 활용하고 있다는 증거다. 30억 년의 진화가 빚어낸 정교한 태양광 포집 시스템이다.

7) 효소의 '양자 디자인' – 진화는 설계자다

효소는 흔히 "화학 반응의 속도를 높여주는 촉매"로 설명된다. 하지만 최근의 연구들은 효소가 단순히 반응을 빠르게 만드는 데 그치지 않고, 전자가 이동하는 미시적 경로까지 정교하게 '조율'하고 있을 가능성을 보여준다. 일부 효소에서는 특정 아미노산 하나만 바뀌어도 전자 터널링 효율이 수십 배에서 수백 배까지 달라지는 현상이 보고되었다.

이는 효소가 우연히 반응을 촉진하는 존재가 아니라, 분자 구조를 통해 양자적 효과가 유리하게 작동하도록 진화해 왔음을 시사한다. 물론 모든 효소 반응이 양자 터널링에 의존하는 것은 아니며, 이러한 효과의 범위와 보편성에 대해서는 여전히 활발한 논쟁이 진행 중이다.

그럼에도 불구하고 이 관점은 진화를 단순히 '형태와 기능의 변화 과정'으로 보는 시각을 넘어, 생명이 미시적 물리 법칙마저 활용하는 방향으로 스스로를 조정해 왔다는 보다 풍부한 그림을 제시한다. 다시 말해, 진화는 무작위적 변이와 자연선택을 통해, 물리학이 허용하는 가능성의 공간을 점차 탐색해 온 과정이라 할 수 있다.

8) 진화의 확률까지 조절하는 양자 터널링

돌연변이는 진화의 원동력이다. 그러나 최근 연구들은 돌연변이의 발생 확률이 환경 조건(온도, pH, 전자 상태)에 따라 달라질 수 있다는 사실을 보여준다. 이는 특정 염기쌍에서 일어나는 양성자 터널링proton tunneling 확률이 환경에 따라 변하기 때문이다. 즉, 진화의 '무작위성'조차 사실은 양자 조건에 따라 조절되는 과정일지도 모른다. 생명은 양자 원리를 '견디거나 회피하는' 존재가 아니다. 생명은 그것을 자신의 정보 처리 구조에 통합하고, 에너지 흐름·반응 경로·감각 시스템·진화 전략까지 능동적으로 조율한다. 그러나 그것은 단순한 활용에 머물지 않는다. 생명은 양자 법칙을 통해 자신의 존재 조건을 재정의한다. 중첩과 얽힘, 터널링과 불확정성 같은 현상은 생명 안에서 단순한 물리적 사건이 아니라 선택과 적응, 기억과 학습의 기반으로 전환된다. 즉, 생명은 물리 법칙의 산물이면서 동시에 그것을 조직하고 확장하는 창발적 존재다. 더 나아가 생명은 미시 세계의 확률적 가능성을 거시 세계의 목적과 질서로 바꾸는 자기 참조적self-referential 시스템이다. 이 능력이 바로 생명체를 단순한 화학 반응의 집합체가 아닌, 진화하고 사고하며 스스로를 재구성하는 존재로 만든다.

5. 충돌에서 융합으로 – 새로운 생명 이해

뉴턴의 법칙과 슈뢰딩거의 파동함수는 얼핏 보면 정반대의 언어를 말하는 것처럼 보인다. 그러나 생명 현상은 이 두 언어가 만나는 지점에서 비로소 온전히 해석된다. 질서와 예측이 거시적 구조를 설명한다면, 불확정성과 확률은 그 구조가 살아 움직이는 방식을 보여준다. 하나는 질서와 결정론, 연속성과 예측 가능성을 이야기하고, 다른 하나는 불확정성과 확률, 중첩과 얽힘을 말한다. 고전 물리학은 '확실한 세계'를 설명하고, 양자 물리학은 '모호한 세계'를 다룬다. 겉으로 보면 서로 충돌하는 두 세계처럼 느껴지지만, 자연은 이 둘을 대립시키지 않는다. 오히려 이 둘은 서로를 완성시키는 두 축이다.

1) 질서와 혼돈, 결정론과 확률 - 두 언어의 공존

고전 물리학은 거시 세계를 이해하는 데 여전히 가장 강력한 언어다. 행성의 운동, 유체의 흐름, 심장의 박동, 근육의 수축과 이완 같은 생명체의 거시적 구조와 기능을 설명할 때 뉴턴의 언어는 완벽히 작동한다. 생화학 역시 이러한 고전적 토대 위에서 발전했다. 대사 경로는 화학 반응식으로 정리되고, 유전자의 발현은 신호 전달 네트워크로 도식화된다. 하지만 우리가 이 구조의 "왜"를 더 깊이 묻기 시작하면, 곧 고전 이론의 한계에 부딪힌다. 왜 효소 반응은 그렇게 빠른가? 왜 세포는 에너지 손실 없이 수많은 정보를 처리하는가? 왜 단백질 하나의 미세한 변화가 생명 전체를 뒤흔드는가?

그 해답은 분자 너머, 전자와 파동이 춤추는 세계 속에 있다. 양자물리학은 그 구조를 떠받치는 미시적 메커니즘의 언어다. 전자의 이동, 스핀의 얽힘, 터널링의 확률, 파동함수의 중첩 같은 현상들은 고전 이론이 놓치고 있는 "보이지 않는 근본 과정"을 설명한다. 두 이론은 서로의 결함을 채워준다. 고전 물리학이 제공하는 "구조와 패턴" 위에 양자물리학이 "기원과 메커니즘"을 얹는다. 결정론이 시스템의 골격을 설명한다면, 확률론은 그 골격이 어떻게 살아 움직이는지를 보여준다. 이는 마치 해안선을 따라 끊

65

임없이 몰려오는 파도와도 같다. 해안선은 변하지 않지만, 파도는 매 순간 다르다. 두 존재는 따로 떼어낼 수 없고, 함께 있을 때 비로소 완전한 풍경이 된다. 두 이론은 단순히 서로를 보완하는 수준을 넘어, 끊임없이 피드백하며 새로운 질서를 만들어낸다. 거시적 질서는 미시적 확률 사건에 의해 미세하게 조정되고, 반대로 미시 세계의 가능성은 거시적 조건에 의해 제한된다. 이 상호작용의 반복이 바로 생명의 복잡성을 낳는다.

2) 생명 이해의 새로운 렌즈 - 복잡계와 양자적 연결

21세기 생명과학은 이처럼 두 언어를 통합하는 새로운 패러다임을 향해 가고 있다. 생명체를 하나의 기계로 보는 시각에서 벗어나, 양자적 복잡계quantum complex system로 보는 관점이 떠오르고 있는 것이다. 복잡계란 고정된 프로그램이 아니라, 환경·확률·상호작용에 따라 끊임없이 스스로를 재구성하는 동적 시스템이다. 생명은 유전자의 지시를 단순히 수행하는 기계가 아니라, 미시 세계의 사건을 거시적 질서로 '조립'하며 자기조직화를 지속하는 존재다. 세포는 단백질과 효소와 같은 생체고분자의 집합체이지만, 그 전체는 단순한 합을 넘어서는 '살아 있는' 존재다. 양자 효과는 이 복잡계의 작동 원리에 깊숙이 관여한다. 미시적 수준의 확률적 사건이 집합적으로 거시적 질서를 만들어내기 때문이다. 이런 관점에서 생명은 더 이상 "유전자의 프로그램"이나 "화학 반응의 결과물"만은 아니다. 생명은 양자적 사건들의 거대한 합성체이며, 미시 세계의 물리 법칙을 거시적 질서로 조직해 낸 정보 처리 시스템이다.

3) 융합 패러다임의 실용적 변화 - '이론'에서 '기술'로

생명에 대한 이해가 깊어질수록, 그 지식은 책 속에 머물지 않는다. 새로운 패러다임은 이제 실험실 벽을 넘어, 우리가 삶과 미래를 설계하는 기

술로 변하고 있다. 과거 생명과학이 세포와 유전자를 해석하는 학문이었
다면, 앞으로의 생명 기술은 생명을 '만들고', '바꾸고', '조정하는' 영역으
로 확장될 것이다. 그 변화는 조용하지만 분명히 시작되었다.

(1) 설계하는 생명체 - 자연이 만들지 않은 생명

지금까지의 생명체는 자연이 선택해 온 결과였다. 우리는 그 과정을 관
찰하고 이해해 왔다. 하지만 생명 구조를 물리 법칙에 따라 계산하고 설계
할 수 있다면 이야기는 달라진다. 특정 기능에 맞춰 대사 회로를 재배열하
거나, 고온·고압에서도 무너지지 않는 세포막을 만들고, 전혀 새로운 아미
노산을 사용하는 단백질을 설계하는 일도 가능해진다. 자연이 수십억 년
동안 시도하지 않은 생명 형태가 인공적으로 탄생할 수도 있다. 생명은 단
순한 발견의 대상이 아니라, 설계 가능한 기술로 다가오고 있다.

(2) 지구 너머의 생명 - 존재할 수 있는 생명까지 탐색하다

우리는 늘 지구 조건에서 생명을 이해해 왔다. 하지만 생명 현상을 물
리적 수준에서 해석하면, 생명이 존재할 수 있는 환경의 가능성은 훨씬 넓
어진다. 고압, 극저온, 산성, 진공 상태에서도 성립할 수 있는 생명 형태를
계산할 수 있다면, 화성이나 유로파의 얼음 아래에서, 혹은 태양계 외곽
위성의 대기 속에서 살아가는 생명체를 그려볼 수 있다. 생명 연구는 이제
"무엇이 존재하는가"에서 "무엇이 존재할 수 있는가"로 확장되고 있다.

(3) 세포 전체를 조정하다 - 보이지 않는 움직임까지 설계하는 기술

세포는 끊임없이 흔들리고 반응하는 공간이다. 분자들은 밀려나고 당
겨지며, 경로를 바꾸고 속도를 조절한다. 이런 동역학을 이해하고 통제할
수 있다면, 세포 전체를 하나의 반응 장치처럼 다룰 수 있다. 특정 입력을

넣으면 원하는 출력이 나오는 세포. 효율이 높고, 에너지 손실이 적고, 환경 변화에도 흔들리지 않는 세포. 그런 세포를 설계할 수 있다면, 질병 치료와 생체공학의 영역은 지금과 완전히 달라질 것이다.

(4) 살아 있는 재료 – 생명 구조를 모방하는 물질

생명체의 조직은 놀라운 균형 위에 서 있다. 강하지만 유연하고, 안정적이지만 필요할 때 변한다. 이 섬세한 물리적 구조를 재현할 수 있다면, 완전히 새로운 재료가 만들어질 수 있다. 손상되면 저절로 복구되는 조직, 온도나 압력에 반응해 기능이 달라지는 막 구조, 생체 전류를 흘릴 수 있는 단백질 기반 섬유 등은 더 이상 상상이 아니다. 생명의 재료를 이해하면, 생명과 비슷하게 작동하는 물질을 만들어낼 수 있다.

이 모든 흐름이 말해주는 바는 명확하다. 생명과학은 더 이상 분석하는 학문만은 아니다. 생명은 관찰의 대상에서, 설계의 대상으로 이동하고 있다. 생명 자체가 기술이 되는 시대, 그 문이 지금 열리고 있다.

4) "기계에서 파동으로" – 과학 패러다임의 철학적 전환

근대 생명과학은 환원주의적 방법론, 즉 세포를 구조 단위로 분해하고, 유전자·효소·단백질과 같은 개별 구성 요소의 기능을 분석하는 방식으로 발전해 왔다. 이 접근은 생명 시스템을 정밀 기계처럼 이해하는 관점에 기반하고 있었다. 그러나 분자 수준 관측 기술과 계산 생물학이 발전하면서, 생명 현상이 단순한 구조 해석만으로 설명되지 않는다는 점이 점차 뚜렷해지고 있다.

세포 내부의 분자들은 끊임없이 열적 요동thermal noise을 겪고, 결합과 해리가 반복되며, 확률적 상호작용 속에서 반응 경로를 선택한다. 이러한 동적 환경에서도 생명체는 안정적인 대사 흐름과 구조적 일관성을 유지한다. 이 특성은 정적인 기계 모델보다는, 연속적 변화 속에서 특정 패턴이 형성되는 파동적 관점과 더 가깝다.

최근 생명과학 연구는 생명체를 고정된 '부품의 집합'으로 이해하기보다, 분자 이동, 물질 교환, 에너지 전환이 실시간으로 일어나는 동역학적 현상으로 분석하려는 방향으로 이동하고 있다. 이는 생명체가 갖는 시간축, 변동성, 확률성, 반응 속도의 차이를 설명하는 데 필요한 새로운 관점을 제공한다.

과거의 관점이 정적인 구조를 중심에 두었다면, 오늘날의 접근은 변화 과정과 반응 경로의 안정성이 생명 유지의 핵심이라는 점에 주목한다. 생명은 고정된 형태라기보다는, 변화 속에서 항상성을 유지하는 시스템이다. 이 관점은 생명체를 기계적 구조로 해석하던 틀에서 벗어나, 연속적 변화를 설명할 수 있는 물리적·수학적 표현을 요구한다.

결국 이 전환은 생명과학이 다루는 질문을 바꾸고 있다. 생명체의 구성 요소가 무엇인지에서 벗어나, 이러한 요소들이 시간 속에서 어떻게 조직되고 유지되는지, 그리고 변화하는 환경 속에서 어떤 경로를 선택하는지가 중요한 논점이 되고 있다. 이는 생명 연구가 정적 해설에서 동적 분석으로 이동하는 흐름을 반영한다.

5) 생명 이해의 다음 단계 – '양자생명과학'의 시대

우리는 이제 생명을 다시 묻기 시작했다. "생명은 어떻게 작동하는가"라는 고전적인 질문은 지난 한 세기 동안 분자생물학과 신경과학, 시스템 생물학의 눈부신 발전 속에서 상당 부분 답을 얻어왔다. 그러나 그 성과는 또 다른, 더 근본적인 질문을 우리 앞에 놓는다. 생명은 미시 세계의 양자 법칙을 어떻게 활용하는가? 전자 하나의 미세한 움직임이 어떻게 세포의 기능을 바꾸고, 나아가 유기체 전체의 행동으로 이어지는가? 확률로 기술되는 물리 세계에서 우리는 어떻게 의도와 목적, 의미를 말할 수 있는가?

이러한 질문에 도전하는 새로운 연구 흐름이 바로 '양자생물학Quantum Biology'이다. 복잡한 생명 현상에서 양자 효과의 가능성을 탐구하는 분야로, 아직 많은 가설과 논쟁을 품고 있다. 그럼에도 이 시도는 생명을 고전적 기계로만 보아온 관점을 넘어, 물리학·생물학·정보과학·철학이 만나는 새로운 사유의 장을 열어주고 있다.

양자생물학은 당장 모든 생명 현상을 설명해 주는 '완성된 이론'은 아니다. 그러나 그것은 우리가 생명을 이해하는 방식 자체를 한 단계 확장시키는 사유의 전환점이 될 가능성을 품고 있다. 21세기 과학이 맞닥뜨릴 가장 흥미로운 질문들 중 일부는, 바로 이 경계에서 태어나고 있다.

6. 결론 - 충돌이 아닌 조화의 시대

한때 고전 물리학과 양자물리학은 서로 양립할 수 없는 두 세계관처럼 보였다. 거시 세계는 뉴턴의 법칙으로, 미시 세계는 슈뢰딩거의 방정식으로 설명되는 전혀 다른 영역처럼 느껴졌기 때문이다. 그러나 오늘날 우리는 점차 이해하게 되었다. 생명은 이 둘 중 하나로 환원되지 않는다. 오히려 생명은 고전적 질서와 양자적 확률, 안정된 구조와 미시적 요동, 결정론적 메커니즘과 불확실성이 얽혀 형성된 복합적 현상이다.

뉴턴의 법칙이 세계의 뼈대를 세웠다면, 양자역학은 그 뼈대에 생명을 불어넣었다. 두 이론은 서로를 부정하는 경쟁자가 아니라, 서로 다른 스케일에서 자연을 설명하는 상보적인 언어에 가깝다. 이 둘이 연결될 때, 우리는 비로소 생명이라는 정교하고도 복잡한 현상을 보다 입체적으로 바라볼 수 있다.

21세기 과학은 더 이상 이론 간의 '충돌'에 머무르지 않고, 서로 다른 설명 틀을 잇는 '융합'의 단계로 나아가고 있다. 그리고 이 교차점에서, 우리는 마침내 오래된 질문 — "생명이란 무엇인가" — 에 한 걸음 더 가까이 다가가게 될 것이다.

연도	주요 사건/발견	과학자/단체	핵심 개념 및 의의
1900	플랑크 에너지 양자화 개념 제안	플랑크(Max Planck)	양자역학의 기초 형성
1913	보어의 원자 모형 제시	보어(Niels Bohr)	전자구조 해석의 물리적 기반
1926	슈뢰딩거 방정식 수립	슈뢰딩거(Erwin Schrödinger)	전자파동 기술 가능성 등장
1935	양자 중첩·얽힘 논쟁(EPR 패러독스)	아인슈타인(Albert Einstein)·포돌스키(Boris Podolsky)·로젠(Nathan Rosen)	복잡계에 양자성 적용 논의 시작
1944	『생명이란 무엇인가?』 출간	슈뢰딩거(Erwin Schrödinger)	생명 현상의 물리적 원리 탐색 제안("aperiodic crystal")
1953	DNA 이중나선 발견	왓슨(James Watson)·크릭(Francis Crick)	생물학적 정보 처리 가능성 확대
1963	DNA 염기쌍 양자 터널링 돌연변이 이론	뢰딘(Per-Olov Löwdin)	생명계에서 양자 터널링 개념 도입
1970s	마커스 이론 생체 전자전달에 적용	마커스(Rudolph A. Marcus)	전자전달 반응의 양자화학적 속도 예측 확립
1980s	효소 반응에서 양자 터널링 실험 증거	클린만(Judith Klinman) 외	생화학 반응에서 전자·양자 효과 실험적 입증
1992	전자전달 거리-속도 규칙	모저(C. C. Moser)·더튼(P. L. Dutton)	전자전달에서 거리-속도 관계 법칙 확립
1999	생체 전자전달 모델 고도화	페이지(Christopher C. Page)·모저(C. C. Moser)·더튼(P. L. Dutton)	복합체 I 등에서 마커스 이론 확장
2004	광합성 FMO 복합체의 양자 동역학 모델 제안	플레이밍(Graham R. Fleming) 그룹	생명계에서 양자결맞음 가능성 제기
2007	FMO 복합체에서 양자 결맞음 실험적 관측	엥겔(Gregory Engel) 외	생체에서 양자 중첩·파동성 실증
2013	양자생물학 체계적 리뷰 논문 등장	램버트(N. Lambert) 외	2000년대 중반 이후 축적된 '양자생물학' 연구 종합 정리
2010-2015	후각, 자기수용 감각에서 양자 메커니즘 수학적 정당화	투리네(Luca Turin)·리츠(Thorsten Ritz)·카이(Jianming Cai) 외	생명 현상 전반에 양자 효과 확장

연도	주요 사건/발견	과학자/단체	핵심 개념 및 의의
2013-2017	21세기 마커스 이론의 현대화	블룸버거(Jochen Blumberger)·오버호퍼(Harald Oberhofer)·마튜쇼프(Dmitry V. Matyushov)	생체 전자전달을 양자화학 수준에서 계산 가능
2018	환경보조양자수송(ENAQT) 개념 제안	플레니오(Martin B. Plenio) 외	생리적 온도에서 양자생물학의 작동 가능성에 대한 핵심 이론
2020	라디칼 쌍(Radical Pair), 양자 결맞음 모델 정교화	카이(Jianming Cai)	생물학적 조건에서 양자역학적 작동 원리 설명
2021-2023	양자컴퓨팅 기반 생체 해밀토니안 계산 등장	IBM Q, Google Quantum AI	양자시뮬레이션을 통한 생명과학 연구 시작

4

왜 지금, 양자생물학인가

21세기 생명과학의 패러다임 전환

1. 새로운 질문이 시작되었다

20세기의 생명과학은 눈부신 성공의 연속이었다. 과학자들은 생명 현상을 쪼개고 분석하고 재구성하며 마침내 생명을 "이해할 수 있다"는 자신감에 도달했다. DNA가 유전 정보를 저장한다는 사실이 밝혀졌고, 그 정보가 전사Transcription와 번역Translation을 거쳐 단백질이라는 기능적 기계로 변환된다는 분자생물학의 중심 교리가 세워졌다. 세포는 화학 반응의 공장으로, 유전자는 그 공장의 설계도이자 청사진으로 이해되었다. 이처럼 생명체를 기계적 요소로 분해하고, 각각의 역할을 수학과 화학의 언어로 설명하려는 시도는 20세기 생명과학의 핵심이었다. 그리고 그 모든 노력의 정점에는 하나의 역사적 프로젝트가 있었다.

74

1) "생명의 코드"를 해독하다 – 인간 게놈 프로젝트

1990년, 전 세계 과학자들이 힘을 합쳐 인간 게놈 프로젝트Human Genome Project, HGP를 시작했다. 목표는 단순하지만 야심 찼다. 인간의 전체 유전 정보(약 30억 개 염기쌍)를 해독하고, 인간이라는 존재의 분자적 설계도를 완전히 밝혀내겠다는 것이었다. 2003년, 13년에 걸친 이 프로젝트가 마침내 완성되었을 때, 과학계는 거대한 전환점을 맞았다. 과학자들은 "이제 생명의 언어를 읽었다"고 선언했다. 염기 하나하나까지 밝혀진 유전체 지도를 손에 쥔 인류는 전례 없는 확신을 가졌다. "우리는 이제 질병의 근원을 이해할 수 있다." "암과 같은 난치병도 유전자 수준에서 정복할 수 있을 것이다." 이 프로젝트는 단순한 과학적 성취가 아니었다. 그것은 생명에 대한 인간의 질문이 질적 전환을 맞이한 사건이었다. 그리고 이때부터 생명과학은 새로운 시대, 즉 유전체학Genomics의 시대로 접어들었다.

2) 암 연구의 새로운 패러다임 – 유전자 속에서 답을 찾다

인간 게놈 프로젝트 이후, 과학자들은 암을 포함한 다양한 질병을 새로운 시각으로 바라보기 시작했다. 과거 암 연구의 초점은 종양의 형태, 성장 속도, 조직학적 특성에 있었다. 암을 표현된 '결과'로만 분석했던 것이다. 그러나 게놈 지도가 완성되면서 패러다임은 "결과"에서 "원인"으로, 즉 세포 외부에서 내부로, 단백질에서 유전자로 이동했다. 암은 더 이상 막연히 "세포의 통제 불능 증식"으로 정의되지 않았다. 이제 그것은 DNA 염기서열의 미묘한 오류에서 시작되는 정보의 교란으로 이해되었다. 단일 염기의 변이(SNV), 염기쌍의 삽입·결실(indel), 복제수 변이(CNV), 유전자 재배열, 염색체 전좌 등 유전체 수준의 변화가 세포의 운명을 결정한다는 사실이 밝혀졌다. 이러한 발견은 암 연구의 지형을 완전히 바꾸었다. 어떤 유전자의 돌연변이가 암세포의 성장을 촉진하는지(종양유전자oncogene)

어떤 유전자의 손실이 종양 억제 기능을 무력화하는지(종양억제유전자tumor suppressor gene) 어떤 조합의 변이가 암의 침윤, 전이, 약물 내성과 관련되는지 과학자들은 이제 종양의 본질을 분자 수준에서 추적하기 시작했다. 그리고 이를 통해 새로운 개념, 정밀의학precision medicine이 등장했다. 과거에는 같은 장기에 생긴 암이라면 동일한 치료를 했지만, 이제는 환자의 유전체 정보를 분석하여 개인별 돌연변이 조합에 맞춘 맞춤 치료를 설계할 수 있게 된 것이다.

3) 하지만 '정답'은 아니었다 - 남은 미스터리

이처럼 인간 게놈 프로젝트는 의학과 생명과학의 지형을 바꾸어놓았다. 그러나 패러다임 전환에도 불구하고, 과학자들은 곧 예상치 못한 난관에 부딪혔다. 특정 암에서 발견되는 돌연변이가 모두 발병으로 이어지지 않았다. 같은 돌연변이를 가진 환자라도 임상 반응은 극적으로 달랐다. 유전자를 알면 모든 걸 알 수 있을 것 같았지만, 유전 정보만으로는 질병의 미래를 완전히 예측할 수 없었다. 게놈의 지도는 "무엇이 쓰여 있는가"를 알려주었지만, "그것이 어떻게 읽히는가", "어떻게 기능하는가"는 여전히 풀리지 않은 미스터리였다. 그리고 무엇보다도, 생명체의 작동 원리는 유전자 서열만으로는 설명되지 않았다. 효소 반응은 여전히 이론치보다 수십억 배나 빨랐고, 광합성은 거의 손실 없는 에너지 전달을 보여주었으며, 세포는 슈퍼컴퓨터를 능가하는 정보 처리 능력을 과시했다. 게놈 해독으로도 풀리지 않는 생명 현상의 정교함과 효율성은 과학자들에게 새로운 의문을 던졌다.

4) 유전자는 시작일 뿐이었다

그 의문은 단순하면서도 근본적이다. "생명은 단지 화학 반응의 결과인가?" "아니면 더 깊은, 아직 발견되지 않은 물리 법칙을 활용하는 존재인가?" 인간 게놈 프로젝트는 생명과학에 거대한 지도를 제공했지만, 그 지도는 출발점이지 종착점이 아니었다. 우리가 찾은 것은 생명의 "문자"였지만, 그 문자가 쓰인 "언어"는 여전히 미지의 영역에 남아 있었다. 그 언어는 유전자의 염기서열 너머, 분자의 궤적과 파동, 전자의 움직임과 확률의 세계에 존재한다. 그리고 바로 그곳에서 새로운 학문, 양자생물학이 싹트기 시작했다.

5) 21세기의 질문 - 생명은 '어떻게'가 아니라 '왜'인가?

20세기 생명과학의 핵심 과제는 생명의 작동 원리를 규명하는 것이었다. 유전자 발현, 단백질 합성, 세포 신호 전달, 대사 경로 등 기전 중심의 "어떻게 작동하는가"라는 질문에 집중했다. 이 접근은 생명의 구성 요소를 정교하게 분석하고 기술하는 데 큰 성과를 이뤘다.

그러나 21세기 생명과학에서는 새로운 층위의 질문이 부상하고 있다. 생명체가 특정 구조와 전략을 선택하게 된 "이유"를 탐구하려는 움직임이다. 동일한 분자 기반을 공유하는 생명체들이 왜 서로 다른 형태, 기능, 생존 전략, 진화 경로를 보이는지 설명하기 위해서는 단순 구조 분석을 넘어, 선택 압력, 환경 요인, 변이 축적 과정, 적응 경로 등을 통합적으로 이해해야 한다.

이 방향성은 생명 연구의 관심을 세포 내부 기전에만 고정하지 않고, 생명체가 환경과 상호 작용하며 형성하는 패턴, 변화 과정, 분화 양상으로 확장시킨다. 또한 지구 외부 환경에서도 생명 조건을 검토하려는 연구가 활발해지면서, 생명의 정의 자체를 재평가하려는 흐름도 이어지고 있다.

즉, 21세기의 질문은 작동 방식의 해설을 넘어, 생명이 특정한 형태로 존재하게 된 원인과 맥락을 규명하는 방향으로 이동하고 있다. 이는 생명과학이 기능 해석에서 기원·전략·선택·조건에 대한 탐구 단계로 나아가고 있음을 보여준다.

2. 생명의 미스터리

생명체를 구성하는 세포는 우리가 상상하는 것보다 훨씬 더 정교하다. 세포 내부는 끝없이 흔들리고 충돌하는 분자들의 거대한 소용돌이 속에 있다. 그러나 그 소용돌이는 혼란이 아니라, 극도로 안정적이고 예측 가능한 패턴을 이루며 작동한다. 자연계의 물리 법칙이 무질서로 향한다면, 생명은 반대로 질서를 구축하고 유지한다. 이 놀라운 현상은 생명의 가장 근본적인 미스터리다.

1) 단백질 접힘 – 무작위에서 정답을 찾아가는 분자의 선택

생명체 내부에서 단백질은 끊임없이 만들어지고 또 분해된다. DNA가 전령 RNA를 만들고, 리보솜이 그 정보를 해독하면서 아미노산이 차례로 연결된다. 처음 만들어진 단백질은 길게 늘어진 사슬일 뿐이다. 그러나 단백질은 생성 직후, 거의 즉각적으로 자신이 수행해야 할 기능을 완수할 수 있는 3차원 구조로 접힌다.

이 과정의 가장 흥미로운 점은, 단백질이 선택할 수 있는 구조의 수가 사실상 무한대에 가깝다는 것이다. 100개의 아미노산으로 이루어진 단백질의 각 잔기가 2개의 상태만 갖는다고 가정해도 가능한 구조가 2의 100제곱 개 이상이다. 분자 결합, 정전기 상호작용, 소수성 접힘, 수소 결합, 반데르발스 힘van der Waals force 등이 모두 얽히면서 가능한 접힘의 조합은 천문학적으로 늘어난다. 만약 단백질이 무작위로 모든 구조를 피코초(1조분의 1초) 단위로 탐색한다면 우주의 나이보다 긴 시간이 걸릴 것이다. 그런데 놀랍게도 실제로는 밀리초에서 몇 초 만에 정확한 구조로 접힌다. 이것이 1969년 사이러스 레빈탈Cyrus Levinthal이 제기한 유명한 '레빈탈의 역설'이다.

무작위 속에서 유일한 정답을 찾아가는 이 현상은 여전히 완전한 해답을 얻지 못했다. 단백질 접힘은 생명이 분자 수준에서 스스로 구조를 선택하고 조절하며 질서를 만들어낸다는 사실을 상징적으로 보여준다.

2) 분자 네트워크의 정밀성 – 충돌 속 질서

세포 내부에서는 믿기 어려울 정도로 수많은 분자들이 끊임없이 움직이며 서로 충돌한다. 물 분자는 초당 수조 번 이상 서로를 밀어내고 당긴다. 단백질, 지질, 이온, RNA, 작은 분자들이 예측 불가능한 열적 소용돌이 속에 흩어져 있다.

그런데 놀랍게도, 바로 이 무작위한 충돌과 확산이 세포의 정밀성을 만들어낸다. 수십억 개 분자들의 통계적 움직임이 모여 질서를 창발시킨다. 필요한 분자들은 정확한 시간과 장소에서 만난다. 분자들이 완벽히 정렬될 필요도 없다. 세포 전체가 마치 거대한 통합 회로처럼 작동하며, 각 부위는 서로의 움직임을 조율한다.

혼돈처럼 보이는 열적 운동 속에서 어떻게 이런 질서가 나타나는가? 자유에너지의 최소화, 분자 밀집 효과, 구획화, 되먹임 조절 — 이것들은 모두 확률과 통계역학이 빚어낸 정교한 설계다. 그리고 최근 우리는 이 고전적 그림을 넘어서는 또 다른 층위를 발견하기 시작했다.

3) 항상성과 안정성 – 엔트로피에 저항하는 구조

생명의 또 다른 미스터리는 안정성이다.

세포는 외부 온도 변화, 영양 상태의 차이, 스트레스, 손상, 노화 등의 영향을 받으면서도 내부 환경을 일정하게 유지하려 한다.

수많은 대사 과정은 열역학적으로 불안정하며, 분해로 향하는 자연의 기울기를 거슬러 올라간다. 그럼에도 생명체는 균형을 유지하고 스스로를 복구하며 불완전한 환경을 견딘다.

이러한 항상성homeostasis은 정교한 되먹임 조절과 완충 시스템의 산물이다. 온도 센서 단백질, pH 조절 기구, 대사 흐름 제어 등 수많은 분자 장치들이 협력하여 안정성을 만들어낸다. 통계적 요동 속에서 평균값을 유지하고, 교란에 반응하여 원래 상태로 돌아간다.

여기에는 역설이 있다. 생명은 국소적으로 질서를 증가시키지만, 그 대가로 주변 환경의 무질서(엔트로피)를 더 크게 증가시킨다. 태양에너지를 소비하며, 열역학 제2법칙의 테두리 안에서 작동한다. 법칙을 거스르는 것이 아니라, 법칙이 허용하는 가장 정교한 방식으로 작동하는 것이다. 그럼에도 불구하고, 어떻게 이런 고도의 안정성과 복원력이 분자 수준의 무작위적 운동 위에서 구현되는지는 아직 완전히 이해되지 않았다. 바로 이 지점이 생명과학이 물리학과 다시 깊이 만나는, 가장 흥미로운 미지의 영역 중 하나다.

4) 시간의 누적 – 진화와 정보의 축적

생명은 한순간 유지되었다가 사라지는 구조가 아니라, 세대를 거쳐 축적되고 이어지는 '정보의 흐름'이다. 단백질 접힘이 분자 수준에서 즉각적으로 형성되는 질서를 보여준다면, 진화는 수많은 세대를 관통하며 서서히 드러나는 장기적 질서를 보여준다.

환경의 변화는 본질적으로 우연과 변동성에 노출되어 있지만, 생명의 대응이 그 자체로 무작위적인 것은 아니다. 돌연변이는 무작위로 일어나지만, 자연선택은 환경이라는 측정 과정을 통해 정보를 필터링한다. 살아남은 정보는 DNA에 암호화되고, 다음 세대로 전달되며, 물질과 에너지를 재구성하는 청사진이 된다. 세포는 매 순간 에너지의 흐름을 활용해 자신을 조직화하고, 그렇게 형성된 조직화는 다시 미래의 생존 전략과 가능성으로 이어진다.

이처럼 정보의 연쇄는 분자 수준에서의 안정성과 구조적 선택이 축적되며 만들어지는 방향성이다. 생명은 우연 위에 세워진 체계이지만, 그 우연을 길들이며 자신만의 질서를 만들어가는 과정이기도 하다.

5) 복잡성의 함수 – 부분의 합을 넘어선 전체

세포는 단순한 구성 요소들의 합이 아니다. 단백질, DNA, RNA, 지질막, 대사 회로, 세포골격과 같은 다양한 요소들이 서로 얽히고 상호 작용하면서, 개별 구성 요소만으로는 예측하기 어려운 새로운 수준의 기능이 나타난다. 이는 단순한 상향식bottom-up 조합만으로는 충분히 설명하기 어려운 현상이다. 생명 시스템은 상호작용의 그물망 속에서 새로운 성질을 만들어낸다. 전체는 부분의 단순한 합과 같지 않다. 이러한 '창발적 특질 emergent property'은 때로 놀라운 방식으로 나타난다(예를 들어, 소음이 많은 환경에서 양자 결맞음을 보호하거나, 무질서한 요동이 오히려 효율성을 높이는 경우다). 이러한 특성은 생명을 왜 단순한 화학 반응의 집합으로 환원할 수 없는지를 잘 보여준다. 바꿔 말하면 개별 구성 요소의 성질만으로는 전체 시스템의 행동을 예측하기 어렵다. 특히 양자 효과와 고전 효과가 만나는 경계에서는 더욱 그렇다. 미시 세계의 양자 법칙이 거시 세계의 생명 기능으로 어떻게 번역되는가? 이 질문에 답하려면 창발성의 메커니즘을 양자 수준에서부터 추적해야 한다.

6) 결론 - 생명의 미스터리는 방향성을 가진다

이 장에서 다룬 현상들은 서로 다른 주제를 이야기하는 것처럼 보이지만, 한 가지 공통된 메시지를 전달한다. 생명은 단순한 생화학적 과정이 아니라, 질서를 만들어내는 과정이라는 것이다. 생명의 본질은 역설 속에 있다. 물리 법칙을 완벽히 따르면서도, 그 법칙들이 예측하는 평범한 결과와는 전혀 다른 존재다. 열역학 제2법칙이 우주를 무질서로 이끄는 동안, 생명만은 정교한 질서를 쌓아 올린다. 에너지를 소비하며 분자를 조직하고, 정보를 복제하며, 환경에 적응한다. DNA 한 가닥에서 나노미터 크기의 단백질, 그리고 수백만 년에 걸친 진화까지 모든 스케일에서 생명은 무질서에 저항한다.

이제 우리는 전환점에 서 있다. 환원주의가 밝혀낸 분자들의 작동 원리와, 시스템 생물학이 보여주는 네트워크의 창발성, 양자생물학이 드러내는 미시세계의 역할이 하나로 수렴하고 있다. 생명을 구성하는 부품을 이해하는 단계를 넘어, 그 부품들이 어떻게 스스로 조직화되어 '살아 있음'이라는 놀라운 현상을 만들어내는지 묻기 시작했다.

많은 것이 밝혀졌지만, 가장 근본적인 질문들 — 생명은 어떻게 시작되었나, 의식은 무엇인가, 생명의 복잡성에 한계가 있는가 — 은 여전히 우리 앞에 놓여 있다. 생명은 여전히 위대한 미해결 문제다. 생명은, 끝없는 경이로움의 원천이다.

3. 도약의 조건 - 기술의 발전과 실험의 혁명

'양자생물학'이라는 개념은 최근 몇 년 사이에 갑자기 나타난 유행어가 아니다. 사실 그 씨앗은 이미 20세기 초반에 뿌려져 있었다. 1944년, 이론

물리학자 에르빈 슈뢰딩거는 『생명이란 무엇인가?』에서 놀라운 제안을 내놓았다. 생명의 질서, 즉 세포가 복잡한 상태를 유지하고 정보 흐름을 제어하는 능력이 단순한 화학 반응이 아니라 물리 법칙에서 비롯된 것일 수 있다는 것이다. 그는 생명체가 엔트로피(무질서도)를 거스르는 '음의 엔트로피negative entropy'를 활용한다는 통찰을 제시하며, 언젠가 물리학의 언어로 생명을 설명할 날이 올 것이라 예견했다. 그러나 문제는 기술이었다. 슈뢰딩거의 직관이 옳았더라도, 당시 인류는 그것을 검증할 도구를 갖고 있지 않았다. 양자 현상은 너무 작고, 너무 빠르며, 너무 미묘하다. 전자 하나의 움직임은 수십억 분의 1미터(옹스트롬) 수준에서 일어나고, 파동의 진동은 펨토초(10^{-15}초) 단위로 바뀌며, 스핀 얽힘 상태는 극도로 취약하다.

20세기 과학은 아직 이 영역을 들여다볼 만큼의 현미경도, 시계도, 감지기도 갖고 있지 않았다. 그 결과, "양자생물학"이라는 생각은 20세기 내내 이론과 철학의 영역에서만 맴돌며 구체화되지 못했다.

1) 기술 혁명의 물결 – "보이지 않던 세계"를 보는 눈

21세기, 상황이 완전히 달라졌다. 20세기 말부터 시작된 실험 기술의 비약적 발전은 과학자들에게 이전에는 상상조차 할 수 없었던 눈과 손을 제공했다. 특히 시간·공간·감도의 세 가지 한계가 무너지면서, 양자 현상을 "관찰 가능한 생명 현상"으로 만드는 길이 열렸다.

2) 펨토초 레이저 스펙트로스코피 – 전자가 '춤추는' 순간을 포착하다

광합성 복합체 안에서 전자 에너지가 전달되는 과정은 펨토초(10^{-15}초)라는 극히 짧은 시간 규모에서 일어난다. 과거에는 이러한 초고속 현상을 직접 관찰하는 것이 거의 불가능했지만, 오늘날에는 펨토초 레이저 분광학femtosecond laser spectroscopy 기술을 통해 분자 내부에서 일어나는 전자의 움직임을 시간 분해time-resolved 방식으로 추적할 수 있게 되었다. 초고속 레이저 펄스를 이용해 '순간을 멈춰 세운 듯' 관측하는 것이다. 2007년, 그 레이엄 플레밍Graham Fleming 연구팀은 이 기술로 광합성 단백질을 관찰하던 중 놀라운 신호를 발견했다. 에너지 전달 과정에서 예상치 못한 규칙적인 진동 패턴 – 양자 비트quantum beat – 이 나타난 것이다. 에너지는 단일한 경로를 따라 순차적으로 이동하기보다, 여러 가능한 전달 경로가 동시에 관여하는 것처럼 보이는 집단적·파동적 거동을 보인다. 일부 연구자들은 이를 양자 중첩이나 양자 결맞음의 흔적으로 해석해 왔고, 이 해석을 둘러싸고 지금도 활발한 논쟁이 이어지고 있다.

적어도 분명한 점은, 생명체 내부의 에너지 전달이 우리가 익숙한 단순한 '입자 이동' 그림만으로는 충분히 설명되지 않는다는 사실이다. 광합성 연구는 생명 현상 속에 양자역학적 효과가 의미 있는 방식으로 스며들어 있을 가능성을 처음으로 구체적인 실험 데이터와 함께 제시한 중요한 사례로 평가받고 있다.

3) 초전도 자석과 양자 센서 – 스핀의 세계를 측정하다

전자스핀은 양자 얽힘과 같은 양자 현상을 이해하는 데 중요한 역할을 한다. 그러나 스핀의 변화는 극도로 미세하고 빠르게 일어나기 때문에, 기존의 고전적 측정 장비로는 직접 관찰하기가 매우 어려웠다. 21세기에 들어 초전도 양자 간섭계Superconducting Quantum Interference Device, SQUID와 질소-공석nitrogen-vacancy, NV 센터와 같은 고감도 양자 센서가 등장하면서 상황이 달라졌다. 이들 장비는 극미약 자기장과 개별 스핀의 상태 변화까지 감지할 수 있는 새로운 '양자 현미경' 역할을 한다.

이러한 기술의 발전을 바탕으로, 조류의 눈에 존재하는 크립토크롬 단

84

백질에서 전자스핀의 상관관계가 비교적 긴 시간(수십~수천 나노초 수준) 유지될 수 있다는 점이 실험적으로 관측되었다. 이는 철새들이 지구 자기장을 감지하는 메커니즘이 단순한 고전적 화학 반응을 넘어, 스핀 동역학과 같은 미시적 물리 과정에 깊이 연결되어 있음을 시사한다.

다만 이것이 곧바로 '생명체가 양자 얽힘을 정보 처리에 적극적으로 사용한다'는 결론으로 이어지는 것은 아니다. 현재까지의 연구는 생물학적 나침반이 양자역학적 스핀 현상에 민감하게 반응하는 시스템일 가능성을 보여주는 단계에 가깝다. 그럼에도 이 발견은, 생명 현상 속에서 양자 정보 개념이 실험적으로 논의될 수 있는 구체적인 출발점을 제공했다는 점에서 큰 의미를 갖는다.

4) 단일 분자 이미징 – 생명 현상을 한 분자 단위로 '확대'하다

과거의 생명과학 실험은 수천만 개에서 수억 개에 이르는 분자 집단을 평균 내어 관측하는 방식에 가까웠다. 개별 분자가 어떤 경로로 움직이고, 언제 반응하는지는 '평균값' 뒤에 가려져 보이지 않았다. 그러나 단일 분자 이미징single-molecule imaging 기술의 발전으로, 이제 과학자들은 한 분자, 한 단백질 수준에서 일어나는 변화를 실시간에 가깝게 추적할 수 있게 되었다.

이러한 기술 덕분에 DNA 복제나 효소 반응과 같은 과정에서, 전자의 이동이 단순한 고전적 장벽 넘기를 넘어 터널링과 같은 양자적 메커니즘의 영향을 받을 수 있다는 정황들이 점차 구체적인 실험 데이터로 제시되고 있다. 예를 들어 효소의 활성 부위 주변에서 전자 분포가 순간적으로 재배치되는 현상이나, 반응 속도가 고전적 이론으로는 설명하기 어려울 정도로 빠른 사례들이 보고되면서, 양자 터널링의 역할이 진지하게 논의되기 시작했다.

물론 우리는 전자가 터널링하는 '장면'을 눈으로 직접 보는 것은 아니다. 그 대신, 단일 분자 수준의 정밀한 시간 분해·공간 분해 측정을 통해, 기존 이론과 가장 잘 들어맞는 설명이 양자 터널링임을 간접적으로 확인하고 있는 것이다. 그럼에도 이는 한때 추상적인 이론으로만 여겨지던 양자 효과가, 생명 현상 연구의 실험적 언어로 옮겨지고 있음을 보여주는 중요한 변화라 할 수 있다.

5) 양자 계산과 분자동역학 – 가상 실험실의 등장

실험 장비의 발전만큼이나 중요한 변화는 계산 기술의 비약적인 진보다. 슈퍼컴퓨터와 GPU 기반 병렬 연산, 정교해진 양자화학 계산법, 그리고 분자동역학 시뮬레이션 기법의 발전 덕분에, 과학자들은 이제 전자의 파동함수를 분자 수준에서 계산하고, 화학 반응이 일어나는 전이 상태를 가상 공간에서 재현할 수 있게 되었다.

예컨대 효소의 반응 메커니즘을 전자구조 수준에서 분석하면, 전자가 활성 부위에 도달하기까지 어떤 에너지 지형을 지나고, 어떤 조건에서 터널링과 같은 양자적 효과가 두드러지는지를 이론적으로 예측할 수 있다. 이러한 계산은 실험으로 직접 관측하기 어려운 미시적 과정을 들여다볼 수 있게 해주는 '가상 실험실'에 가깝다.

아직 양자컴퓨터가 이러한 계산을 대규모로 수행하는 단계에 이르지는 않았지만, 고전 컴퓨팅과 양자화학 모델의 결합만으로도 생명 현상의 미시적 메커니즘에 대한 이해는 눈에 띄게 정밀해지고 있다. 실험과 계산이 서로를 검증하고 보완하는 이 흐름 속에서, 양자생물학은 점차 가설의 영역을 넘어 보다 견고한 연구 분야로 자리 잡아가고 있다.

6) 이론에서 실험으로 – '추측의 학문'이 '측정의 학문'으로

이 모든 기술적 진보가 가져온 가장 큰 변화는 분명하다. 과거에는 "생명 현상에 양자 효과가 관여할지도 모른다"는 주장이 다소 철학적 추측에 가까웠다면, 오늘날에는 그 가능성이 실험과 계산을 통해 구체적으로 탐구되는 과학적 가설의 영역으로 들어섰다는 점이다.

광합성 복합체에서 관측되는 초고속 에너지 전달의 파동적 거동은 펨토초 분광학을 통해 정밀하게 측정되고 있으며, 조류의 항법 메커니즘에서 나타나는 스핀 동역학은 양자 센서 기술의 발전 덕분에 실험적으로 검증 가능한 대상이 되었다. DNA 복제나 효소 반응 과정에서도, 고전적 모형만으로는 설명하기 어려운 전자 이동 특성이 단일 분자 수준의 측정과 고성능 계산을 통해 점차 구체적인 그림으로 드러나고 있다.

아직 많은 해석은 가설의 단계에 있으며, 각 현상에서 양자 효과가 어느 정도까지 '기능적으로 중요'한지는 계속 검증되어야 할 문제다. 그럼에도 분명한 것은, 양자생물학이 더 이상 막연한 가능성의 담론에 머무르지 않는다는 사실이다. 이 분야는 이제 데이터와 관측, 그리고 계산에 기반한 실증적 연구로 진입하고 있으며, 나아가 감각 모사 센서, 고효율 에너지 전달 설계, 생체 모방 컴퓨팅 등 다양한 응용으로 확장될 잠재력을 품고 있다.

7) 과학의 패러다임이 바뀐다 – 기술이 연 '새로운 질문'

기술의 발전은 단지 관찰 도구를 정교하게 개선하는 데 그치지 않는다. 그것은 과학이 던지는 질문의 성격 자체를 바꿔놓는다. 과거에는 "양자 효과가 생명 현상에 관여할까"라는 물음이 주를 이뤘다면, 오늘날에는 "그렇다면 어떤 방식으로, 어느 조건에서 관여하는가"라는 보다 구체적인 질문이 제기된다.

87

"얽힘이 존재할까"라는 추상적인 의문은 이제 "스핀 상관관계나 결맞음과 같은 양자적 현상이 실제 생물학적 기능에 어떤 영향을 미치는가"라는 문제로 확장되고 있다. "터널링이 일어날까"라는 질문도 "그 효과가 반응 속도, 선택성, 그리고 장기적으로는 진화적 적응에 어떤 의미를 갖는가"라는 탐구로 이어지고 있다.

아직 양자생물학이 모든 생명 현상을 설명하는 보편적 틀이 된 것은 아니다. 그러나 생명 현상을 이해하는 데 있어 '고전적 설명만으로 충분한가'라는 전제를 흔들며, 새로운 해석의 렌즈를 제공하는 하나의 중요한 연구 흐름으로 자리 잡아가고 있다. 과학은 이제 양자생물학을 특이한 주변 이론이 아니라, 검증 가능한 질문을 던질 수 있는 정식 연구 영역으로 받아들이기 시작했다.

4. 생명 이해의 지평이 넓어지다

양자생물학의 등장은 단순히 새로운 연구 분야가 하나 늘었다는 의미가 아니다. 그것은 생명과학이 지난 수 세기 동안 쌓아 올린 사유의 틀 자체를 다시 쓰는 일이다. 고전 생명과학은 생명 현상을 "어떻게 작동하는가How"라는 질문으로 접근했다. 효소는 어떻게 반응을 촉매하는가? 유전자는 어떻게 단백질을 만드는가? 세포는 어떻게 에너지를 생산하는가? 이 질문들은 생명 현상의 구조와 과정을 밝혀내는 데 큰 역할을 했다. 그리고 우리는 그것을 통해 생명체의 기계적 청사진을 이해하는 데 성공했다. 그러나 이제 과학은 한 단계 더 깊은 질문으로 들어가고 있다. 왜 효소는 그렇게 빠른가? 왜 생명체는 극한 환경에서도 작동할 수 있는가? 왜 진화는 그렇게 복잡하고 정교한 방향으로 진행되었는가? 이 "왜Why"의 질문은 단순한 작동 원리를 넘어 존재의 이유와 최적화의 원리를 탐구한다. 그리고 그 답은 점점 더 분명해지고 있다. 생명은 단순히 화학의 산물이 아니다. 그것은 물리학의 가장 깊은 층위에서 작동하는 시스템이다.

1) 생명 반응은 왜 그렇게 빠른가 - "시간을 재구성하는 양자의 무대"

세포 내부의 생화학 반응 속도는 고전적 반응속도론으로는 완전히 설명되지 않는다. 반응물의 농도, 온도, 활성화 에너지, 충돌 빈도라는 전통적 변수로 계산된 속도는 실제 생명계에서 관측되는 값보다 지나치게 낮다. 특히 실시간 대사 회로, 신호 전달 체계, 전자전달 과정 등은 이론적 속도 상한을 안정적으로 넘어선다. 이는 생명체 내 반응이 단순 확산과 충돌의 산물이 아니라는 사실을 시사한다.

양자생물학은 이 간극에 대한 새로운 해석을 제시한다. 생명계에서 전자는 공간적으로 국소화된 점 입자가 아니라, 확률파로 기술되는 분자 궤도molecular orbital 위에서 이동한다. 이 파동적 특성은 가능한 여러 경로를 동시에 점유하는 중첩을 허용하며, 결과적으로 반응 경로의 탐색 효율을 극적으로 높인다. 즉, 반응 결과는 고전적 통계 확률이 아니라, 양자 확률 진폭의 간섭interference에 의해 결정된다. 이러한 파동함수의 해석은 반응 속도가 단순히 장벽을 넘는 속도가 아니라, 전자가 장벽을 넘거나 우회할 수 있는 확률 분포의 재배치 과정임을 보여준다.

이처럼 생명계의 반응 속도는 시간적 지연을 최소화하도록 구성된 전자 분포, 분자 궤도 대칭성, 에너지 준위 정렬, 분극화된 결합 환경, 그리고 전자 이동 경로의 최적화가 결합된 결과다. 이러한 현상은 뒤에서 다룰 여러 사례인 전하 분리, 에너지 전달, 선택적 반응성에서 반복적으로 드러나며, 생명 속 양자 질서가 예외적 사건이 아니라 시스템적 특징임을 뒷받침한다.

4 | 왜 지금, 양자생물학인가

2) 왜 생명체는 극한 환경에서도 작동하는가 - "물리 법칙의 활용"

지구의 생명은 상상을 초월하는 환경에서도 살아남는다. 심해의 열수구 근처는 물이 끓어오르는 극한 환경으로, 온도가 섭씨 100°C를 훌쩍 넘는 곳도 많다. 그런데도 이곳에서는 놀랍게도 생명체가 살아간다. 일부 고온성 미생물은 섭씨 100~120°C에 이르는 환경에서도 활발히 대사 활동을 이어가며, 실험실 조건에서 무려 122°C까지 성장한 사례도 보고된 바 있다. 다만 이것이 우리가 일상적으로 떠올리는 "세포가 자유롭게 움직인다"는 의미와는 다르다. 이들은 혹독한 조건을 견디기 위해 세포막 구성부터 단백질 구조, 효소 작동 방식까지 철저히 적응시킨, 말 그대로 극한 생존 전략의 산물인 것이다.

남극 빙하 밑에서는 거의 0에 가까운 온도에서도 대사 활동이 지속된다. 방사능이 치명적인 환경에서도 일부 세균은 아무렇지 않게 증식한다. 고전 생화학은 이를 내열 단백질, 특수 지질막, 보조인자 등의 존재로 설명한다. 물론 그것도 사실이다. 그러나 양자적 관점에서 보면 훨씬 더 깊은 원리가 숨어 있다. 온도나 압력, 전자기장 같은 물리 조건이 바뀌어도 양자 터널링, 스핀 상태, 전자 결맞음 같은 현상은 특정 구조적 조건에서 여전히 유지된다. 생명체는 진화를 통해 이런 양자 상태를 안정적으로 유지할 수 있는 단백질 구조와 미세 환경을 구축했다. 즉, 극한 환경에서의 생명 유지 능력은 단순히 "단백질이 튼튼해서"가 아니라, 양자 현상이 유지되는 분자 조건을 생명체가 설계해 왔기 때문이다. 생명은 물리 법칙을 이용해 자기 자신을 환경에 '적응'시키는 전략가인 셈이다.

3) 왜 진화는 이렇게 복잡한 방향으로 진행되었는가 - "확률이 아닌 파동의 선택"

진화론은 무작위 돌연변이와 자연선택이라는 단순한 메커니즘으로 생명의 다양성을 설명해 왔다. 하지만 이 설명만으로는 충분하지 않다. 왜 어떤 변이는 극도로 정교한 복잡성을 향해 나아가는가? 왜 특정 분자 구조는 우연이라 보기 어려울 만큼 효율적으로 진화했는가? 여기에도 양자적 힌트가 있다. DNA 복제에서 전자의 터널링은 무작위적 변이의 확률 분포를 바꿔놓는다. 어떤 환경에서는 터널링이 더 쉽게 일어나 특정 염기쌍이 바뀔 확률이 높아진다. 이는 무작위가 아니라 물리적 조건이 이끄는 방향성 있는 확률 변화다. 또한 양자 얽힘이나 중첩 상태가 유지되는 단백질 구조는 생존에 유리한 기능을 제공하며, 자연선택의 압력 속에서 양자 효과를 활용하는 시스템이 더 자주 선택된다. 결국 생명 진화의 복잡성은 단순히 우연의 산물이 아니라, 양자적 확률 공간에서 선택된 경로일 수 있다.

4) 생명 이해의 확장 – 구조에서 법칙으로, 과정에서 원리로

이 모든 사례가 말해 주는 바는 명확하다. 양자생물학은 생명 현상을 설명하는 범위를 확장한다. 과거 생명과학이 생물학적 구조와 과정, 즉 어떻게 작동하는가How에 초점을 두었다면, 양자생물학은 그 구조가 왜 그렇게 진화했는지, 과정이 어떤 물리적 원리에 따라 최적화되는지를 설명한다. 기존의 관점에서 생명이란 DNA가 단백질을 만들고, 단백질이 반응을 일으키며, 그 반응이 생명을 유지하는 과정의 연속이었다.

그러나 양자생물학은 이 과정 뒤에 숨어 있는 설계 원리를 드러낸다. 효소 반응 속도가 비정상적으로 빠른 이유는 전자의 파동적 특성이 반응 동역학을 재구성하기 때문이다. 생명체가 극한 환경에서도 작동할 수 있는 이유는 터널링과 스핀 상태가 불안정한 조건에서도 유지될 수 있도록 보호하는 단백질 환경 때문이다. 생명체가 시간이 지날수록 더 높은 복잡성과 정보 구조를 띠게 되는 이유는 양자 확률이 단순한 무작위성이 아니라, 방향성을 지닌 탐색 과정이기 때문이다.

이러한 통찰은 생명을 결과가 아닌 원리로 이해하게 한다. 즉, 생명은 화학적 사건의 연속이 아니라, 양자적 질서를 기반으로 조직된 체계적 현상임을 보여준다.

5) 생명은 물리를 '활용하는 시스템'이다

결국 이 모든 질문의 답은 하나의 진실로 모아진다. 생명은 단순한 화학 반응의 결과물이 아니다. 그것은 물리학의 가장 깊은 층위에서 작동하는 정교한 시스템이다. 생명체는 미시 세계의 법칙을 '피하는' 것이 아니라, 그것을 능동적으로 활용한다. 에너지 효율을 극대화하기 위해 파동의 성질을 이용하고, 정보 처리를 최적화하기 위해 얽힘과 중첩을 활용하며, 진화의 속도를 높이기 위해 터널링과 확률의 편향을 채택한다. 이제 우리는 생명을 화학의 산물로서가 아니라, 물리 법칙의 구현체로 이해해야 한다. 이 새로운 관점이야말로 양자생물학이 우리에게 선사하는 가장 큰 선물이다.

5. 의학과 생명공학에 부는 변화의 바람

양자생물학의 잠재력은 더 이상 학자들의 이론적 사유에만 머무르지는 않을 것이다. 가까운 미래에 의학, 생명공학, 뇌과학, 우주 탐사까지 근원적인 영향을 미치며 우리가 생명 현상을 이해하는 근본적인 패러다임을 바꾸고 생명의 지평을 지구 밖으로 넓히게 될 것이다.

1) 신약 개발 - 전자의 움직임에서 약물의 미래를 보다

전통적인 신약 개발은 크게 두 단계로 이루어진다. 첫째, 질병과 관련된 표적 단백질을 찾는다. 둘째, 그 단백질과 잘 결합할 수 있는 분자를 설계한다. 문제는 이 과정이 예측과 시행착오에 크게 의존한다는 점이다. 기존의 분자 모델링은 원자들 사이에 작용하는 정전기적 상호작용, 수소 결합, 반데르발스 힘과 같은 고전 물리-화학적 힘들을 중심으로 단백질과 리간드의 결합을 설명해 왔다. 이러한 접근은 많은 경우 유용했지만, 단백질-약물 결합의 본질을 완전히 포착하기에는 한계가 있었다. 왜냐하면 결합의 핵심은 단순히 원자들이 얼마나 가깝게 위치하느냐가 아니라, 전자들이 어떻게 재배치되고 서로의 상태에 영향을 주느냐에 있기 때문이다.

실제로 단백질과 리간드가 만나는 순간, 가장 먼저 일어나는 변화는 원자 껍질 바깥의 전자 분포가 재조정되는 과정이다. 전자 밀도는 결합 환경에 따라 미묘하게 이동하고, 이 과정에서 전자 파동함수는 서로 겹치며 새로운 상호작용을 만들어낸다. 이러한 현상은 고전적 힘의 단순한 합으로는 충분히 설명되지 않는다.

여기서 양자생물학적 접근이 새로운 시야를 제공한다. 전자 밀도 분포의 변화, 전이 쌍극자 모멘트, 전자의 터널링 가능성, 그리고 π-전자 궤도 사이의 상호작용과 같은 요소들을 직접 계산함으로써, 단백질-리간드 결합을 양자 수준에서 보다 정확하게 기술할 수 있기 때문이다. 이 관점에서는 결합이 단순한 '맞물림'이 아니라, 전자 파동함수들 사이의 정교한 협력으로 이해된다.

이러한 전환은 약물 설계의 패러다임 자체를 바꾼다. 단백질-약물 결합은 더 이상 고정된 구조의 문제만이 아니라, 전자 상태와 확률, 그리고 양자적 상호작용의 문제가 된다. 결국 양자생물학은 우리가 생체 분자를 바라보는 해상도를 한 단계 끌어올리며, 분자 수준의 상호작용을 보다 근본

93

적인 물리 법칙 위에서 다시 이해하도록 이끈다. 이는 다가올 미래에 다음과 같은 변화를 불러올 것이다.

- **정밀성 향상**: 후보 물질을 무작위로 시험하는 대신, 전자구조 기반으로 "가장 자연스럽게 결합할 분자"를 설계할 수 있다.
- **속도 단축**: 수년이 걸리던 후보 물질 스크리닝screening 과정을 수개월, 혹은 수 주로 줄일 수 있다.
- **맞춤 치료**: 개인의 유전 변이와 단백질 구조 차이를 반영한 개인 맞춤형 약물 설계가 가능하다.

예를 들어, 항암제 개발에서 단백질의 활성 부위에 존재하는 π-전자구름의 위상과 리간드 전자의 위상을 정밀하게 맞춤으로써 결합 친화도를 극적으로 높이는 전략이 연구되고 있다. 이것은 기존의 "분자 퍼즐 맞추기"식 접근에서 벗어나, 전자의 언어로 "전자-전자 인터페이스"를 설계하는 새로운 시대를 연다.

2) 뇌과학 – 의식과 기억의 새로운 패러다임

뇌과학은 여전히 인류 과학이 마주한 가장 깊은 미지의 영역 중 하나다. 신경전달물질, 시냅스 가소성, 뉴런 네트워크에 대한 연구는 뇌의 작동 방식을 상당 부분 설명해 주었지만, 의식은 어떻게 생겨나는가, 기억은 어떤 형태로 저장되는가와 같은 근본적인 질문에는 아직 명확한 답을 주지 못하고 있다. 우리는 뇌가 어떻게 반응하는지는 점점 더 잘 알게 되었지만, 왜 주관적 경험이 발생하는지에 대해서는 여전히 설명이 부족하다.

이 지점에서 양자생물학은 새로운 가능성을 제기한다. 일부 연구자들은 뇌세포 내부의 미세소관 구조에서 양자 중첩이나 얽힘과 같은 현상이 짧은 시간이나마 발생할 수 있으며, 이러한 미시적 양자 현상이 정보 처리 과정에 영향을 미칠 가능성을 탐구하고 있다. 만약 이러한 가설이 일정 부분이라도 사실이라면, 뇌는 단순한 전기·화학적 회로를 넘어 물리학적으로 더 깊은 층위의 정보 처리를 포함하는 시스템으로 이해될 수 있다.

이 관점에서는 기억과 의식에 대한 해석도 달라진다. 기억은 단순히 시냅스 연결이 강화된 결과가 아니라, 미시적 수준에서 형성된 상태 간섭 패턴의 안정화된 흔적일 수 있으며, 의식 역시 신경 네트워크의 집합적 활동만이 아니라 정보 상태가 특정 방식으로 수렴하는 과정과 연관되어 있을 가능성이 제기된다. 일부 이론에서는 이를 파동함수의 붕괴나 선택 과정에 비유하기도 하지만, 이러한 해석은 아직 활발한 논쟁의 대상이다.

중요한 점은, 이 가설들이 아직 확립된 이론이 아니라 탐색 중인 가설이라는 사실이다. 그럼에도 불구하고 만약 이러한 접근이 부분적으로라도 타당성을 갖는다면, 신경과학과 의학의 연구 방향에는 중대한 변화가 생길 수 있다. 알츠하이머병이나 파킨슨병과 같은 퇴행성 뇌 질환 역시 단백질 응집이나 신경 회로 손상만이 아니라, 정보 처리의 미세한 교란이라는 관점에서 새롭게 해석될 수 있기 때문이다.

더 나아가 기억 증강이나 인지 향상 기술 역시 시냅스 구조를 물리적으로 조작하는 방식이 아니라, 정보 상태의 안정성과 지속 시간, 다시 말해 '얼마나 오래 유지될 수 있는가'라는 문제로 접근될 가능성도 제기된다. 이러한 논의는 인공지능과 뇌과학의 관계에도 새로운 질문을 던진다. 오늘날의 인공지능이 여전히 인간 수준의 직관과 창의성에 도달하지 못하는 이유가, 단순한 계산 능력의 문제가 아니라 정보를 처리하는 물리적 방식의 차이에 있을 가능성도 배제할 수 없기 때문이다.

이처럼 양자생물학은 뇌과학의 난제에 즉각적인 해답을 제시하지는 않는다. 그러나 그것은 우리가 뇌와 의식을 바라보는 질문의 틀 자체를 확장하며, 생명과 정보, 물리 법칙 사이의 관계를 다시 사유하도록 요구한다. 뇌는 여전히 미지의 영역이지만, 그 미지에 접근하는 길은 이제 하나가 아니라 여러 갈래로 열리고 있다.

3) 의료 진단과 영상 – "양자 눈"으로 몸속을 보다

진단 기술의 핵심은 얼마나 작은 변화를 얼마나 초기에 감지할 수 있는가에 있다. 현재 병원에서 널리 사용되는 MRI(자기공명영상)는 인체 내부를 비침습적으로 관찰할 수 있는 뛰어난 도구지만, 그 감도에는 분명한 한계가 있다. 세포 하나의 상태 변화나 단백질 구조의 미세한 변형, 질병이 막 시작되는 초기 단계의 신호를 포착하기에는 아직 부족한 측면이 있다.

이 지점에서 양자 센서 기술은 전혀 다른 가능성을 제시한다. 다이아몬드 내부의 질소-공석(NV) 센터를 이용한 양자 센서는 전자스핀의 양자적 특성을 활용해, 기존 MRI보다 훨씬 더 미세한 자기장 변화를 감지할 수 있다. 이 센서는 극도로 약한 신호에도 반응할 수 있기 때문에, 생체 내부에서 일어나는 초기 수준의 변화까지 포착할 잠재력을 지닌다.

이러한 감도 향상은 진단의 패러다임을 바꿀 수 있다. 예를 들어, 조기 진단에서는 암세포가 눈에 보이는 종양을 형성하기 이전, 대사 반응 단계에서 나타나는 미묘한 이상 신호를 감지할 가능성이 열린다. 단일 단백질 이미징에서는 단백질의 접힘folding 과정이나 구조적 변형을 실시간으로 추적함으로써, 신경 퇴행성 질환과 같은 질병을 훨씬 이른 시점에 진단할 수 있을 것으로 기대된다. 나아가 비침습적 뇌 스캐닝 기술로 발전할 경우, 두개골을 열지 않고도 신경 활동의 변화를 고해상도로 관찰하는 새로운 뇌 연구 도구가 될 수 있다.

이러한 기술들이 의미하는 바는 단순한 장비의 고도화가 아니다. 양자 센서는 "질병을 발견한 뒤 치료한다"는 기존 의료의 흐름을 넘어, 질병이 드러나기 전에 감지하고 개입하는 예방 중심의 의학으로의 전환을 가능하게 한다. 진단은 더 이상 치료의 보조 수단이 아니라, 건강을 지키는 가장 앞선 전략이 될 수 있다.

4) 합성생물학과 유전자 공학 – 생명을 '설계'하는 시대

합성생물학Synthetic Biology은 더 이상 자연을 해석하는 데 그치지 않는다. 그것은 생명 시스템을 재설계하고, 경우에 따라서는 새롭게 구축하려는 기술적 시도다. 지금까지의 합성생물학은 주로 유전자를 재조합하고, 대사 경로나 세포 회로를 설계하는 수준에서 발전해 왔다. 그러나 여기에 양자생물학의 관점이 결합되면, 생명을 다루는 해상도는 한 단계 더 깊어진다.

양자 수준에서 바라본 생명은 단순한 화학 반응의 집합이 아니다. 전자의 터널링 확률을 조절해 반응 속도를 미세하게 제어하는 인공 효소, 스핀 상태나 양자적 민감성을 활용해 극도로 작은 신호를 감지하는 생체 센서, 단백질 내부의 파동적 특성을 고려해 신호 전달의 효율을 높이는 세포 회로 같은 개념들이 탐구 대상이 된다. 이들은 아직 초기 단계의 연구이지만, 생명 기능을 물리 법칙의 가장 근본적인 층위에서 설계하려는 방향성을 분명히 보여준다.

이러한 접근이 의미하는 바는 크다. 그것은 자연이 이미 만들어놓은 구조를 단순히 흉내 내는 수준을 넘어, 양자역학적 제약과 가능성을 포함한 생명 시스템을 구상하는 단계로 나아가려는 시도이기 때문이다. 다시 말해, 합성생물학은 점점 "자연을 모방하는 기술"에서 "물리 법칙과 조화를 이루는 생명 설계"로 진화하고 있다.

이 관점에서 보면, 생명은 더 이상 우연히 발견되는 대상에 머물지 않는다. 그것은 이해를 바탕으로 조심스럽게 설계되고, 검증되며, 확장되는 시스템이 된다. 양자생물학과 합성생물학의 만남은 생명을 다루는 인간의 역할을 근본적으로 바꾸고 있으며, 우리가 생명을 이해하는 방식뿐 아니라 생명으로 무엇을 할 수 있는가라는 질문 자체를 다시 쓰고 있다.

6. 우주 생명 탐사 – 양자의 관점으로 외계 생명을 찾다

지금까지 외계 생명체 탐사는 주로 물의 존재, 적절한 온도 범위, 탄소 기반 화학이라는 고전적 생명 조건을 중심으로 이루어져 왔다. 이러한 기준은 지구 생명의 경험에서 출발한 합리적인 출발점이었지만, 동시에 하나의 전제를 내포하고 있다. 즉, 생명은 반드시 지구와 유사한 화학적 틀 안에서만 가능하다는 가정이다.

그러나 최근 연구들은 지구 생명체가 광합성, 효소 반응, 후각, 자기장 감지와 같은 다양한 과정에서 양자역학적 현상을 적극적으로 활용하고 있음을 보여준다. 이 사실은 외계 생명 탐사의 시야를 한 단계 넓힌다. 만약 생명이 단순한 화학 반응의 집합이 아니라, 정보·파동·확률을 조직화하는 물리적 시스템이라면, 외계 생명 역시 특정한 양자적 환경 조건을 필요로 할 가능성이 있다. 예를 들어,

- 전자 중첩이나 결맞음이 유지될 수 있도록 특정 파장의 빛이 안정 적으로 공급되는 광환경
- 전자나 양성자의 터널링이 가능할 만큼 적절한 온도와 압력 조건
- 스핀 상태의 민감한 변화를 감지할 수 있는 자기장 구조와 물질적 배경

과 같은 요소들은, '양자적 방식으로 작동하는 생명 시스템'이 안정적으로 유지되기 위한 중요한 물리적 조건이 될 수 있다.

이러한 관점은 외계 생명 탐사의 기준을 단순히 화학 성분의 존재 여부에만 머무르게 하지 않는다. 대신, 양자적 질서가 성립할 수 있는 물리적 환경 자체를 탐색 대상으로 끌어올린다. 다시 말해, 생명의 흔적을 특정 분자에서만 찾는 것이 아니라, 그 분자가 의미 있는 방식으로 조직될 수 있는 물리적 조건을 함께 고려하는 것이다.

이처럼 양자의 관점에서 바라본 우주 생명 탐사는 기존의 탐색 틀을 대체하기보다는, 그것을 보완하고 확장한다. 물과 탄소를 넘어, 정보가 유지되고 확률이 조절되며 질서가 지속될 수 있는 우주적 환경을 찾는 일. 이러한 전환은 외계 생명 탐사를 단순한 '화학적 수색'에서, 우주 속 질서의 가능성을 탐구하는 과학으로 확장시킨다. 그리고 그 과정에서, 우리는 생명이 무엇인지에 대한 질문을 지구 밖으로까지 자연스럽게 확장하게 된다.

1) 생명 설계의 패러다임 – 이해에서 조작으로

양자생물학이 예고하는 변화는 단순한 기술의 진보가 아니다. 그것은 생명과학의 목표 자체가 이동하고 있음을 보여주는 패러다임의 전환이다. 오랫동안 생명과학의 핵심 과제는 생명을 이해하는 것이었다. 세포는 어떻게 작동하는가, 유전자는 무엇을 지시하는가, 질병은 어떤 메커니즘으로 발생하는가를 밝히는 일이 중심이었다. 그러나 이제 질문은 점점 달라지고 있다. 우리는 생명을 어디까지 설계할 수 있는가?

이 새로운 관점에서 보면, 치료의 개념도 변한다. 질병이 발생한 뒤 이를 고치는 대신, 질병이 발생하지 않도록 작동하는 세포 환경과 정보 흐름을 미리 설계하는 것이 가능성으로 떠오른다. 뇌 역시 더 이상 해석의 대상에만 머물지 않는다. 신경 회로와 정보 처리의 물리적 기반을 이해함으로써, 뇌 기능을 보조하거나 확장하는 기술이 현실적인 연구 주제가 된다. 심지어 생명 탐사조차도, 생명이 존재하는지를 기다리는 일에서 벗어나, 주어진 조건에서 생명 시스템이 어떻게 구성될 수 있는지를 묻는 단계로 나아가고 있다.

양자생물학은 이 전환의 핵심에 있다. 생명을 화학 반응의 연쇄로만 보지 않고, 정보·확률·파동이 조직화된 물리적 시스템으로 이해할 때, 생명은 더 이상 우연히 발견되는 대상이 아니라 원리를 이해한 뒤 신중하게 설계할 수 있는 대상이 된다. 이는 생명과학을 '관찰의 학문'에서 '개입과 설계의 기술'로 이동시키는 결정적 계기다.

물론 이 변화는 막대한 책임을 동반한다. 설계할 수 있다는 것은 곧 선택해야 한다는 뜻이기 때문이다. 그러나 분명한 것은, 양자생물학이 열어젖힌 이 새로운 지평 속에서 생명과학은 더 이상 자연을 해석하는 데 머무르지 않는다. 그것은 자연의 법칙과 조화를 이루는 방식으로 생명을 다시 구성하려는 시도로 진화하고 있다.

2) 과학의 새로운 패러다임 - 통합의 시대

양자생물학의 등장은 고전 생물학을 대체하거나 부정하려는 시도가 아니다. 그것은 오히려 더 넓은 이해를 향한 진화이며, 서로 다른 학문들이 다시 조화를 이루는 과정이다. 고전 생물학과 화학, 물리학과 정보과학, 나아가 철학까지 ― 지금까지 각자의 길을 걸어온 이 모든 학문은, 생명이라는 하나의 질문 앞에서 다시 한 지점으로 수렴하고 있다.

이제 우리는 생명을 단 하나의 언어로 설명할 수 없다는 사실을 받아들이게 되었다. 세포의 구조와 기능을 이해하려면 생화학이 필요하고, 에너지와 전자의 흐름을 설명하려면 양자역학이 필요하다. 정보가 어떻게 저

100

제1부 | 서문

장되고 처리되는지를 묻기 위해서는 계산 이론이 요구되며, 이 모든 요소가 시간 속에서 어떻게 얽혀 작동하는지를 이해하려면 복잡계 과학의 시선이 필요하다. 어느 하나만으로는 충분하지 않다.

생명이란 결국, 이 서로 다른 설명 체계들이 만나는 경계에서 태어나고 진화하는 현상이다. 양자생물학은 그 경계를 흐리게 만들며, 분리되어 있던 학문들을 다시 연결한다. 그것은 새로운 답을 제시하기보다, 우리가 던져야 할 질문의 깊이와 범위를 넓혀준다. 그리고 그 확장된 질문 속에서, 생명은 더 이상 단순한 물질도, 순수한 정보도 아닌 — 자연의 법칙들이 스스로를 조직화한 하나의 과정으로 모습을 드러낸다.

3) 과학은 언제나 '분할'에서 시작했다

과학의 역사는 오랫동안 분할의 역사였다. 17세기 뉴턴은 자연을 힘과 질량, 운동 방정식으로 분해함으로써 세계를 예측 가능한 체계로 바꾸었다. 19세기의 생리학자들은 생명 현상을 세포와 조직, 기관으로 나누어 분석하며 몸의 작동 원리를 밝혀냈다. 20세기 초반에는 생화학과 유전학이 등장해, 생명을 분자 단위로 해체하고 그 구성 요소를 하나씩 드러냈다.

이러한 분할은 놀라운 성과를 낳았다. DNA의 이중나선 구조가 밝혀졌고, 효소 반응의 정밀한 메커니즘이 규명되었으며, 신경세포가 전기 신호로 소통한다는 사실도 이해하게 되었다. 생명은 더 이상 신비의 영역이 아니라, 분석 가능한 대상으로 자리 잡았다. 과학은 복잡한 현상을 잘게 나누는 방식으로 엄청난 진보를 이루어왔다.

그러나 그 과정에서 과학은 종종 '전체'라는 질문을 뒤로 미뤄두었다. 세포를 구성하는 모든 분자를 알아도, 왜 그것들이 모여 '살아 있는 상태'를 이루는지는 설명되지 않았다. 유전자의 염기서열을 모두 해독해도, 주관적 경험으로서의 의식이 어떻게 생겨나는지는 여전히 미스터리로 남아 있다. 분석은 우리에게 부품을 보여주었지만, 그 부품들이 어떻게 상호 작용하며 하나의 질서를 만들어내는지는 충분히 말해주지 못했다.

분할은 이해를 가능하게 했지만, 동시에 연결의 문제를 남겼다. 생명은 부품의 단순한 합이 아니며, 그 본질은 요소들 사이의 관계와 흐름, 그리고 그 전체가 만들어내는 동역학 속에 있다. 이제 과학은 다시 한번 방향을 전환해야 할 시점에 와 있다. 더 잘게 쪼개는 것을 넘어, 어떻게 다시 엮을 것인가를 묻는 단계로 말이다.

4) 21세기 과학 – 경계가 사라지는 시대

21세기의 과학은 이제 '분할'에서 '융합'으로 패러다임을 전환하고 있다. 이는 여러 학문이 나란히 협력한다는 수준을 넘어선 변화다. 과학의 방법론과 사고방식 자체가, 경계를 전제로 하지 않는 방향으로 바뀌고 있다.

오늘날 생명과학은 더 이상 화학만으로 충분히 설명되지 않는다. 효소 반응 하나를 이해하기 위해서도 전자의 분포와 에너지 준위, 미시적 동역학을 함께 고려해야 한다. 반대로 물리학 역시 생명체를 외면할 수 없다. 실제 자연에서 양자 효과가 가장 정교하고 안정적으로 작동하는 시스템은, 실험실의 단순한 모델이 아니라 살아 있는 세포이기 때문이다.

정보과학의 시선도 달라졌다. DNA와 단백질은 이제 단순한 분자가 아니라, 정보를 저장하고 처리하며 오류를 교정하는 자연의 정보 처리 시스템으로 해석된다. 알고리즘과 진화, 계산과 적응은 더 이상 비유가 아니라, 생명 현상을 이해하기 위한 실질적인 언어가 되었다. 여기에 복잡계 과학은, 이 모든 요소가 상호 작용하며 어떻게 새로운 질서와 패턴을 만들어내는지를 설명하는 틀을 제공한다.

이처럼 과거의 과학이 각 분야 안에서 전문성을 극대화하는 방향으로 발전해 왔다면, 미래의 과학은 서로 다른 층위와 언어 사이의 관계와 조화를 탐구하는 방향으로 나아가고 있다. 이제 중요한 것은 무엇을 더 잘게 나눌 수 있는가가 아니라, 서로 다른 설명들이 어떻게 하나의 현상 안에서 연결되는가다. 그리고 생명은 바로 그 연결이 가장 극적으로 드러나는 대상이다.

5) 생명은 경계 위에서 작동한다

양자생물학이 특별히 흥미로운 이유도 바로 여기에 있다. 이 학문은 물리학, 화학, 생물학, 정보과학이 정확히 교차하는 지점에 서 있다. 전자의 파동과 에너지 준위는 분명 물리학의 언어이지만, 그것이 효소의 반응 속도와 선택성을 결정하는 순간 생화학의 문제가 된다. DNA 복제는 전통적으로 생명과학의 주제였지만, 그 정확성과 오류의 확률이 전자나 양성자의 터널링에 의해 좌우된다면, 그것은 동시에 양자역학의 문제이기도 하다. 단백질 접힘은 구조생물학의 핵심 과제이지만, 그 과정이 에너지 지형의 탐색과 최적화라면 계산물리와 정보 이론의 영역으로 이어진다.

이처럼 생명은 어느 한 학문에 깔끔하게 귀속되지 않는다. 그것은 여러 설명 체계가 겹쳐지는 경계에서 나타나는 현상이다. 그리고 바로 그 경계에서, 양자적 관점은 가장 깊고 일관된 설명력을 제공한다. 미시적 확률과 파동의 언어는 분자 수준의 사건을 연결하고, 그 연결은 세포와 개체 차원의 질서로 확장된다.

양자생물학은 이 서로 다른 세계 사이에 다리를 놓는다. 한쪽 끝에는 DNA와 단백질, 세포로 이루어진 물질적 생명이 있고, 다른 한쪽 끝에는 파동, 확률, 정보라는 비물질적 원리가 있다. 이 다리 위에서 우리는 생명을 더 이상 부품의 집합이나 단일 메커니즘으로 보지 않는다. 생명은 물질과 정보, 화학과 물리, 우연과 법칙이 얽혀 만들어진 하나의 전체적 과정으로 모습을 드러낸다. 그리고 바로 그 전체성을 이해하려는 시도가, 양자

4 | 왜 지금, 양자생물학인가

생물학의 가장 근본적인 목표다.

6) 분석에서 총체로 – 과학 사고의 진화

이 패러다임의 전환은 단지 연구 방법이 달라지는 데서 끝나지 않는다. 그것은 우리가 세계를 이해하는 사고방식 자체의 변화를 요구한다. 과거의 과학이 복잡한 대상을 잘게 나누어 설명하는 데 집중했다면, 21세기의 과학은 그 조각들이 어떻게 연결되고 상호 작용하는지를 묻기 시작했다.

・과거의 시선: 세포 → 유전자 → 단백질 → 개별 반응
・미래의 시선: 정보 → 파동 → 상호작용 → 전체 시스템

이제 우리는 생명체를 부품들의 단순한 합으로 바라보지 않는다. 대신, 관계들이 얽혀 형성된 네트워크, 시간에 따라 변화하는 동역학적 흐름, 그리고 그 속에서 반복적으로 나타나는 정보의 패턴으로 이해하기 시작했다. 이는 과학이 '무엇이 일어나는가'를 설명하는 단계를 넘어, 그 현상이 어떤 의미를 갖는가를 해석하는 단계로 나아가고 있음을 보여준다.

이 새로운 관점에서 생명은 더 이상 화학 반응의 집합이 아니다. 그것은 물리적 법칙이 허용한 범위 안에서 조직된 질서 있는 정보 구조이며, 동시에 우주의 진화 과정 속에서 등장한 자기조직화된 시스템이다. 생명을 이해한다는 것은 이제, 물질을 넘어 관계와 흐름, 그리고 그 속에 담긴 의미를 함께 읽어내는 일이다.

7) 양자생물학 – 통합 과학의 전초기지

이 거대한 패러다임의 전환 속에서 양자생물학은 단순한 하나의 분과 학문이 아니다. 그것은 분절된 지식들을 다시 잇는 "통합 과학으로 향하

는 전초기지"에 가깝다. 서로 다른 언어를 써왔던 학문들이 이 지점에서 다시 만난다.

생물학자에게 양자생물학은 분자 수준의 설명을 넘어, 그 너머에서 작동하는 물리적 원리를 보게 한다. 물리학자에게는 오랫동안 추상적 방정식으로만 존재하던 법칙들이, 살아 있는 시스템 속에서 어떻게 구현되는지를 보여준다. 정보과학자에게 생명은 더 이상 은유가 아니라, 확률과 오류, 최적화가 동시에 작동하는 정보 처리 시스템으로 새롭게 해석된다. 그리고 철학자에게 양자생물학은, "생명이란 무엇인가"라는 오래된 질문을 다시 한번, 그러나 이전과는 전혀 다른 깊이에서 제기하게 만든다.

양자생물학이 중요한 이유는 그것이 또 하나의 전문 분야이기 때문이 아니다. 그것은 서로 다른 학문들을 이어주는 공통의 언어이기 때문이다. 이 언어를 통해 생명과학과 물리학, 정보과학과 철학이 서로의 질문을 이해하기 시작할 때, 우리는 비로소 자연을 파편이 아닌 하나의 연속된 서사로 읽을 수 있게 된다. 그리고 그 서사 속에서 생명은, 더 이상 예외적인 현상이 아니라 우주의 법칙이 스스로를 조직한 가장 정교한 형태로 자리 잡는다.

7. 우주와 생명에 대한 새로운 대화

이 통합적 패러다임은 생명에 대한 이해를 넘어, 우주 전체를 바라보는 우리의 시선까지 바꿔놓는다. "생명은 어떻게 시작되었는가"라는 오래된 질문은 이제 "물리 법칙은 어떤 조건에서 생명을 가능하게 하는가"라는 질문으로 재구성된다. 마찬가지로 "지구 밖에도 생명이 존재하는가"라는 물음은, "양자적 조건이 갖추어진다면 생명은 어디에서든 나타날 수 있는가"

라는 더 보편적인 질문으로 확장된다.

이 변화는 단순한 질문의 교체가 아니다. 그것은 생명을 예외적인 사건으로 보던 관점에서 벗어나, 우주의 법칙이 허용하는 하나의 자연스러운 결과로 이해하려는 시도다. 생명은 우연히 나타난 현상이 아니라, 에너지와 정보, 확률과 질서가 특정한 방식으로 조직될 때 나타나는 보편적 가능성일 수 있다.

이 지점에서 과학은 다시 철학과 만난다. 양자생물학은 실험실 안의 특이한 현상을 설명하는 데 그치지 않는다. 그것은 우주가 스스로를 조직하는 방식, 그리고 그 과정에서 생명과 의식이 어떤 의미를 갖는지를 묻는 새로운 대화를 시작한다. 물리학의 언어로 생명을 설명하려는 이 시도는, 결국 우리가 우주 속에서 어떤 존재인지를 다시 사유하도록 이끈다.

양자생물학은 답을 완성하지 않는다. 대신, 질문의 지평을 넓힌다.

8. 결론 – 과학, 다시 하나의 이야기로

과학은 오랫동안 자연을 쪼개어 이해하는 데 몰두해 왔다. 그러나 이제 우리는, 그 파편들이 모두 하나의 거대한 이야기를 이루고 있었음을 깨닫기 시작한다. 원자는 분자를 만들고, 분자는 세포를 이루며, 세포는 생명을 구성한다. 전자와 파동이 만들어낸 미시적 질서는, 결국 생각하고 느끼며 사랑하는 존재로까지 진화한다. 자연의 가장 깊은 층위에서 시작된 연속적인 서사의 한 장면이다.

양자생물학은 바로 이 연결의 이야기 속에서, 분절되었던 과학을 다시 하나로 엮는 새로운 서사의 출발점이 된다. 그것은 물리학과 생물학, 정보와 의미를 가로지르며, 우리가 자연을 이해해 온 방식 자체를 재구성한다.

그리고 이 서사는 단지 과학의 이야기만은 아니다. 그것은 우주가 스스로를 이해해 가는 과정, 다시 말해 그 안에 속한 우리 모두의 이야기이기도 하다.

결국 핵심은 단순히 "양자 효과가 존재하는가"라는 질문이 아니다. 더 중요한 것은 그 효과가 어디에서, 얼마나 오래, 어떤 구조 속에서 유지되는가다. 이 물음은 생명 현상의 실제 작동 방식을 가르는 결정적인 기준이 된다. 이제부터 우리는 이 질문을 따라, 구체적인 생물학적 사례와 실험, 계산과 모델링, 그리고 생명 설계로 이어지는 전략들을 하나씩 살펴보려 한다.

4 | 왜 지금, 양자생물학인가

제2부

생명 안의 양자 현상들

5

빛을 잡는 잎사귀

광합성과 양자 중첩

1. 태양빛을 먹는 생명 — 지구 생명사의 출발점

아침 해가 떠오르면 세상은 다시 살아난다. 잠들어 있던 숲이 깨어나고, 나무의 잎사귀는 햇빛을 향해 미세하게 각도를 조절한다. 그 안에서 우리 눈에는 보이지 않는 거대한 분자 기계가 조용히 가동된다. 수많은 전자들이 뛰어다니며 에너지를 전달하고, 분자들이 재배치되고, 새로운 화학 결합이 만들어진다. 이 모든 복잡한 과정의 이름이 바로 광합성photo-synthesis이다. 광합성은 단순히 식물이 "밥을 먹는" 생리 현상이 아니다. 그것은 지구 생명 전체를 가능하게 한 행성 규모의 혁신이었다. 약 35억 년 전, 최초의 광합성 세균이 빛 에너지를 화학에너지로 바꾸는 능력을 획득하면서 지구의 역사는 근본적으로 달라졌다. 광합성은 대기 중 산소 농도를 비약적으로 높여 복잡한 다세포 생명의 출현을 가능하게 했고, 생산된 유기물은 먹이사슬의 기초가 되었다. 우리가 사용하는 석유, 석탄, 천연가

스까지도 결국 고대 광합성의 부산물이다. 지금 우리가 호흡하는 공기, 먹는 음식, 사용하는 에너지 대부분은 모두 이 잎사귀 속에서 시작된다. 광합성은 지구 생명계를 조직하는 '보이지 않는 토대'이며, 오늘날에도 여전히 생명의 에너지 흐름을 지배한다.

1) 빛을 포획하는 분자 기계 — 자연이 만든 궁극의 에너지 시스템

광합성은 세 단계로 요약할 수 있다. 빛의 흡수는 엽록소chlorophyll라는 색소 분자가 태양빛의 광자를 포획한다. 에너지 전달은 흡수된 에너지가 일련의 분자들 사이로 전달되며 전자를 여기시킨다. 화학에너지 전환은 최종적으로 이 전자가 이산화탄소와 물을 결합시켜 포도당과 산소를 만든다. 이 과정에서 놀라운 점은 두 번째 단계, 즉 에너지 전달 과정이다. 빛을 흡수한 엽록소 분자는 자신이 받은 에너지를 다른 분자에게 넘기며, 이를 통해 전자가 일련의 단백질 복합체를 따라 이동한다. 이 '전달 사슬transfer chain'은 식물의 생명줄과도 같은 존재다. 그런데 여기서 질문이 생긴다. 광합성 복합체 안에는 수십 개의 색소 분자와 단백질이 뒤엉켜 있고, 전자가 갈 수 있는 경로도 여러 갈래다. 그렇다면 전자는 어떻게 가장 빠르고 효율적인 길을 찾아갈 수 있을까? 이 여정은 단순한 직선 도로가 아니라, 수많은 갈림길이 있는 미로에 가깝다. 그런데 놀랍게도 자연은 이 복잡한 미로 속에서도 거의 95~99%라는 놀라운 효율로 에너지를 목적지까지 보낸다. 우리가 만든 어떤 태양전지도 이 수준을 따라가지 못한다.

2) 99% 효율의 비밀

고전 물리학적 모델로 설명하면, 전자는 열적 진동에 의해 '충돌-확산random walk'* 형태로 이동한다. 즉, 무작위로 뛰어다니다가 우연히 반응 중심에 도달하는 것이다. 하지만 이런 확산 모델이라면 에너지 손실이 너

무 커서 효율이 50%도 되지 못한다. 그런데 실제 자연에서는 이론적인 한
계치를 뛰어넘는 놀라운 효율이 나온다. 이 불가사의한 성능의 비밀은 '양
자 중첩'이라는 미시 세계의 법칙에 숨어 있다.

3) 전자는 "한 번에 여러 길"을 간다

양자역학의 세계에서 입자는 단일한 경로만을 따라가지 않는다. 전자
는 입자이면서 동시에 파동이며, 여러 경로를 동시에 '탐색'할 수 있다. 이
를 '양자 중첩'이라 한다. 광합성 복합체 안에서 전자는 이 중첩 상태를 활
용한다. 즉, 하나의 경로를 선택하기 전에 가능한 모든 경로를 동시에 탐
색하고, 그중에서 가장 빠르고 손실이 적은 길을 '자연스럽게' 선택한다.
이는 마치 수십 갈래의 미로를 동시에 달려본 뒤, 가장 짧은 길만 골라내
는 것과 같다. 이러한 중첩 현상은 빛을 받은 지 단 몇 펨토초(10^{-15}초) 만에
일어나며, 식물은 이 찰나의 순간을 이용해 에너지를 거의 완벽하게 반응
중심에 전달한다.

4) 자연이 만든 궁극의 양자 기계

광합성에서의 양자 중첩 현상은 물리학자들에게도 충격이었다. 우리는
오랫동안 양자 효과는 극저온, 진공, 고도로 정제된 실험실 환경에서만 일
어나는 것이라고 생각했다. 그러나 식물은 따뜻한 대기와 끊임없는 분자
충돌이 일어나는 '지극히 혼돈스러운 생명 환경'에서도 이를 자유자재로
이용한다. 이는 생명체가 단순히 양자 현상을 '견디는' 수준이 아니라, 오
히려 이를 설계의 일부로 활용하고 있음을 보여준다. 광합성 복합체는 말

- 랜덤 워크(random walk)는 외부 구동력 없이 열적 요동에 따라 입자가 무작위 방향
  으로 이동하는 확률적 운동을 의미하며, 평균 제곱 변위는 시간에 비례해 증가한다.

하자면 자연이 수십억 년 동안 진화시킨 양자역학적 시스템인 셈이다. 이 단순해 보이는 자연의 기계 안에는 우리가 아직 다 해석하지 못한 복잡한 물리학이 숨어 있고, 그 중심에는 양자 중첩이라는 우주의 언어가 자리하고 있다.

2. 광합성의 무대 – 엽록체와 안테나 복합체

태양빛을 에너지로 바꾸는 마법 같은 과정인 광합성은 어디에서 일어날까? 그 현장은 바로 식물 세포 속에 자리한 엽록체chloroplast다. 이 작은 녹색 소기관은 마치 태양광 발전소처럼 기능하며, 지구상의 거의 모든 생명체가 의존하는 에너지를 생산한다. 엽록체의 내부를 들여다보면, 마치 초정밀 반도체 칩처럼 정교한 구조와 공정이 펼쳐져 있다.

1) 세포 속의 태양 발전소 – 엽록체

엽록체는 세포 안에서 독립된 DNA를 지니고 있으며, 약 10억 년 전 광합성 세균이 원시 진핵세포에 공생한 결과 탄생했다는 설이 유력하다. 즉, 엽록체는 진화의 산물이자, 지금도 세포 속에서 독립된 공장을 운영하는 작은 생명체다. 엽록체 안에는 틸라코이드thylakoid라는 납작한 막 구조가 층층이 쌓여 있다. 이 틸라코이드 막이 바로 태양빛을 받아 에너지를 전환하는 반응이 일어나는 주 무대다. 그리고 이 막을 따라 수백, 수천 개의 안테나 복합체antenna complex가 질서 정연하게 배치되어 있다.

2) 빛을 잡는 안테나 – 엽록소와 색소 분자의 군무

안테나 복합체는 마치 우주 망원경처럼 빛을 효율적으로 포획하기 위해 진화했다. 그 핵심을 이루는 것은 바로 엽록소와 카로티노이드carotenoid 같은 색소 분자들이다. 엽록소는 녹색 파장을 반사하고 붉은빛과 청색빛을 흡수한다. 이 광자를 흡수하면 엽록소의 전자가 더 높은 에너지 준위로 '들뜬excited' 상태로 올라가며, 이 상태에서 에너지 패킷exciton*을 만들어 낸다. 이 패킷은 마치 "빛의 택배 상자"와 같다. 빛의 에너지를 담은 전자는 이제 복잡한 단백질·색소 복합체를 통과해 최종 목적지인 반응 중심 reaction center으로 이동해야 한다. 여기서 전자는 화학 반응을 일으켜 물을 분해하고, 산소를 만들며, 생명 활동에 필요한 에너지를 저장한다. 문제는 복잡한 미로 속의 에너지 배송이다. 문제는 여기서부터다. 이 에너지 패킷이 도달해야 하는 반응 중심은 안테나 복합체의 깊숙한 곳에 숨겨져 있다. 수십 개의 엽록소와 수많은 단백질 사이를 통과해야 하며, 그 경로는 결코 단순하지 않다. 에너지는 분자에서 분자로 연속적으로 '넘겨지며' 이동한다. 하지만 한 단계라도 에너지 전달이 실패하면, 그 에너지는 열로 소멸되어 버린다. 한 번의 손실이라도 전체 효율에 치명적인 영향을 미친다. 즉, 이 과정은 마치 택배 기사가 수백 개의 길과 교차로를 지나 정확한 주소까지 한 치의 오차 없이 패키지를 전달해야 하는 것과 같다. 조금이라도 길을 헤매면 에너지는 허공으로 사라지고, 광합성 전체의 효율은 급격히 떨어진다.

3) 고전 물리학의 한계 – '무작위 확산' 모델

전통적으로 생물물리학에서는 광합성의 에너지 전달을 푀르스터Förster 공명 에너지 전달 이론으로 설명해 왔다. 이 이론은 엽록소 분자들 사이에서 에너지가 비결맞음 방식incoherent hopping으로 전달된다고 본다. 빛을 받

•   Exciton(여기자): 들뜬 전자와 정공으로 구성되는 준입자.

115

은 엽록소가 에너지를 인접한 엽록소로 넘기고, 다시 그 옆으로 전달하며, 결국 반응 중심에 도달한다는 것이다. 이 모델은 각 단계가 독립적으로 일어나며, 마치 에너지가 분자들 사이를 무작위로 이동하는 것처럼 보인다.

그런데 이 고전 이론의 단순한 적용에는 한계가 있었다. 일부 계산 모델은 에너지가 여러 분자에 고르게 분산되어 반응 중심으로의 방향성 있는 전달을 제대로 예측하지 못했다. 반면 자연에서 광합성의 에너지 전달 효율은 거의 100%에 달한다. 복잡한 분자 환경 속에서도 에너지가 놀라운 속도와 정확도로 반응 중심에 도달한다는 사실은, 고전 물리학적 확산 모델만으로는 설명할 수 없는 현상이다. 이 미스터리가 바로 과학자들이 "광합성의 역설"이라 부른 퍼즐의 본질이다.

4) 분자 정글 속에서 길을 잃지 않는 이유

더욱 놀라운 사실은, 이 과정이 극도로 복잡한 환경에서 일어난다는 점이다. 엽록소는 단백질, 지질, 물 분자에 둘러싸여 있으며, 주변은 끊임없이 열 진동을 한다. 이러한 "소음" 속에서 에너지 전달이 방해받지 않고 거의 완벽하게 이루어진다는 것은, 단순히 분자 충돌만으로는 설명할 수 없는 일이다. 즉, 자연은 단순히 '무작위 확산'이 아니라, 그보다 훨씬 정교하고 정렬된, 어떤 보이지 않는 전략을 사용하고 있다는 뜻이다.

5) 미스터리의 문 앞에 선 과학

이 지점에서 과학자들은 중요한 질문을 던지기 시작했다. 왜 에너지는 길을 잃지 않고 곧바로 반응 중심으로 향하는가? 왜 소음과 충돌이 많은 생체 환경에서도 손실이 거의 없는가? 어떻게 이 작은 색소 분자 집합체가 초고효율의 에너지 전송 네트워크로 작동하는가? 그리고 이 질문의 답은 우리가 예상치 못한 영역, 즉 양자역학의 법칙 안에서 찾을 수 있었다.

전자가 입자이면서 동시에 파동이라는 사실, 여러 경로를 동시에 탐색할 수 있다는 원리가 바로 이 복잡한 미로를 "한 번에" 통과하는 비결일지도 모른다는 것이다.

3. 양자 중첩 - 모든 길을 동시에 걷는 전자

2007년, 미국 로렌스 버클리 국립연구소Lawrence Berkeley National Laboratory 의 생물물리학자 그레이엄 플레밍Graham Fleming과 그레고리 엥겔Gregory Engel 연구팀은 과학계를 뒤흔드는 실험 결과를 발표했다. 그들은 식물과 남세균(시아노박테리아cyanobacteria)에서 분리한 광합성 복합체를 펨토초(10^{-15} 초) 단위의 초고속 레이저로 관찰했다. 그리고 그 결과, 우리가 알고 있던 상식이 완전히 무너졌다. 전자는 단순히 하나의 길을 따라 움직이지 않았다. 그 대신, 전자는 가능한 모든 경로를 동시에 탐색하고 있었다.

1) 전자는 "길"을 고르지 않는다 - 중첩의 세계

이 현상은 양자역학의 핵심 개념인 중첩을 보여준다. 고전 물리학에서 입자는 하나의 위치, 하나의 속도를 가진다. 예를 들어, 공을 던지면 그 공은 하나의 궤적을 따라 움직이고, 어디에 있을지 정확히 예측할 수 있다. 하지만 전자는 그렇지 않다. 양자 세계에서 전자는 입자이면서 동시에 파동이다. 즉, 그것은 하나의 경로만을 따라가는 것이 아니라, 모든 가능한 경로에 동시에 존재할 수 있다. 이 말은 직관적으로 이해하기 어렵다. 하지만 수많은 실험이 이 사실을 증명해 왔다. 대표적인 예가 바로 이중 슬릿 실험이다. 하나의 전자를 두 개의 틈에 보낼 때, 전자는 어느 하나를 통과하는 것이 아니라 두 틈을 동시에 지나가 간섭무늬를 만든다. 광합성 복합체에서도 똑같은 일이 벌어지고 있었다.

2) 광합성 안에서 벌어지는 '양자 미로 탐색'

엥겔 팀의 실험에서 밝혀진 사실은 충격적이었다. 빛을 받은 엽록소에서 생성된 에너지는 단순히 이웃 엽록소로 무작위로 전달되는 것이 아니었다. 전자는 수십 개의 색소 분자 사이의 모든 경로를 동시에 "시험"하고 있었다. 어떤 경로는 너무 멀고 비효율적이라 금방 사라진다. 어떤 경로는 분자 진동에 의해 손실을 크게 만든다. 그러나 몇몇 경로는 매우 빠르고 안정적이다. 전자는 이 모든 경로를 동시에 '걸어본' 뒤, 가장 빠르고 에너지 손실이 적은 경로만 남겨 선택한다. 결과적으로, 이 과정에서 에너지는 거의 완벽에 가까운 효율로 반응 중심까지 도달한다.

3) 고전 세계 vs 양자 세계 – 미로 속 두 여행자

이 과정을 이해하기 위해 흔히 쓰이는 비유가 있다. 한 사람을 미로에 집어넣는다고 생각해 보자. 고전적 확산은, 마치 사람이 미로를 한 칸씩 걸어 나아가며 출구를 찾는 과정과 같다. 수많은 길을 잘못 들어갔다가 돌아오고, 시간을 낭비한다. 결국 출구를 찾을 수는 있지만, 매우 비효율적이다. 그러나 양자 중첩은 이제 같은 사람을 양자 상태로 만든다고 상상해 보자. 그는 동시에 모든 길을 걸을 수 있다. 그 결과, 단 한 번의 시도로 최단 경로가 어디인지 '알아낸다'. 광합성의 에너지 전달은 두 번째 경우에 가깝다. 전자는 미로를 헤매지 않는다. 모든 길을 동시에 시도하고, 최적의 길만 남긴다. 그래서 식물은 단 10억 분의 1초 안에 에너지를 목적지까지 정확하게 보낼 수 있다.

4) 펨토초의 춤 - 생명 속의 양자 결맞음

엥겔 팀의 실험에서 가장 놀라운 부분은 또 있었다. 이러한 양자 중첩 상태가 상온室溫에서도 유지된다는 것이다. 양자 결맞음은 일반적으로 극저온에서만 관찰되는 현상이다. 열적 소음이나 분자 충돌은 중첩 상태를 쉽게 무너뜨리기 때문이다. 그런데 광합성 복합체는 이 '불안정한' 상태를 수백 펨토초 동안 유지한다. 이 찰나의 시간 동안 전자는 파동처럼 퍼지며 가능한 모든 경로를 동시에 탐색한다. 그리고 자연은 이 짧은 찰나를 이용해 거의 완벽한 에너지 전송을 달성한다. 이것은 단순히 "양자 현상이 생명에도 존재한다"는 차원을 넘어선다. 생명체는 오히려 이 양자 현상을 적극적으로 활용하도록 진화했다는 뜻이다.

5) 생명의 전략 - 자연은 파동을 계산한다

이 발견은 과학자들에게 커다란 철학적 질문을 던졌다. "생명은 왜 굳이 양자 중첩 같은 복잡한 방법을 택했을까?" 답은 명확하다. 그것이 가장 효율적이기 때문이다. 고전적인 충돌-확산 모델로는 절대 달성할 수 없는 효율 99%라는 거의 완벽한 수치는 양자 파동의 계산 능력을 활용해야만 가능하다. 즉, 식물은 단순히 태양빛을 '받아들이는' 존재가 아니라, 우주 물리학의 가장 근본적인 법칙을 생명 전략으로 전환한 존재다.

6) 자연 속 양자 알고리즘

흥미롭게도 이 현상은 우리가 만든 첨단 기술과도 연결된다. 양자컴퓨터의 알고리즘 중 일부(예: 그로버Grover 탐색 알고리즘)는 가능한 모든 해를 동시에 고려한 뒤 가장 효율적인 답을 찾는 방식으로 작동한다. 비유이기는 하지만 광합성 복합체는 이와 거의 동일한 일을 한다. 수십억 년 전부터 식물은 이미 자연 속에서 양자 알고리즘을 구현하고 있었던 셈이다.

119

4. 결맞음 - 생명을 유지하는 양자의 질서

양자 중첩이 놀라운 개념이라면, 그것을 유지하는 일은 더욱 경이롭다. 그 이유는 간단하다. 중첩 상태는 지극히 민감하고 연약하기 때문이다. 양사 시스템에서 파동은 '위상phase'이라는 질서를 유지할 때만 서로 간섭하고 정보를 전달할 수 있다. 하지만 미세한 열 진동, 외부 입자의 충돌, 분자의 흔들림과 같은 환경 요인에 조금만 노출되어도 이 위상은 즉시 무너지고, 중첩 상태는 붕괴한다. 이를 우리는 결어긋남decoherence이라고 부른다. 실제로 양자컴퓨터 연구자들이 가장 고생하는 이유도 바로 이것이다. 극저온(절대영도에 가까운 온도)에서 진공 상태를 유지하고, 수많은 차폐 장치를 동원해도 결맞음coherence을 유지하는 시간은 수백 마이크로초 수준에 불과하다. 그만큼 양자 상태는 깨지기 쉬운 비눗방울과 같다. 그런데 놀랍게도, 식물은 이 비눗방울을 아무렇지 않게 다룬다. 양자 현상을 상상하기 어려운 온도인 상온(약 300K), 분자가 끊임없이 흔들리고 부딪히는 열적 소음의 정글 속에서도 광합성 복합체 안의 전자는 수백 펨토초(10^{-15}초) 동안 결맞음을 유지한다. 과학자들에게 이는 거의 "불가능한 일"처럼 보였다. 하지만 자연은 그 불가능을, 매 순간 아무렇지 않게 해내고 있었다.

1) 결맞음이란 무엇인가 - 질서를 유지하는 파동의 합창

양자 중첩이 "모든 경로를 동시에 걷는 능력"이라면, 결맞음은 그 "모든 경로가 서로 간섭하며 조화를 이루는 상태"를 말한다. 이해를 돕기 위해 파도를 떠올려보자. 바다 위에서 수많은 파도가 무작위로 부딪히면 서로를 지워버리고 평범한 출렁임만 남는다. 하지만 서로 위상이 맞아떨어지면, 작은 물결이 합쳐져 거대한 파도가 된다. 전자의 파동도 마찬가지다.

제2부 ｜ 생명 안의 양자 현상들

위상이 유지될 때만 서로 간섭해 정보를 교환하고, 에너지를 효율적으로 전달한다. 결맞음이 유지되지 않으면 중첩은 금세 무너지고, 전자는 단순한 무작위 확산으로 돌아간다.

2) 혼돈 속의 질서 - 생명체의 놀라운 전략

그렇다면 자연은 어떻게 이 연약한 상태를 유지하는 것일까? 과학자들이 밝혀낸 전략은 놀랍도록 정교하다.

(1) 단백질의 보호막 역할

광합성 복합체를 구성하는 단백질은 단순한 구조물이 아니다. 이들은 전자를 둘러싸고 미세한 '완충 지대buffer zone'를 만들어 주변 소음으로부터 보호한다. 일종의 방음벽처럼, 분자의 열적 진동이나 용매의 충격이 전자의 위상에 직접 영향을 주지 않도록 차폐한다.

(2) 에너지와 환경의 동조화

흥미롭게도, 단백질의 진동수 자체가 전자의 에너지 준위와 공진resonance 하도록 진화했다는 증거도 있다. 이는 마치 오케스트라에서 악기들의 음정이 서로 맞아떨어지는 것과 같다. 환경 소음을 단순히 "차단"하는 대신, 그것을 "동조화"하여 오히려 결맞음을 유지하는 데 활용하는 것이다.

(3) 동역학적 구조 최적화

단백질의 3차원 구조도 중요하다. 일부 광합성 단백질은 전자전달 경로를 따라 미세한 통로를 만들거나, 파동의 간섭을 강화하는 특정 배열을 보여준다. 이는 우연의 산물이 아니라, 수십억 년 동안 선택된 자연의 설계다.

3) 상온에서의 양자 질서 - 생명의 위대함

결맞음을 유지한다는 것은 단순히 기술적인 문제가 아니다. 그것은 생명이 자기 환경을 물리 법칙에 맞게 재구성할 수 있는 능력을 의미한다. 자연은 '무질서(엔트로피)'가 지배하는 세계에서 오히려 질서를 창조해 내며, 그 질서를 통해 에너지를 저장하고, 정보를 처리하고, 진화를 가속한다. 그리고 그 모든 것은 잎사귀 속에서, 하루에도 수십억 번 반복된다. 아침 햇살을 받은 엽록체는 오늘도 전자의 파동을 무너뜨리지 않기 위해 분자 하나하나를 조율한다. 이처럼 정교한 전략이 있었기에, 식물은 혼란스러운 세계 속에서도 양자의 질서를 살아 있는 현실로 바꾸어낸 것이다.

5. 자연이 설계한 양자 알고리즘

오늘날 전 세계 과학자들이 가장 치열하게 경쟁하는 분야 중 하나는 바로 양자컴퓨터quantum computer다. 양자컴퓨터는 기존 컴퓨터가 다룰 수 없는 복잡한 문제를 해결할 잠재력을 지니고 있다. 그 핵심 원리는 단 하나이다. 가능한 모든 경로를 동시에 계산하고, 그중 최적의 해만을 선택하는 것이다. 고전 컴퓨터가 수많은 경우의 수를 하나씩 대입하며 정답을 찾는다면, 양자컴퓨터는 모든 해를 한꺼번에 고려하고 불필요한 답을 스스로 제거한다. 그리고 흥미롭게도, 이 원리는 우리보다 훨씬 앞서 자연이 이미 구현해 온 전략이다. 식물은 수십억 년 전부터 광합성이라는 생명 현상 속에서 똑같은 일을 수행해 왔다.

1) 인간이 만드는 양자 계산기, 자연이 먼저 만든 알고리즘

2024년, 한국 과학계에도 중요한 이정표가 세워졌다. 연세대학교가 국내 최초로 IBM의 127큐비트qubit 양자컴퓨터를 도입한 것이다. 이는 지금까지 국내 연구기관에서 접할 수 없었던 가장 강력한 양자 연산 장치이며, 기존 슈퍼컴퓨터가 수십 년 걸릴 계산을 단 몇 초 안에 수행할 잠재력을 지닌다. 이 장비는 단순히 기술적 성취를 넘어, 과학의 패러다임이 "고전적 계산"에서 "양자적 사고"로 전환되고 있음을 상징한다. 양자컴퓨터는 여러 계산 경로를 동시에 탐색하여 가장 빠른 답을 도출한다. 그리고 이 원리는 중첩, 간섭, 선택이라는 개념을 통해 광합성의 에너지 전달 방식과 정확히 일치한다. 다시 말해, 인류가 막대한 자본과 기술력을 투입해 겨우 구현하려는 연산 방식을 식물은 30억 년 전부터 아무런 전력 소모 없이, 단 한 장의 잎사귀 안에서 매일같이 실행해 온 것이다. 광합성은 수십억 년 먼저 등장한 양자 전략가이다. 양자컴퓨터의 작동 원리를 정리하면 다음과 같다. 중첩superposition은 가능한 모든 상태를 동시에 고려하는 과정이며, 간섭interference은 그중 불필요한 경로를 파동 간섭으로 제거하는 역할을 한다. 마지막으로 측정measurement은 남은 후보들 가운데 최적의 해가 확률적으로 선택되는 단계이다. 놀랍게도, 광합성 복합체 안에서 전자 역시 정확히 이 과정을 따른다. 전자는 에너지 전달을 위해 수많은 경로를 동시에 탐색한다(중첩). 손실이 큰 경로는 자연스럽게 소멸하고, 효율적인 경로만 강화된다(간섭). 결과적으로 에너지는 가장 빠르고 손실이 적은 경로를 통해 반응 중심에 도달한다(선택). 이것은 단순한 비유가 아니다. 광합성의 에너지 전달은 양자 걷기quantum walk라는 과정을 따른다. 이것은 에너지가 여러 경로를 동시에 탐색하며, 마치 동시에 여러 길을 걷는 것과 같다. 놀랍게도, 주변 환경의 "소음"이 오히려 이 과정을 돕는다는 사실이 밝혀졌다.

일부 과학자들은 이러한 양자 걷기가 양자컴퓨터의 탐색 알고리즘과 관련이 있을 수 있다고 제안했지만, 광합성은 훨씬 복잡하고 독특한 메커니즘을 사용한다. 이것은 인간이 만든 양자 알고리즘을 자연이 "모방"한 것이 아니라, 수십억 년의 진화를 통해 독자적으로 발전시킨 놀라운 양자 생물학직 과징이다.

2) 자연의 해법: '최적 경로'를 찾는 가장 경제적인 방법

고전적 확산 모델에서 에너지 전달은 우연에 의존한다. 분자에서 분자로 무작위로 이동하며 언젠가 반응 중심에 도달할 수도 있지만, 그 과정에서 막대한 손실이 발생한다. 이는 고전 컴퓨터가 수많은 경우의 수를 하나씩 대입하며 정답을 찾는 것과 같다. 하지만 자연의 방식은 완전히 다르다. 전자는 수많은 경로를 동시에 시험한 후, 파동 간섭을 통해 비효율적인 경로를 제거하고, 결과적으로 최적의 경로만 남긴다. 이는 마치 수백만 개의 열쇠를 동시에 시험해 보고, 단 한 번에 맞는 열쇠만 남기는 것과 같다. 결과는 명확하다.

3) 자연에서 배우는 인공 시스템 – 에너지에서 AI까지

이러한 자연의 전략은 앞으로 인류의 과학·공학 전반에 걸쳐 깊은 영감을 줄 것이다.

- **태양광 발전**: 광합성처럼 에너지 전달 경로를 '양자 탐색' 개념으로 설계하면 효율이 극적으로 향상된다.
- **신약 개발**: 단백질 내에서의 에너지 흐름을 양자 알고리즘으로 예측하면 약물 결합 효율을 극대화할 수 있다.
- **인공지능**: AI의 문제 해결 방식에 '양자적 탐색'을 도입하면 더 빠르

고 직관적인 사고가 가능해진다.

- **합성생물학**: 자연이 보여준 알고리즘을 생명공학적으로 재현하면, 스스로 최적화되는 생명 시스템 설계도 가능하다.

즉, 양자컴퓨터는 자연을 "앞서가는 기술"이 아니라, 자연의 전략을 재발견한 기술이다.

4) 생명은 계산한다 - 그것도 우주의 언어로

이제 우리는 생명체를 단순히 에너지를 흡수하는 존재로 볼 수 없다. 광합성의 전자는 정보를 수집하고, 계산하며, 최적화를 수행한다. 그것은 일종의 자연 알고리즘이다. 그리고 그 알고리즘이 보여주는 핵심은 단순하다. "가장 적은 에너지로, 가장 효율적인 결과를 얻어라." 자연은 이 명제를 해결하기 위해 양자역학의 법칙을 이용했고, 그 결과 생명은 우주에서 가장 정교한 '계산하는 존재'가 되었다.

6. 응용 가능성 - 생명에서 배운 기술

광합성에서 발견된 양자 전략은 더 이상 '식물 생리학'의 이야기만이 아니다. 그것은 오늘날 에너지·소재·의학·컴퓨팅·우주 탐사까지 아우르는 혁신의 밑거름이 되고 있다. 우리가 광합성에서 배우는 것은 단순히 "자연을 모방"하는 차원이 아니다. 그것은 수십억 년의 진화가 검증한 양자적 설계 원리를 인공 시스템에 이식하는 일이며, 인간 기술의 사고방식 자체를 바꾸는 과정이다.

1) 인공 광합성 – 태양을 '먹는' 인공 잎사귀

가장 직접적인 응용은 단연 인공 광합성artificial photosynthesis이다. 이는 식물의 잎사귀가 하는 일 — 태양빛을 받아 물과 이산화탄소로부터 화학 연료(예: 수소, 메탄올, 포름산 등)를 만드는 것 — 을 인공적으로 구현하려는 시도다.

과거에는 단순한 화학 반응 수준에 머물렀지만, 최근에는 자연에서 배운 설계 원리를 적용한 새로운 접근이 등장했다. 빛을 효율적으로 흡수하는 나노 구조, 최적화된 전자전달 경로, 정교한 촉매 설계를 통해 태양광을 화학에너지로 변환한다. 최근 연구실에서는 태양광-수소 전환 효율 10% 이상을 달성했으며, 일부 하이브리드 시스템은 연료 생산 효율에서 자연 식물(약 1%)을 크게 뛰어넘었다.

흥미롭게도, 자연 광합성이 왜 효율적인지 이해하려는 연구 — 양자 결맞음, 에너지 경로 최적화 등 — 가 인공 시스템 설계에 새로운 아이디어를 제공하고 있다. 하지만 자연의 양자역학적 전략을 실온, 상압에서 작동하는 인공 시스템에 직접 구현하는 것은 여전히 도전 과제다.

궁극적으로 이는 '태양 연료 시대'를 여는 기술로 이어질 수 있다. 전기를 거치지 않고 태양빛을 직접 화학에너지로 전환하는 자급형 청정에너지 시스템을 만드는 것이다.

2) 양자 전자·광자 소자 – 자연에서 배우는 에너지 회로

광합성 복합체의 전자전달 경로는 단순한 생화학 반응이 아니다. 그것은 놀라운 수준의 나노 스케일 에너지 회로이며, 이를 모방하려는 연구가 활발하다.

(1) 양자 광자전달 소자(quantum photonic device)

식물 안테나 복합체의 배열 구조를 나노광학 재료에 모사하여, 빛을 거의 손실 없이 유도하고 에너지를 원하는 위치로 정밀하게 전달하는 소자 개발 연구 분야이다. 이 기술은 차세대 태양전지, 광자 칩, 고효율 LED, 심지어 양자통신 네트워크까지 응용될 수 있다.

(2) 양자 전자전달 회로(quantum electron transport circuit)

터널링과 간섭 효과를 모방해 전자 흐름을 제어하는 나노 전자소자는 기존 반도체보다 훨씬 적은 에너지로 동작하며, 발열도 극소화할 수 있다. 미래에는 이러한 "생명 모사 칩"이 양자컴퓨팅 하드웨어의 기반이 될 가능성도 있다. 이러한 소자들은 자연이 보여준 '에너지의 길을 잃지 않는 방법'을 공학적으로 재현하려는 시도다. 즉, 자연이 만든 전자 도로망을 그대로 실리콘 세계로 옮겨오는 것이다.

3) 양자생물 센서 – 생명체의 감각을 모방한 진단 기술

광합성 연구에서 관측된 양자적 결맞음coherence과 간섭 현상은, 생명 현상에 대한 이해를 넓히는 데 그치지 않고 차세대 초민감 센서 기술에 대한 새로운 영감을 제공하고 있다. 자연계에서 전자나 엑시톤exciton(여기자)의 파동적 성질은, 에너지 준위나 위상의 극히 미세한 변화에도 매우 민감하게 반응한다. 이러한 원리를 공학적으로 모방할 수 있다면, 기존 센서 기술이 접근하지 못했던 정밀도의 측정이 가능해질 수 있다.

이러한 발상은 이미 여러 연구 분야에서 개념적·실험적 탐색 단계에 들어서 있다.

· 질병 진단

전자 상태나 위상 변화에 민감한 센서 개념은, 단백질의 구조 변화나 극미량의 바이오마커biomarker를 감지하는 새로운 방식으로 제안되고 있다. 이러한 접근은 암, 치매와 같은 신경퇴행성 질환, 코로나 바이러스와 같은 감염성 질환에서 요구되는 초기 단계의 미세 신호 탐지를 한층 앞당길 가능성을 지닌다.

· 신경 신호 탐지

생체 전기장과 자기장의 변화는 본질적으로 매우 약한 신호다. 파동 간섭이나 위상 민감 측정 원리를 적용하면, 기존 전극 기반 방식보다 더 높은 공간·시간 해상도의 신경 신호 기록이 가능할 것이라는 기대가 제기되고 있다.

· 환경 센서

양자 수준의 에너지 준위 변화를 이용한 센서 기술은, 미세한 자기장·온도·방사선 변화를 감지하는 데 강점이 있다. 이러한 기술은 의료 영상, 정밀 계측, 국방, 우주 탐사 등 다양한 분야에서 응용 가능성이 논의되고 있다.

다만 이러한 센서들은 아직 자연계의 광합성 시스템처럼 완성된 형태로 구현된 것은 아니다. 현재의 기술은 생명 시스템이 보여주는 정교한 조율과 안정성을 부분적으로만 재현하고 있다. 그럼에도 불구하고 중요한 점은, 센서의 개념 자체가 변화하고 있다는 사실이다. 이들 기술은 단순히 신호를 증폭하는 '민감한 탐지기'를 넘어, 전자 파동의 상태 자체를 정보로 활용하는 새로운 감각 방식을 지향한다.

이러한 흐름은 궁극적으로, 기술이 더 이상 생명을 단순히 모방하는 수준에 머무르지 않고, 양자 수준에서 자연이 정보를 감지하고 처리하는 방식을 배우려는 단계로 나아가고 있음을 보여준다. 다시 말해, 이는 '생명처럼 느끼는 기술'을 향한 첫걸음이라 할 수 있다.

4) 양자생명공학 – 생명 시스템을 디자인하다

광합성 연구에서 얻어진 통찰은 이제 생명공학의 새로운 상상력을 자극하고 있다. 생명 현상이 단순한 화학 반응의 집합이 아니라, 에너지와 전자 상태가 정교하게 조율된 시스템이라는 인식이 확산되면서, 전자전달 경로와 에너지 흐름 자체를 설계 대상으로 삼으려는 시도가 등장하고 있다. 이는 기존 생명공학이 유전자나 단백질의 '구성 요소'를 다루는 데 집중해 왔다면, 이제는 그 작동 원리와 물리적 제약 조건까지 고려하기 시작했음을 의미한다.

이러한 흐름 속에서 몇 가지 개념적 연구 방향이 탐색되고 있다.

· 양자 효과를 고려한 인공 효소

효소 반응에서 전자나 양성자의 터널링이 반응 속도에 기여할 수 있다는 점에 주목해, 활성 부위의 전기적 환경을 정밀하게 조정함으로써 반응 경로를 보다 유리하게 만드는 생촉매 설계 연구가 진행되고 있다. 이는 양자 효과를 '증폭'한다기보다, 양자역학이 허용하는 반응 가능성을 효율적으로 활용하려는 접근에 가깝다.

· 에너지 효율을 극대화하는 세포 회로 설계

대사 경로에서의 에너지 손실을 최소화하기 위해, 전자전달과 에너지 변환 단계를 재배열하거나 조절하는 합성생물학적 시도가 이루어지고 있다. 이러한 연구는 '양자 최적화'라기보다는, 전자 이동과 에너지 준위의 정렬을 포함한 물리적 제약을 고려한 시스템 설계로 이해하는 것이 보다 정확하다.

· 적응적 전자전달 시스템에 대한 탐색

환경 조건의 변화에 따라 전자전달 효율이나 경로가 달라지는 생체 시스템에 대한 연구는, 생명체가 어떻게 에너지 흐름을 동적으로 조절하는지를 이해하는 데 초점을 맞추고 있다. 일부 연구에서는 이러한 특성을 모방해, 환경 변화에 민감하게 반응하는 생물학적 에너지 시스템을 구현하려는 개념적 시도도 논의되고 있다.

중요한 점은, 이러한 연구들이 아직 자연을 넘어서는 생명체를 실제로 만들어냈다는 의미는 아니라는 사실이다. 현재의 성과는 대부분 원리 탐색과 개념 증명 단계에 머물러 있으며, 생명 시스템이 지닌 안정성·복원력·진화 가능성을 온전히 재현하기에는 여전히 큰 간극이 존재한다. 그럼에도 불구하고 이 흐름이 시사하는 바는 분명하다. 생명공학은 더 이상 자연을 단순히 모방하는 기술에 머무르지 않고, 자연이 사용하는 물리 법칙의 언어를 이해하고 그 제약 안에서 설계를 시도하는 단계로 이동하고 있다는 점이다.

궁극적으로 '양자 생명공학'이 던지는 질문은 이것이다. 자연이 수십억 년에 걸쳐 진화시키며 선택해 온 생명 시스템의 작동 원리를, 우리는 어디까지 이해하고, 또 어디까지 의도적으로 재구성할 수 있는가. 이 질문에 대한 답은 아직 열려 있지만, 그 질문 자체가 생명공학의 지평을 한 단계 넓히고 있음은 분명하다.

5) 우주로 확장되는 응용 - 생명 전략의 보편화

양자 기반 광합성 모델은 지구 생명체의 이해를 넘어, 우주 환경에서의 에너지 활용 가능성에 대한 새로운 관점을 제시한다. 외계 행성의 에너지 조건은 지구와 상당히 다를 수 있다. 항성의 스펙트럼, 광자 플럭스의 세기, 자기장 구조, 대기 조성 등은 생명 활동에 직접적인 영향을 미친다. 이러한 조건에서는 기존의 생화학적 전략이 그대로 적용되지 않을 가능성도 있다.

광합성 연구가 보여준 중요한 통찰은, 자연이 에너지 전달 과정에서 양자적 효과를 활용해 효율을 높여왔다는 점이다. 만약 특정 환경에서 광자 밀도가 낮거나 에너지 입력이 제한적이라면, 전자 이동의 효율을 극대화하는 전략이 생존에 중요한 요소가 될 수 있다. 이때 중첩이나 간섭과 같은 양자적 현상이 에너지 손실을 줄이는 데 기여할 가능성은 이론적으로 충분히 검토할 가치가 있다.

이 관점은 외계 생명 탐사의 기준을 다소 확장시킨다. 생명의 가능성을 단지 물이나 탄소의 존재 여부로 판단하기보다, 에너지 흐름과 정보 처리가 안정적으로 유지될 수 있는 물리적 조건을 함께 고려해야 한다는 것이다. 결국 양자 기반 생명 전략에 대한 연구는, 지구와 같은 특정 행성의 특수성을 넘어 생명이 어떤 물리적 환경에서 가능해지는지를 이해하는 데 기여할 수 있다.

6) 자연은 최고의 엔지니어다 - 슈뢰딩거의 질문에 답하며

슈뢰딩거는 『생명이란 무엇인가?』에서, 생명이 자연법칙을 거스르는 예외가 아니라 그 법칙 위에 성립한 질서의 한 형태임을 암시하는 질문을 우리에게 던졌다. 생명은 어떻게 무질서해지는 우주 속에서 스스로 존재를 유지하는가, 그리고 그 과정은 물리학의 언어로 어디까지 설명될 수 있는가.

광합성을 하는 잎사귀는 이 질문에 대한 오래된 답변처럼 보인다. 그것은 단순히 빛을 흡수하는 기관이 아니라, 에너지의 흐름을 정렬하고 손실을 최소화하며 환경의 변동 속에서도 기능을 유지하도록 조율된 구조다. 여기에는 계산을 수행하는 알고리즘도, 목적을 의식하는 설계자도 없다.

대신 물리 법칙이 허용하는 조건 안에서, 격변하는 환경을 견디며 가장 오래 살아남은 방식이 남아 있을 뿐이다.

양자 중첩과 간섭, 결맞음과 같은 개념들 역시 마찬가지다. 자연은 이 원리들을 극단적으로 유지하려 하지 않는다. 필요한 순간에 잠깐 허용하고, 곧바로 환경과 다시 섞이게 한다. 생명의 정교함은 양사 득성을 보존하는 능력이 아니라, 양자적 가능성과 고전적 안정성 사이의 경계를 정확히 가늠하는 감각에 있다. 이것은 법칙을 초월한 기적이 아니라, 법칙을 깊이 이해한 결과다.

인류가 오늘날 기술을 통해 배우고 있는 것도 바로 이 점이다. 우리는 자연이 수십억 년에 걸쳐 선택해 온 문제 해결의 방식을, 비로소 물리학의 언어로 읽어내기 시작했다. 그 언어를 이해하고, 다시 기술로 번역하는 과정은 단순히 자연을 모방하는 단계를 넘어, 자연과 같은 문법으로 사고하기 시작하는 일이다.

어쩌면 이것이 슈뢰딩거가 남긴 질문에 대한 가장 성실한 응답일지 모른다. 생명은 자연법칙의 예외가 아니라, 그 법칙이 허용한 경계에서 가장 정교한 표현이다. 그리고 우리가 그 표현을 이해하는 순간, 인류의 기술 또한 더 이상 자연과 대립하는 "인공적인 것"이 아니라, 우주의 법칙과 조화를 이루는 자연이 선사한 궁극의 도구로서 자리 잡게 될 것이다.

7. 생명과 양자의 공진 - 우주와 생명이 연결되는 지점

우리가 과학의 언어로 세상을 나눌 때 흔히 "물리학"과 "생명과학"을 서로 다른 영역으로 구분한다. 하나는 입자와 힘, 에너지의 흐름을 다루고, 다른 하나는 세포와 유전자, 생명의 진화를 연구한다. 하지만 광합성에서 발견된 양자 중첩의 현상은 이 구분이 얼마나 인위적인 것인지, 얼마나 얇은 경계에 불과한지를 보여준다. 생명은 물리학의 부산물이 아니다. 생명은 물리 법칙이 자기 자신을 조직하고, 진화시키고, 목적을 띠게 된 결과다. 전자와 파동, 결맞음과 간섭이라는 물리학적 언어는 이제 생명의 언어와 다르지 않다. 양자역학은 생명체의 뿌리에 스며 있고, 생명은 그 법칙을 능동적으로 활용하며 새로운 질서를 창조해 왔다.

광합성에서 도출된 양자적 에너지 전달 모델은 지구 생명에 국한된 통찰에 머물지 않는다. 별빛의 스펙트럼, 에너지 밀도, 자기장과 방사선 환경이 지구와 크게 다른 우주 환경에서도, 에너지를 효율적으로 수집하고 전환하는 문제는 여전히 생명과 문명의 핵심 과제로 남는다. 이때 중요한 질문은, 지구 생명이 수십억 년에 걸쳐 진화적으로 선택해 온 에너지 전략이 얼마나 보편적인가 하는 점이다.

외계 행성이나 심연처럼 깊은 우주 환경에서는 태양과 같은 안정적인 광원이 없거나, 별빛이 매우 약하고 파장 분포 또한 크게 다를 수 있다. 이러한 조건에서 고전적인 에너지 수집 방식은 급격히 효율이 떨어진다. 반면, 광합성 연구가 보여준 것처럼, 에너지를 단순히 '모으는' 것이 아니라 양자역학이 허용하는 범위 안에서 경로를 조율하고 손실을 최소화하는 전략은 환경이 달라져도 원리적으로 적용될 가능성이 크다.

이러한 관점에서 몇 가지 개념적 응용이 논의되고 있다. 예컨대, 미약한 별빛에서도 에너지 준위의 정렬과 파동적 상관을 활용해 에너지 전달 효율을 높이려는 인공 광합성 시스템에 대한 이론적 연구가 진행 중이다. 이는 중첩이나 간섭을 '유지'하기보다는, 짧은 시간 동안 발생하는 양자적 효과를 환경과 조율해 활용하려는 접근에 가깝다.

또 다른 방향으로는, 우주 방사선이나 고에너지 입자 환경에서 발생하는 전자 흐름을 화학에너지로 전환하려는 에너지 변환 개념이 탐색되고 있다. 이러한 발상은 아직 실험실 수준의 개념 연구에 머물러 있지만, 장기 우주 탐사나 외계 거주 환경에서 요구되는 자율적이고 지속 가능한 에너지 시스템에 대한 상상력을 확장시킨다.

물론 이러한 기술들이 당장 구현 가능한 단계에 이르렀다고 보기는 어렵다. 현재로서는 자연계의 광합성 시스템이 보여주는 장기적 안정성, 자기조절 능력, 효율성을 인공적으로 재현하는 데에는 여전히 큰 간극이 존재한다. 그럼에도 불구하고 이 논의가 지니는 의미는 분명하다. 생명이 선택해 온 에너지 전략을 지구라는 특수한 환경의 산물이 아니라, 물리 법칙에 기반한 보편적 해법의 하나로 재해석하려는 시도가 시작되었다는 점이다.

이러한 관점에서 우주로의 확장은 단순한 응용의 확장이 아니다. 그것은 생명이 어떻게 극한 환경에서도 질서를 유지해 왔는지를 묻는 질문을, 우주라는 가장 넓은 실험실로 옮기는 일에 가깝다. 양자생물학이 던지는 통찰은, 외계 생명의 존재 여부를 떠나, 인간이 우주 환경에서 생명과 문명을 지속하기 위해 어떤 전략을 택해야 하는지에 대한 중요한 사유의 출발점이 되고 있다.

8. 결론 - 태양에서 출발한 빛: 1억 5,000만 km의 여행이 만드는 생명

이 모든 이야기는 사실 하나의 빛에서 시작된다. 태양 내부에서 생성된 광자는 약 1억 5,000만 km를 8분 20초 동안 달려와 지구의 잎사귀에 도착한다. 그리고 그 한 줄기 광자는 엽록소 분자에 흡수되는 순간, 단순한 에너지가 아니다. 그것은 곧 생명의 씨앗이며, 정보의 신호이며, 우주와 생명을 잇는 다리다. 광자는 흡수된 뒤 전자를 들뜨게 하고, 전자는 여러 경로를 동시에 탐색하며 최적의 에너지 전달 루트를 찾는다. 그 에너지는 ATP adenosine triphosphate(아데노신 삼인산)를 만들고, 탄소를 고정하며, 포도당을 합성한다. 그 포도당은 식물을 살리고, 동물을 먹이며, 결국 인간의 몸속 세포에서 연료가 된다. 당신의 심장이 뛰는 것도, 뇌가 생각하는 것도, 결국 그 한 줄기 빛에서 시작된 일이다. 이처럼 태양에서 출발한 광자의 여정은 단순한 물리적 과정이 아니다. 그 안에는 물리학과 생명과학, 화학과 진화, 심지어 존재론적 질문까지 모두 녹아 있다. 광합성은 '빛이 생명이 되는 과정'이며, 우주가 스스로를 살아 있는 존재로 조직하는 순간이다.

5 | 빛을 잡는 잎사귀

6

DNA의 수수께끼

터널링하는 유전자

1. 생명의 설계도, 그러나 풀리지 않은 미스터리

1953년, 과학사에서 가장 유명한 발견 중 하나가 세상에 발표되었다. 젊은 과학자 제임스 왓슨과 프랜시스 크릭이 DNA의 이중나선 구조를 밝힌 것이다. 이들은 "생명체의 모든 정보는 단 네 가지 염기의 배열로 기록된다"라고 선언했고, 과학계는 마치 생명의 암호를 푸는 최후의 열쇠를 얻은 듯 열광했다. 세포의 복제와 유전 물질의 전달, 그리고 진화의 법칙까지 생명이라는 거대한 수수께끼가 하나의 단순한 코드로 환원될 수 있다는 생각은 혁명적이었다. 흥미로운 사실은 이 위대한 발견의 주역 중 한 사람인 크릭이 처음부터 생물학자가 아니었다는 점이다. 그는 원래 물리학과 수학을 공부한 과학자였다. 제2차 세계대전 동안 영국 해군에서 음파 탐지기를 설계하며 과학자로서의 경력을 시작했고, 전쟁이 끝난 뒤에야 생물학으로 눈을 돌렸다. 크릭은 "생명도 결국 물리학과 화학의 법칙

136

으로 설명될 수 있어야 한다"는 확신을 가지고 분자생물학이라는 새로운 영역을 개척했다. 그의 물리학적 사고방식은 DNA 구조 연구에서 결정적인 역할을 했다. 크릭은 분자의 기하학과 대칭성, 에너지 최소화 원리를 적용하여 단순한 분자 모델을 넘어 '정보를 저장하고 복제할 수 있는 구조'를 탐구했다. 물리학자의 시선이 생명과학의 언어를 새롭게 쓰기 시작한 것이다. 그러나 세월이 흐르면서 과학자들은 점점 더 큰 의문과 마주하게 되었다. DNA가 생명의 설계도를 담고 있다는 사실은 분명하지만, 그 작동 방식은 생각보다 훨씬 신비로웠다. DNA 복제는 화학 반응의 결과이지만, 그 정밀함은 놀라울 정도다. 세포는 유전체 복제를 수행할 때, 염기 하나를 복제할 때마다 발생하는 오류율이 10억 분의 1 이하($\sim 10^{-9}$ 수준)에 불과하다. 이는 DNA 중합효소의 높은 기질 선택성, 교정 기능, 그리고 불일치 수선 기작 등이 함께 작용한 결과다. 이 정도의 정확도는 우리가 실험실에서 다루는 어떤 화학 반응보다도 정교하다.

더 큰 수수께끼는 돌연변이였다. 돌연변이는 진화의 원동력이며, 염기 배열의 우연한 변화에서 비롯된다고 알려져 있다. 하지만 이 '우연'은 어딘가 단순한 무작위성과는 달랐다. 어떤 돌연변이는 극히 낮은 확률로만 발생하고, 때로는 특정 환경 조건에서만 일어나며, 염기의 배열이나 주변 전자 상태에 따라 확률이 미묘하게 달라졌다. "무작위"라고 말하기에는 지나치게 정교하고, "필연"이라고 부르기에는 지나치게 불확실한 현상이었다. 마치 눈에 보이지 않는 어떤 법칙이 염기쌍 사이에서 작동하며, 특정한 순간에만 문을 열어주는 것 같았다. 유전체학의 발전으로 인간 게놈 전체가 해독되고, 생화학적 경로가 하나하나 밝혀졌을 때조차 이 의문은 사라지지 않았다. 분자 하나하나를 분석하고, 모든 반응식을 적어 내려가도 "왜 그렇게 정확하고, 왜 그렇게 미묘한 확률로 변화가 일어나는가"라는 질문에는 여전히 답할 수 없었다. 그것은 마치 생명의 설계도를 손에

6 | DNA의 수수께끼

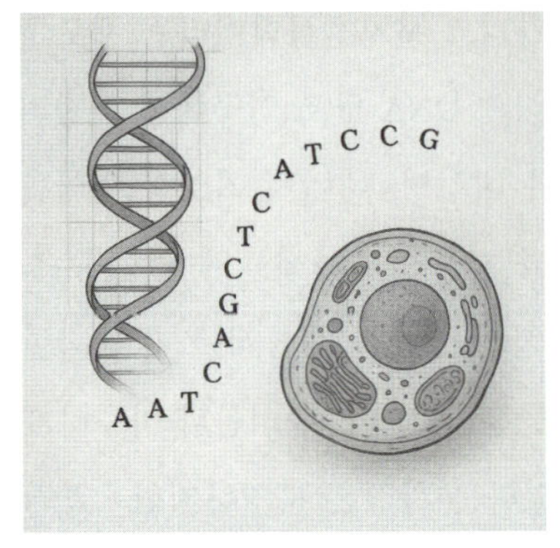

넣었지만, 그 설계도를 해석하는 '더 깊은 언어'를 아직 이해하지 못한 것과 같았다.

이제 과학자들은 점점 다른 가능성에 눈을 돌리고 있다. 우리가 고전 화학과 분자생물학의 언어로 설명할 수 없는 정밀함과 우연성의 조화 그 배후에는 전자와 파동, 확률과 터널링이라는 양자역학적 법칙이 숨어 있는지도 모른다. 크릭이 물리학자로서 생명의 구조를 처음부터 다시 보려 했던 것처럼, 21세기의 과학도 다시 근본으로 돌아가 묻는다. "생명의 정보는 어떻게 그렇게 정확히 복제되고, 왜 그렇게 미묘하게 변이하는가?" 그리고 그 답은, 어쩌면 우리가 아직 완전히 이해하지 못한 양자의 언어 속에 숨어 있을지 모른다.

2. 염기쌍의 춤 - 생명의 언어를 쓰는 분자들

생명의 언어는 단 네 가지 글자에서 시작된다. 아데닌(A), 타이민(T), 구아닌(G), 사이토신(C). 이 네 가지 염기는 서로 특정한 짝을 이루며 수소 결합으로 안정적으로 연결되고, 이들이 나란히 배열되어 DNA의 아름다운 이중나선 구조를 만든다. A는 언제나 T와, G는 항상 C와 짝을 이루는 이 정밀한 규칙은 우연이 아니라 생명의 문법이자 법칙이다. 그리고 이 간결한 규칙의 무한한 조합이 인간의 눈 색깔, 식물의 잎 모양, 세포의 기능과 운명까지 모두 결정한다. 그러나 이 정교한 언어는 단순한 '문자열'이 아니다. DNA의 염기쌍 간의 수소 결합은 고정된 것이 아니라, 열에너지와 전자 이동, 분자 내 미세한 힘의 변화에 따라 끊임없이 만들어지고 끊어지며 미묘한 균형을 유지한다. 단백질과 효소, 물 분자, 이온 등 주변 환경도 이 변화에 참여해 미세한 전기장을 만들고, 염기쌍 사이의 상호작용을 조율한다. 생명은 이 복잡하고 역동적인 분자 무대 위에서 쓰이고 지워지고 다시 쓰인다. 이 무대에서 가장 극적인 순간은 복제다. 세포가 분열할 때 DNA는 두 가닥으로 갈라지고, 각각의 가닥이 새로운 짝을 찾아나선다. 염기쌍이 분리되는 순간은 일종의 '언어 재구성'의 순간이다. 원본을 충실히 복사해야 하는 동시에, 아주 미세한 변화가 생명체의 적응과 진화를 이끌어내기도 한다. 문제는 이 과정이 상상 이상으로 정밀하다는 것이다. 복제 효소는 수천 개의 염기를 매초 정확히 짝지으며, 오류율은 10억 개당 한 번꼴에 불과하다. 하지만 바로 그 드문 오류, 즉 돌연변이가 생명의 역사를 바꿔왔다.

놀라운 사실은 이 돌연변이가 단순한 '실수'가 아닐지도 모른다는 점이다. 고전적인 설명에 따르면 돌연변이는 열적 요동, 방사선, 화학물질 같은 외부 요인에 의해 무작위로 발생한다. 그러나 최근 연구들은 이 이야기의 이면에 훨씬 더 미묘한 물리학이 숨어 있음을 보여준다. 염기쌍 사이에서 전자가 에너지 장벽을 '뛰어넘어' 다른 위치로 이동하거나, 수소 원자의 양성자가 터널링을 통해 반대편으로 '순간 이동'하는 현상이 실제로 일어난다는 것이다. 이러한 양자 수준의 이동은 염기의 수소 결합 패턴을 미세하게 바꾸고, 원래 A-T가 되어야 할 자리에 G-T 같은 비정상적인 짝을 만들 수 있다. 이때 생기는 작은 오차 하나가 돌연변이의 씨앗이 된다. 그것은 만일 자연이 온전히 무작위의 확률에만 의존하는 경우 거의 불가능한 혼란 속에서도 가능성의 공간을 탐색하는 전략이며, 확률의 파동 속에서 새로운 조합을 시도하는 실험이기 때문이다. 즉, 돌연변이는 단순히 운에 맡겨진 사건이 아니라, 양자 현상을 허용하는 미시 세계의 조건과 상호

작용에 따라 ‘조율’되는 결과일 수 있다.

그것은 전자와 양성자가 춤추는 무대이며, 물리 법칙이 생명의 언어를 쓰는 공간이다. 염기쌍 하나하나가 보이지 않는 확률의 파동 속에서 짝을 이루고, 때로는 그 파동이 예기치 못한 방향으로 흘러 새로운 문장을 만든다. 그 문장이 축적되어 생명의 서사는 변화하고, 이러한 변화는 다시 새로운 진화의 동력이 된다. 그것은 끊임없이 흔들리고, 진동하고, 확률 속에서 재구성되는 살아 있는 텍스트다. 그리고 그 텍스트의 공저자는, 놀랍게도, 전자와 파동, 터널링과 얽힘이라는 양자의 법칙이다.

3. 전자의 점프 - 터널링의 등장

양자역학에서 가장 매혹적인 현상 중 하나가 바로 터널링이다. 터널링은 입자가 마치 ‘벽’을 통과하듯, 에너지 장벽을 뚫고 반대편으로 나타나는 현상이다.* 고전 물리학의 눈으로 보면 이것은 말이 되지 않는다. 입자가 어떤 장벽을 넘기 위해서는 그 장벽을 뛰어넘을 만큼의 에너지를 가져야 한다. 언덕보다 낮은 에너지를 가진 공은 언덕을 넘어갈 수 없고, 수영장이 벽으로 막혀 있다면 물이 스스로 반대편으로 이동할 일도 없다. 이것이 우리가 아는 자연의 법칙이다. 하지만 양자 세계는 다르다. 입자는 단순한 점이 아니라 ‘확률파’로 존재하며, 이 파동은 장벽 너머까지 퍼져 있다. 그 결과 아주 작은 확률로 입자가 장벽을 통과해 반대편에서 나타날 수 있다. 마치 공이 언덕을 ‘뚫고’ 지나간 것처럼 보이는 이 현상이 바로 터널링

---

* 2025년도 노벨 물리학상이 바로 이 양자 터널링 현상이 거시 세계에서도 일어난다는 발견에 주어졌다.

이다. 이는 단지 이론적 상상이 아니라, 반도체 다이오드diode에서부터 핵융합, 방사성 붕괴, 심지어 태양의 에너지 생성까지 실제 자연 현상에서 핵심적인 역할을 하는 물리적 사실이다. 놀랍게도, 이런 터널링이 생명체의 분자 수준에서도 일어난다. DNA의 염기쌍(A-T, G-C)은 수소 결합을 통해 정교하게 연결되어 있는데, 이 수소 결합을 이루는 전자나 양성자가 때때로 예상치 못한 행동을 한다. 열에너지나 외부 충격 없이도, 전자가 에너지 장벽을 '뛰어넘어' 다른 위치로 이동하거나, 양성자가 반대편으로 순간 이동하듯 넘어가는 것이다. 이런 미시적인 "점프"가 일어나는 순간, 염기의 분자 구조는 미세하게 재배열된다. 이 재배열은 곧 토토머화tautomerization라 불리는 현상을 일으킨다. 토토머화란 염기의 수소 결합 위치나 전자구조가 바뀌면서 일시적으로 다른 형태의 염기가 되는 것을 말한다. 예를 들어, 평소에는 아데닌(A)이 타이민(T)과 정확히 결합하지만, 터널링으로 인해 아데닌이 '이상한 형태'로 변하면 사이토신(C)과도 결합할 수 있는 상태가 된다. 즉, 원래 설계된 염기쌍 규칙이 잠시 깨지는 것이다. 이 작은 변화 하나가 DNA 복제 과정에서 '잘못된 짝'을 만들고, 결국 돌연변이로 이어질 수 있다.

여기서 중요한 점은, 입자가 장벽을 뚫고 갈 확률은 장벽의 높이와 두께, 입자의 에너지, 그리고 주변 환경의 전기장에 따라 달라진다. 실제로 실험과 계산 결과에 따르면, 염기쌍에서 양성자 터널링이 일어날 확률은 온도, 수소 결합의 강도, 인접 염기의 배열 등에 따라 미묘하게 조절된다. 다시 말해, 생명은 이 확률적 사건을 '피할 수 없는 오류'로 받아들이는 것이 아니라, 오히려 환경과 구조를 통해 조율하고 활용하고 있는지도 모른다. 더 흥미로운 사실은, 이러한 양자적 점프가 단지 돌연변이를 만드는 원인일 뿐만 아니라, 진화의 원동력이라는 것이다. 대부분의 터널링 사건은 복제 과정에서 교정 효소에 의해 수정되거나 무시되지만, 극히 일부는

DNA에 영구적으로 남아 새로운 유전 정보를 만든다. 이 작은 확률적 사건들이 누적되어 수백만 년에 걸친 진화의 궤적을 바꾸어온 것이다.

터널링은 생명 현상에서 또 다른 의미를 지닌다. 그것은 생명이 고전적 기계가 아니라는 증거다. 세포 안에서 일어나는 수많은 복제, 인식, 변이의 순간은 단순한 화학 반응의 연속이 아니라, 확률과 파동, 에너지 장벽과 터널링이 얽혀 있는 미시적 드라마다. 그 안에서 전자는 장벽을 넘어 새로운 가능성을 열고, 양성자는 공간을 초월해 새로운 구조를 만들며, 생명은 이 작은 점프들 위에 역사를 써 내려간다. 결국 DNA 속의 터널링은 우리에게 중요한 질문을 던진다. 생명은 정말 선택된 '무작위 돌연변이의 축적'일까, 아니면 양자 법칙이 짜놓은 거대한 확률의 시나리오 속에서 움직이는가? 생명 진화의 배후에서 조용히 일어나는 이 전자의 점프는, 우리가 알고 있는 생명의 개념 자체를 다시 쓰도록 요구하고 있다.

4. 무작위 아닌 '양자 확률' - 돌연변이에 대한 새로운 시선

찰스 다윈 이후 생명과학을 지탱해 온 가장 중요한 전제 중 하나는, 돌연변이는 무작위적으로 발생한다는 명제였다. 즉, 유전 정보에 생기는 변화는 방향이나 목적 없이 우연히 일어나며, 그 결과만이 자연선택이라는 외부 필터를 통과해 살아남는다는 것이다. 이 관점은 고전 진화론의 핵심이었고, 20세기 분자생물학의 눈부신 발전 이후에도 거의 수정되지 않은 채 받아들여져 왔다. 유전자는 무작위로 변하고, 환경은 그중 일부를 선택한다. 이 단순하면서도 우아한 설명은 오랫동안 생명의 역사를 이해하는 가장 강력한 틀이었다.

그러나 분자 수준에서 관측되는 양자역학적 현상, 특히 전자와 양성자의 터널링은 이 전제에 대해 보다 정밀한 질문을 던지게 한다. 양자역학에서 입자의 거동은 본질적으로 확률로 기술된다. 전자가 에너지 장벽을 넘을 확률, 양성자가 수소 결합을 가로지를 확률, 파동함수가 특정 상태로 전이될 확률은 모두 물리적으로 정의된 분포를 따른다. 이러한 확률은 완전히 균일하지 않으며, 국소적인 환경 조건 — 온도, 전기장, 분자 구조 — 에 따라 민감하게 달라질 수 있다.

예를 들어 DNA 염기쌍 사이의 수소 결합에서 발생할 수 있는 양성자 터널링은, 미세한 온도 변화나 주변 전자 분포의 차이에 의해 그 발생 확률이 달라질 수 있음이 이론적·실험적으로 논의되어 왔다. 염기쌍의 토토머화 가능성 역시 고정된 값이 아니라, 국소적인 전기적·구조적 조건에 따라 변화한다. DNA 복제 효소의 활성 부위에서 일어나는 미세한 구조 변화나 전자구름의 재배치는, 특정 위치에서 오류가 발생할 확률 지형 probability landscape을 바꿀 수 있다.

이러한 관점에서 돌연변이는 더 이상 "아무 데서나 동일한 확률로 발생하는 실수"로만 이해되기 어렵다. 돌연변이는 여전히 무작위적이지만, 그 무작위성은 완전히 평평한 확률 분포가 아니라, 세포 내부의 물리적·화학적 조건에 의해 편향된 확률 구조 위에서 나타난다. 다시 말해, 어떤 변이가 일어날지는 예측할 수 없지만, 어디에서 변이가 더 자주 일어날지는 물리 법칙에 의해 부분적으로 제약될 수 있다. 생명체 내부의 양자적 조건이 변이의 지도를 그려주는 셈이다.

이 시각에서 보면 진화의 풍경은 한층 입체적으로 보인다. 우리는 그동안 자연선택이라는 외부 압력에 주로 주목해 왔다. 그러나 선택의 대상이 되는 재료 — 돌연변이 — 자체가 이미 양자 수준의 확률 구조를 지니고 있다면, 진화는 단순히 무작위 사건들의 누적이 아니라, 물리 법칙이 허용한 가능성의 공간을 탐색하는 과정으로 이해할 수 있다. 이는 "무작위 돌연

143

변이+자연선택"이라는 고전적 도식을 폐기하는 것이 아니라, 그 앞단에 '양자 확률'이라는 층위를 추가하는 일에 가깝다.

여기서 중요한 점은, 이러한 양자적 해석이 돌연변이에 목적이나 방향 성을 부여하지 않는다는 것이다. 양자 확률은 의도를 갖지 않는다. 다만 물리적 조건에 따라 가능성의 분포를 형성할 뿐이다. 자연선택은 여전히 진화의 핵심적인 필터로 작동하며, 환경에 적합한 변이만이 살아남는다. 달라진 것은, 그 필터를 통과하는 재료가 완전히 균질한 우연의 산물이 아 니라, 전자와 파동, 터널링과 에너지 지형이 만들어낸 물리적 질서의 산물 이라는 것이다.

이 새로운 시각은 진화에 대한 철학적 질문을 다시 제기한다. 생명의 역사는 단지 우연한 오류들의 축적일까, 아니면 우주의 가장 깊은 법칙이 허용한 가능성들이 점진적으로 현실화된 과정일까. 돌연변이가 양자적 확률 구조 위에서 발생한다는 사실은, 진화가 결코 무질서한 우연의 연쇄 가 아니라, 물리 법칙과 역사적 선택이 함께 빚어낸 과정임을 시사한다. 그리고 이 깨달음은, 생명과 진화를 바라보는 우리의 정의를 한 단계 더 깊은 층위에서 다시 쓰도록 요구한다.

5. 환경과의 대화 - 생명은 확률을 조절한다

터널링이 양자역학에 기반한 확률적 사건이라는 사실만으로도 충분히 놀랍다. 그러나 더 흥미로운 점은, 생명체가 이러한 확률을 단순히 수동적 으로 '수용하는' 존재가 아니라, 자신이 놓인 물리적·화학적 조건을 변화 시킴으로써 그 확률의 분포에 영향을 미칠 수 있다는 점이다. 전자나 양성 자가 에너지 장벽을 넘을 가능성은 고정된 값이 아니다. 세포 내부의 미세 환경, 수소 결합망의 배열, 수분 함량, 온도, 국소적인 전기장, 그리고 단백질의 구조적 상태는 모두 이러한 확률을 좌우하는 요인으로 작용한다.

다시 말해, 생명체는 개별 양자 사건을 통제하거나 예측하지는 못하지만, 양자 사건이 일어나는 '조건'을 조절함으로써 가능성의 지형을 바꿀 수 있다. 이는 생명이 양자적 불확실성을 제거하는 것이 아니라, 그 불확실성이 나타나는 방식을 환경과의 상호작용 속에서 간접적으로 형성한다는 의미에 가깝다.

이러한 관점은 돌연변이에 대한 이해에서도 중요한 함의를 갖는다. 잘 알려져 있듯이, 많은 생명체는 스트레스 상황이나 급격한 환경 변화에 직면했을 때 돌연변이율이 증가한다. 영양이 고갈되거나 산화 스트레스가 높아질 때, 혹은 새로운 환경에 적응해야 할 때, 세포는 DNA 복구 경로의 정확도를 낮추거나 특정 돌연변이 유발 효소의 활성을 증가시킨다. 이 과정은 돌연변이를 '목표 지향적으로' 만드는 것이 아니라, 유전적 변화가 발생할 확률 분포를 넓히는 전략으로 이해할 수 있다.

이때 분자 수준에서는, 염기쌍 사이의 수소 결합 환경과 전자 분포가 변화하며, 그 결과 토토머화나 오류가 발생할 가능성 역시 달라질 수 있다. 이러한 변화는 특정 염기에서의 오류 가능성을 상대적으로 높이거나 낮출 수 있지만, 여전히 개별 사건은 확률적으로만 기술된다. 즉, 세포는 파동함수 자체를 '설계'하거나 전자의 행동을 직접 지시하는 것이 아니라, 파동함수가 놓이는 물리적 조건을 변화시킴으로써 결과의 분포에 간접적으로 영향을 미친다고 보는 것이 보다 정확하다.

이러한 확률 조절 전략은 진화적 맥락에서 중요한 의미를 갖는다. 환경의 변화가 클수록, 즉 생존 압력이 커질수록, 생명체는 더 넓은 가능성의 공간을 탐색하도록 시스템을 전환한다. 예컨대 항생제에 노출된 세균 집단에서는 일부 세포가 높은 돌연변이율을 보이며 저항성 획득 가능성을 실험한다. 대부분의 변이는 생존에 도움이 되지 않지만, 극히 일부는 새로운 환경에서 살아남을 수 있는 해법이 된다. 자연선택은 이 중 성공한 변이를 남기고, 나머지는 사라지게 한다.

이 과정을 거시적으로 보면, 생명은 물리적 확률과 환경 압력 사이에서 끊임없이 상호 작용하며 진화의 경로를 형성해 왔다고 말할 수 있다. 환경이 바뀌면 세포 내부의 조건도 변하고, 이 변화는 다시 유전적 변이의 확률 구조에 반영된다. 그 결과가 환경에 적합하면 유지되고, 그렇지 않으면 소멸된다. 생명은 이렇게 확률을 제거하지 않고, 확률과 함께 항해하며 진화의 길을 만들어왔다.

결국 여기서 드러나는 생명의 특징은 분명하다. 생명은 단순한 화학 반응의 총합이 아니다. 그것은 물리 법칙이 허용한 확률적 세계 안에서, 환경과 상호 작용하며 가능성의 분포를 재구성하는 역사적 과정이다. 생명은 불확실성을 없애지 않는다. 대신 그것을 관리하고, 때로는 확대하며, 환경과의 대화를 통해 새로운 가능성을 현실로 바꾼다. 그리고 바로 이 조율 능력 덕분에, 생명은 결코 동일한 경로를 반복하지 않으며, 매 순간 새로운 진화의 길을 열어왔다.

6. 터널링과 질병 - 질서와 혼돈의 경계

양자 터널링은 생명의 진화에 불을 붙이는 원동력이자, 새로운 가능성을 여는 창이다. 그러나 모든 강력한 메커니즘이 그러하듯, 그것은 양날의 검이다. 질서를 가능하게 하는 동일한 물리적 원리는, 조건에 따라 혼돈의 씨앗이 되기도 한다. 생명의 다양성을 낳아온 과정이, 때로는 질병과 암의 출발점이 되는 이유도 여기에 있다.

최근 분자생물학과 양자화학, 양자생물학의 연구들은 일부 유전적 오류가 전자와 양성자의 미시적 거동, 특히 터널링과 같은 양자역학적 과정의 영향을 받을 수 있음을 시사하고 있다. 정상적인 조건에서는 극히 낮은 확률로만 발생하는 염기쌍의 토토머화나 수소 결합의 재배열이, 특정 환경에서는 상대적으로 더 자주 나타날 수 있다. 이러한 변화는 DNA 복제 과정에서 염기가 잘못 짝지어질 가능성을 높이며, 그 결과 돌연변이가 발생할 확률 역시 증가한다.

이러한 오류가 축적될 경우, 세포 성장과 분열을 조절하는 유전자 네트워크에 교란이 생길 수 있고, 이는 장기적으로 암 발생 위험을 높이는 요인 중 하나가 된다. 다시 말해, 우리가 '무작위 돌연변이'라고 불러온 암 발생의 일부는, 완전히 균질한 우연이 아니라 DNA 내부에서 형성되는 확률 구조의 미세한 변화에서 출발했을 가능성을 배제할 수 없다. 이는 암이 양자 사건으로 '결정된다'는 의미가 아니라, 암 발생의 확률적 배경에 양자역학적 층위가 기여할 수 있음을 시사하는 것이다.

이러한 관점은 암에만 국한되지 않는다. 많은 유전 질환 역시 DNA 복제와 수선 과정의 정밀도가 무너지는 데서 비롯된다. 특정 유전자 부위에서 염기쌍 안정성이 낮아지거나, 수소 결합 환경이 교란되면, 세포의 오류 교정 메커니즘이 이를 완전히 복구하지 못한 채 다음 세대로 전달할 가능성이 커진다. 이렇게 미시적인 수준에서 발생한 작은 확률적 사건이, 수십 년의 시간 차이를 두고 한 개인의 생애를 바꾸는 질병으로 드러날 수 있다.

터널링 확률에 영향을 미치는 요인은 세포 내부 조건에만 국한되지 않는다. 자외선과 방사선, 독성 화학물질, 중금속과 같은 외부 요인들은 DNA의 전자구조와 화학적 안정성에 영향을 주며, 결과적으로 오류 발생 가능성을 높인다. 이러한 요인들은 전자의 거동을 직접 '조작'한다기보다는, 전자와 핵이 놓이는 물리적 환경을 변화시켜 확률 분포를 교란하는 방식으로 작용한다. 우리가 발암 물질이라고 부르는 많은 인자들은, 바로 이러한 확률적 안정성을 무너뜨리는 요인으로 이해할 수 있다.

중요한 점은, 이러한 과정이 단순한 실패나 결함이 아니라는 사실이다. 생명은 본질적으로 질서와 혼돈의 경계에서 작동하는 시스템이다. 한쪽 극단에는 돌연변이가 거의 발생하지 않는 완전한 정적 질서가 있고, 다른 쪽 극단에는 무작위적 오류가 폭발적으로 증가해 생명 유지가 불가능한 혼돈이 있다. 건강한 생명은 이 두 극단 사이의 좁은 영역에서, 변이를 허용하면서도 기능을 유지하는 균형을 이룬다.

이 균형이 무너지면, 진화의 원동력이었던 터널링과 확률적 요동은 질병의 원인이 된다. 같은 물리적 메커니즘이 맥락에 따라 창조의 씨앗이 되기도 하고, 파괴의 출발점이 되기도 하는 것이다. 전자와 양성자의 미세한 이동은 새로운 기능과 다양성을 낳는 토대가 되지만, 그 조율이 실패할 경우 유전자 손상, 세포 기능 이상, 암과 대사 질환으로 이어질 수 있다.

결국 터널링이 보여주는 것은 하나의 단순하지만 깊은 진리다. 생명이란 완벽한 질서도, 완전한 무작위도 아니다. 그것은 혼돈의 가장자리에서 끊임없이 균형을 조정하며 유지되는 과정이다. 그리고 그 경계를 형성하는 힘들 가운데 하나가, 눈에 보이지 않는 양자 터널링이다. 이는 우리 몸속 DNA 나선 깊숙한 곳에서, 조용히 그러나 지속적으로 작동하는 미시 세계의 물결과도 같다.

7. 양자의 언어로 읽는 진화

우리는 지금, 생명과 진화에 대한 가장 오래된 전제 중 하나를 다시 정

교하게 바라볼 시점에 와 있다. 돌연변이는 오랫동안 '복제 기계의 오류'
로 이해되어 왔다. 방향도 목적도 없는 실수들이 우연히 발생하고, 그중
일부만이 자연선택을 통해 살아남는다는 설명은 진화의 역사를 설명하는
강력한 틀이었다. 그러나 분자 수준에서 드러나는 물리적 현실은, 이 그림
이 실제보다 훨씬 더 복합적임을 보여준다.

전자와 양성자의 미세한 이동, 즉 양자 터널링은 생명 현상의 가장 깊
은 층위에서 작동하는 확률적 과정이다. 이 과정은 개별적으로는 예측할
수 없지만, 결코 무질서하지는 않다. 터널링의 발생 가능성은 온도, 전기
장, 분자 구조와 같은 물리적 조건에 의해 제약되며, 그 결과 돌연변이는
완전히 균일한 우연이 아니라 조건에 의해 형성된 확률 분포 위에서 나타
난다. 생명은 바로 이 미시 세계의 확률적 무대 위에서 태어나고, 변화하
며, 진화해 왔다.

이제 DNA를 새로운 시선으로 바라볼 필요가 있다. DNA는 스스로 계
산하거나 의도를 갖는 존재는 아니다. 그러나 그 구조와 물리적 환경은,
어떤 변화가 더 자주 발생하고 어떤 변화가 드물게 일어날지를 규정하는
확률적 지형을 형성한다. 염기쌍 사이에서 일어나는 전자의 터널링, 수소
결합의 재배열, 토토머화와 복제 오류는 모두 이 지형 위에서 발생하는 사
건들이다. 이 사건들은 우주가 '답을 찾기 위해 계산한다'기보다, 물리 법
칙이 허용한 가능성들이 역사 속에서 시험되는 과정으로 이해하는 편이
더 정확하다.

이러한 관점에서 진화는 무질서에서 질서를 만들어내는 단순한 과정이
아니다. 그것은 불확실성을 제거하는 대신, 불확실성이 만들어내는 다양
성을 바탕으로 질서를 점진적으로 조율해 가는 과정이다. 전자는 에너지
장벽을 넘고, 양성자는 순간적으로 이동하며, 그 미세한 사건들의 누적이
시각 기관의 탄생과 육상으로의 진출, 지능의 진화와 같은 거대한 생명의

149

역사를 가능하게 했다.

확률의 요동은 DNA의 이중 나선 속에서 끊임없이 일어나고, 생명은 그 요동을 완전히 통제하지도, 완전히 방치하지도 않은 채 그 위를 항해해 왔다. 생명의 진화란 결국, 우연과 법칙이 맞물린 경계에서 선택이 축적된 역사다. 그런 의미에서 진화는 단순한 우연의 연대기가 아니라, 우주가 확률이라는 언어를 통해 가능성을 펼쳐 보이는 장대한 과정이라 할 수 있다.

8. 결론 – 생명의 본질은 양자의 도약 속에 있다

한때 과학은 생명을 화학 반응의 연속으로만 이해하려 했다. 유전자는 복제되고, 단백질은 작동하며, 돌연변이는 그 과정에서 우연히 발생하는 오류로 여겨졌다. 이러한 설명은 여전히 유효하지만, 이제 우리는 그것이 생명 현상의 전부가 아님을 알게 되었다. 생명의 가장 깊은 층위에서는, 화학 반응 이전에 확률과 에너지, 그리고 미시적 선택의 순간이 존재한다.

염기쌍 사이에서 일어나는 전자와 양성자의 미세한 이동, 즉 양자 터널 링은 이러한 순간의 한 예다. 개별 사건 하나하나는 사소해 보일지 모르지만, 그 가능성이 누적되고 선택되면서 생명의 역사는 방향을 바꿔왔다. 수소 결합 속에서 발생한 한 번의 터널링이 곧바로 새로운 종을 만들어내는 것은 아니다. 그러나 그러한 사건들이 만들어내는 변이의 스펙트럼은, 수백만 년의 시간 속에서 생명의 다양성과 복잡성을 가능하게 한 토대가 되었다.

이 관점에서 보면 생명은 단순한 화학 공장이 아니다. 그것은 물리 법칙이 허용한 확률적 세계 위에서 작동하는, 정교하게 조율된 시스템이다. 확률과 파동, 질서와 혼돈은 서로 얽혀 생명의 작동 범위를 규정하며, 그 경계에서 새로운 형태와 기능이 등장한다. 터널링은 이 모든 과정의 '원인'이라기보다, 가능성을 열어두는 조건에 가깝다. 그것이 없었다면 진화는 훨씬 더 느리고 제한적인 경로를 택했을지도 모른다.

생명이란 결국, 확률 위에서 이루어지는 자연의 긴 실험이다. 진화는 무작위의 연쇄가 아니라, 물리 법칙이 허용한 가능성들이 시간과 선택을 거치며 축적된 기록이다. 그런 의미에서 진화는 고전적인 언어로는 완전히 포착되지 않는, 양자의 언어로도 읽을 수 있는 서사다.

이 책의 마지막 페이지에서 우리가 말할 수 있는 것은 이것이다. 생명의 본질은 세포나 유전자, 혹은 DNA라는 구조물 그 자체에만 있지 않다. 그것은 전자가 에너지 장벽을 넘는 그 찰나처럼, 보이지 않는 세계에서 열리는 가능성의 순간들에 있다. 우리는 이제야 그 순간들이 어떻게 생명의 역사를 빚어왔는지를 읽기 시작했을 뿐이다.

7

새의 나침반

지구 자기장을 읽는 양자 나침반

1. 길을 잃지 않는 여행자들

가을이 다가오면 북유럽의 하늘에는 한 편의 장대한 서사가 펼쳐진다. 불과 20g 남짓한 몸을 가진 붉은가슴지빠귀European robin는 여름을 보낸 숲을 떠나 남쪽으로 긴 여정을 시작한다. 이 작은 새는 지중해를 건너고 사하라 사막을 넘어, 아프리카 대륙 남쪽의 월동지까지 무려 5,000km 이상을 날아간다. 그것도 매년 거의 같은 시기에, 거의 같은 경로를 따라, 거의 같은 장소에 도착한다. 더 놀라운 사실은 그들이 이 믿을 수 없는 항해를 지도도, 나침반도, GPS도 없이 수행한다는 것이다. 구름에 가려 태양이 보이지 않아도, 별빛 하나 없는 흐린 밤에도, 심지어 인공적인 환경 변화 속에서도 그들은 여전히 정확한 방향을 찾아낸다. 과학자들은 수십 년 동안 이 놀라운 능력의 비밀을 풀기 위해 노력했지만, 답은 쉽게 나오지 않았다. 처음에는 새들이 태양의 위치를 기준으로 길을 찾는다고 생각했

152

다. 그러나 흐린 날씨나 밤에도 정확히 방향을 잡는 모습을 설명하지는 못했다. 다음으로 나온 가설은 별의 배열을 기억한다는 것이었다. 실제로 일부 철새는 별자리 위치를 기준으로 이동 방향을 조절한다. 하지만 별빛조차 보이지 않는 상황에서조차 방향을 잃지 않는다는 사실은 여전히 미스터리였다. 또 다른 가설은 새들이 후각이나 풍향 같은 환경 단서를 이용한다는 것이었다. 일부 종은 특정 지형이나 냄새를 기억하고 이를 항법에 활용한다. 그러나 대양이나 사막처럼 아무런 지형적 단서가 없는 곳에서도 새들이 정확한 방향을 유지한다는 점에서, 이 설명 역시 충분하지 않았다. 그렇다면 이들은 대체 무엇을 '보고' 있는 것일까? 과학자들은 마침내 믿기 어려운 결론에 도달했다. 새들이 의지하는 것은 우리가 생각하듯 시각이나 후각이 아니라, 지구 자기장Earth's magnetic field, 즉 눈에 보이지 않는 물리적 힘이었다. 놀랍게도, 새들은 이 보이지 않는 자기장을 감지하고 '읽는' 능력을 가지고 있었다. 하지만 여기서 더 충격적인 사실이 밝혀진다. 이 자기장 감지 능력은 단순히 철 조각이 자석에 끌리는 것 같은 고전적인 자성 현상이 아니다. 새의 뇌와 눈 속에서는 우리가 일상적으로 경험하지 못하는 양자역학적 과정이 일어나고 있었던 것이다. 전자의 스핀, 얽힘, 확률 진폭과 같은 미시 세계의 법칙이 지구 자기장을 '지도'로 바꾸고, 그 지도를 새들이 읽어내는 것이다. 이제 과학자들은 이 놀라운 현상을 "양자 나침반quantum compass"이라고 부른다. 작은 새 한 마리의 머릿속에서, 전자의 얽힘 상태가 지구 자기장과 상호 작용하며 방향을 알려주는 정교한 생물학적 장치가 작동하는 것이다. 그동안 '본능'이라 불리던 새의 항해 능력 뒤에는, 자연이 수십억 년에 걸쳐 만들어낸 양자 수준의 내비게이션 시스템이 숨어 있었던 셈이다. 이제 우리는 질문을 다시 던져야 한다. 새들은 어떻게 자기장을 느끼는가? 전자의 스핀 얽힘이 어떻게 '북쪽'을 알려주는가? 그리고 더 근본적인 질문, 생명은 어떻게 양자의 언어를

153

이해하고 그것을 생존 전략으로 바꾸었는가? 이 모든 질문의 답은 지구 자기장을 읽는 새들의 눈 속, 그리고 그 속에서 춤추는 전자들의 양자적 세계 속에 숨어 있다.

2. 지구 자기장을 감지하는 능력

지구는 단순한 행성이 아니다. 그 내부에는 거대한 용광로처럼 흐르는 액체 금속의 대류가 있으며, 이 거대한 전도성 흐름이 지구 자기장을 만들어낸다. 이 자기장은 보이지 않지만 언제나 우리 곁에 존재하며, 북극에서 남극으로 뻗어나가는 자기선이 지구를 감싸고 있다. 나침반 바늘이 늘 북쪽을 가리키는 것도 이 보이지 않는 힘 때문이다. 사실상 지구 전체가 하나의 거대한 자석인 셈이다. 그러나 이 강력해 보이는 자기장도 미시적인 관점에서 보면 극도로 약하다. 지표면에서 측정되는 지구 자기장의 세기는 약 50마이크로테슬라(μT) 정도, 즉 가정용 자석의 수백 분의 1 수준이다. 이런 미약한 자기장이라면 일반적인 분자나 생체 구조는 거의 영향을 받지 않는다. 원자 단위에서는 열적 요동이 자기력보다 훨씬 크기 때문에, 통상적인 화학 반응으로는 이 약한 신호를 감지할 수 없다고 여겨져 왔다. 그렇다면 어떻게 작은 새들이 이런 미세한 신호를 감지할 수 있는 것일까? 과학자들은 수십 년간 이 수수께끼를 풀기 위해 실험을 거듭했다. 붉은가슴지빠귀나 푸른머리딱새 같은 철새들을 대상으로 한 실험에서 놀라운 결과가 반복적으로 관찰되었다. 실험적으로 MHz 대역의 라디오 주파수로 자기장을 약간만 교란해도 새들이 즉시 방향 감각을 잃고 엉뚱한 방향으로 날아가 버렸다. 더욱 흥미로운 것은, 새의 눈을 가렸을 때 항법 능력이 현저히 떨어진다는 사실이었다. 이는 자기장 감지가 단순히 부리나

귀 같은 감각 기관에서 이루어지는 것이 아니라, 시각 시스템 내부에서 작동하는 어떤 감지 메커니즘과 밀접하게 연결되어 있음을 시사한다. 이 발견은 생명과학에 큰 충격을 주었다. 전통적으로 '자기 감지magnetoreception'는 자성 입자를 이용하거나 전기 신호를 감지하는 방식으로 설명되어 왔다. 일부 박테리아가 자철광magnetite 나노결정을 이용해 자기장을 인식한다는 사실은 이미 알려져 있었다. 하지만 철새의 눈에는 그런 자성 입자가 존재하지 않았다. 즉, 완전히 새로운 방식으로 기존 생물학으로는 설명할 수 없는 전혀 다른 감지 시스템이 존재한다는 뜻이었다. 그리고 과학자들은 마침내 하나의 놀라운 단서를 찾아냈다. 그것은 눈 속의 망막retina에 존재하는 특정 단백질, 크립토크롬이라는 분자였다. 빛을 흡수해 전자쌍을 만들어내는 이 단백질이, 지구 자기장에 반응하여 스핀 상태를 변화시키고, 그 변화가 시각 정보와 결합해 방향 감각으로 해석된다는 것이다. 다시 말해, 철새의 눈 속에는 일종의 양자 센서quantum sensor가 숨어 있는 셈이다. 더 놀라운 점은 이 과정이 단순한 물리적 반응이 아니라, 양자역학의 정수인 전자스핀과 얽힘의 현상에 기반하고 있다는 것이다. 두 전자가 특정 상태에서 얽혀 있을 때, 지구 자기장이 그 스핀 상태를 미묘하게 교란시키고, 이 변화가 분자의 화학 반응 경로를 바꾸며, 그 신호가 다시 시각 신경으로 전달된다. 새들은 이 신호를 일종의 '시각 패턴'처럼 인식하여 자기장의 방향을 읽는다. 즉, 철새들은 단순히 자기장을 '느끼는' 것이 아니라, 양자 상태의 변화를 '읽어내는' 존재인 것이다. 우리가 생각하는 감각 기관의 한계를 훨씬 넘어선 이 메커니즘은, 생명체가 어떻게 미시 세계의 법칙을 생존 전략으로 전환했는지를 보여주는 놀라운 사례다.

이제 과학자들은 말한다. 철새의 항법 능력은 단순한 본능이 아니다. 그것은 수십억 년에 걸친 진화가 만들어낸, 전자스핀의 언어를 해독하는 정교한 양자 장치다. 새들은 그 장치를 통해 눈으로 보이지 않는 지구 자기장의 지도를 '본다'. 그리고 그 지도 위에서, 지구의 반대편까지 이어지는 생명의 여정을 이어간다.

3. 크립토크롬 - 눈 속의 양자 나침반

철새의 놀라운 항법 능력 뒤에 숨어 있는 핵심 열쇠는 크립토크롬이라는 단백질이다. 이름 그대로 "숨겨진 시간의 빛"이라는 뜻을 지닌 이 단백질은, 식물부터 곤충, 포유류, 심지어 인간의 눈에도 존재하며, 생체 시계(서카디안 리듬circadian rhythm) 조절에도 관여한다. 하지만 철새의 망막에서 발견된 크립토크롬은 조금 다른 방식으로 작동한다. 그것은 단순히 빛을 감지하는 수용체가 아니라, 양자 정보를 감지하는 정교한 센서로 진화한 것이다. 이 단백질의 작동은 빛 한 줄기에서 시작된다. 새의 눈에 청색광(파장 약 450nm 부근)이 들어오면, 크립토크롬 분자 내의 특정 전자가 들뜨게 되어 높은 에너지 상태로 올라간다. 이 전자는 원래 있던 분자 껍질에서 떨어져 나오면서 다른 분자나 전자 수용체로 이동하는데, 이때 두 분자 사이에 하나씩 전자가 남아 있는 상태를 만든다. 이를 라디칼 쌍radical pair이라고 부른다. 라디칼 쌍은 단순한 전자 두 개가 아니다. 이 전자들은 서로 스핀이라는 양자적 속성을 가지고 있으며, 생성 순간부터 얽혀 있는 entangled 상태를 이룬다. 얽힘이란 한 전자의 상태가 다른 전자의 상태와 긴밀히 연결되어 있다는 뜻으로, 한쪽의 변화가 즉시 다른 쪽에도 영향을 미친다. 이 라디칼 쌍의 스핀 상태는 처음에는 싱글렛singlet 혹은 트리플렛 triplet 상태로 시작하며, 시간이 지남에 따라 두 상태 사이를 오가게 된다. 여기서 지구 자기장이 개입한다. 지구 자기장은 매우 약하지만, 얽혀 있는 전자스핀 상태에는 놀라울 만큼 민감하게 작용한다. 자기장이 미세하게 달라지면, 싱글렛과 트리플렛 상태 사이의 전환 속도와 확률이 바뀌고, 그에 따라 크립토크롬이 진행하는 화학 반응 경로 자체가 달라진다. 예를 들어 싱글렛 상태에서는 반응이 일어나고, 트리플렛 상태에서는 일어나지 않는다면, 자기장의 세기나 방향에 따라 반응 결과가 달라지는 것이다.

이 화학 반응의 결과는 단순한 분자 변화에 그치지 않는다. 크립토크롬이 생성하는 신호는 망막의 신경세포를 통해 시각 정보와 통합되어 뇌로 전달된다. 다시 말해, 새의 눈은 단지 빛의 강도와 색을 감지하는 것이 아니라, 그 빛에 섞여 들어온 지구 자기장의 정보까지 '본다'는 뜻이다. 새는 자기장을 직접 느끼지 못하지만, 자기장이 빛의 반응 경로를 바꾸고, 그 변화가 시각적 패턴으로 변환되기 때문에 결과적으로 '자기장의 지도'를 시각처럼 해석할 수 있는 것이다. 이 과정을 조금 더 비유적으로 말하자면, 크립토크롬은 마치 양자 나침반과도 같다. 지구 자기장은 눈에 보이지 않지만, 크립토크롬의 전자스핀을 미묘하게 흔들어 분자의 반응 패턴을 바꾼다. 그리고 이 패턴의 차이를 해석하는 뇌는 그것을 '북쪽'과 '남쪽', '동쪽'과 '서쪽'의 방향 신호로 변환한다. 흥미롭게도, 이러한 메커니즘은 고전 물리학으로는 거의 설명이 불가능하다. 50μT 정도의 약한 자기장은 일반 화학 반응에는 아무런 영향을 주지 못한다. 그러나 양자 얽힘 상태에 있는 전자에게는 그 미세한 변화조차 결정적인 차이를 만들어낸다. 바로 이 점이 "라디칼 쌍 메커니즘radical pair mechanism"의 핵심이며, 생명체가 양자역학을 감각 체계에 직접 활용하는 대표 사례로 꼽히는 이유다. 결국 철새의 눈 속에서 일어나는 일은 다음과 같다.

빛 → 전자 들뜸 → 라디칼 쌍 형성 → 스핀 얽힘 → 자기장에 따른 스핀 상태 변화 → 화학 반응 경로 변화 → 시각 신호 변환.

이 일련의 과정은 눈에 보이지 않는 지구 자기장을 하나의 '이미지'처럼 뇌에 전달한다. 즉, 새는 단지 하늘을 '보는' 것이 아니라, 지구 자기장을

'읽는 눈'을 가진 존재인 것이다.

4. 얽힘 – 양자 나침반의 핵심

철새의 눈 속에서 작동하는 양자 나침반의 핵심은 단 하나의 개념으로 요약된다. 바로 스핀 얽힘spin entanglement이다. 얽힘은 양자역학이 보여주는 가장 기묘하면서도 근본적인 현상 중 하나로, 두 입자가 서로 멀리 떨어져 있어도 하나의 양자 상태를 공유한다는 것을 의미한다. 이 상호작용은 거리를 초월하며, 이를 두고 아인슈타인은 "유령 같은 원격 작용spooky action at a distance"이라 부르기도 했다.

라디칼 쌍 메커니즘에서 중요한 것은 바로 이 얽힘이다. 크립토크롬이 청색광을 흡수해 두 전자가 분리될 때, 이들은 독립적인 입자가 아니라 하나의 양자 시스템으로 존재한다. 한쪽 전자가 '업spin-up' 상태로 전환되면, 다른 한쪽은 즉시 '다운spin-down' 상태로 결정되는 식이다. 이런 얽힌 상태는 외부 자기장에 극도로 민감하다. 지구 자기장의 미세한 변화가 두 전자의 스핀 전이를 바꾸고, 그 변화가 다시 화학 반응 경로를 달리하게 만드는 것이다. 이처럼 미약한 자기장이 생화학 반응에 영향을 미칠 수 있는 이유는, 바로 얽힘이 증폭기 역할을 하기 때문이다. 그런데 여기서 진정으로 놀라운 점이 등장한다. 얽힘은 일반적으로 극도로 섬세하고 쉽게 깨지는 상태다. 진공 상태의 실험실에서도 전자의 얽힘은 수십에서 수백 나노초(10^{-9}초) 정도만 유지되며, 열적 요동이나 분자 충돌 같은 외부 노이즈가 조금만 있어도 즉시 붕괴(디코히런스decoherence)된다. 우리가 일상적으로 살아가는 환경, 즉 상온이고 수용액이며 끊임없는 분자 운동이 일어나는 생체 내부는 얽힘이 유지되기에는 거의 '지옥 같은 조건'이라 불릴 정도다.

그럼에도 불구하고, 새의 망막에서는 이 미세한 양자 상태가 충분히 오래 유지되어 생리학적으로 의미 있는 신호를 만든다. 연구에 따르면 크립토크롬의 라디칼 쌍 얽힘은 최대 수천 나노초 이상 지속될 수 있으며, 이 시간 동안 전자스핀은 지구 자기장에 반응해 확률적으로 다른 반응 경로를 선택한다. 이 반응 결과는 결국 시각 신호로 변환되어 뇌로 전달되고, 새는 이를 방향 정보로 해석한다. 이것은 단순한 흥밋거리가 아니다. 이 사실은 생명체가 단순히 양자 현상에 노출되는passive 존재가 아니라, 오히려 그것을 활용하는active 존재라는 강력한 증거다. 생명체는 열적 소음과 화학적 혼란이 가득한 환경 속에서도 전자의 얽힘을 유지할 수 있는 구조적·분자적 메커니즘을 진화시켰다. 크립토크롬 단백질의 전자구조, 주변 수소 결합망, 전기적 환경은 모두 얽힘이 가능한 오래 유지되는 것이 아니라 생물학적으로 의미 있는 동안 유지되도록 정교하게 조율되어 있다.

이는 우리가 생명과 물리학의 관계를 바라보는 관점을 근본적으로 바꿔놓는다. 오랫동안 양자 얽힘은 극저온에서 고도로 통제된 실험실에서만 유지될 수 있는 '취약한' 현상으로 여겨졌다. 하지만 새의 망막은 그것을 자연환경, 상온, 수용액이라는 거칠고 복잡한 조건 속에서도 유지하고, 심지어 감각 체계의 일부로 통합했다. 이는 곧 생명체가 양자 현상을 '실험실 밖'에서 실용적으로 사용하는 최초의 사례이며, 자연이 창조한 양자 활용 기술quantum technology이라고 부를 만한 것이다. 결국 철새의 나침반은 단순히 자기장을 감지하는 장치가 아니다. 그것은 자연이 만들어낸 정교한 양자 센서이며, 생명체가 얽힘이라는 물리학의 가장 심오한 현상을 감각의 일부로 끌어들인 결정적 증거다.

5. 진화가 만든 양자 센서

라디칼 쌍 메커니즘은 우연히 생겨난 화학적 부산물이 아니다. 오늘날의 연구들은 이것이 자연선택을 거치며 정제된 생물학적 기능임을 점점 분명히 보여주고 있다. 특히 철새의 자기장 감지에 관여하는 크립토크롬 단백질은, 전자스핀의 상호작용과 양자적 결맞음을 형성하고 유지하기에 놀라울 만큼 정교한 분자 구조를 지니고 있다.

크립토크롬 내부에서 청색광을 흡수하는 플라빈flavin 분자와 그 뒤를 잇는 전자전달 경로는, 거리와 각도, 결합 네트워크 측면에서 매우 특이한 배열을 이룬다. 이 배치는 전자스핀 사이의 상호작용을 극대화하고, 외부 자기장에 대한 감수성을 높이도록 조율된 것으로 해석된다. 다시 말해, 전자가 어디에서 어떻게 이동하느냐가 단순한 화학 반응의 문제가 아니라, 스핀 상태가 얼마나 오래 유지되고 외부 자극에 얼마나 민감하게 반응할 수 있는지를 좌우하는 핵심 요소가 되는 것이다.

이 과정에서 단백질 주변의 미세한 환경 역시 결정적인 역할을 한다. 아미노산 잔기의 극성 분포, 국소 전기장, 수소 결합 네트워크는 라디칼 쌍의 수명과 스핀 결맞음의 지속 시간에 직접적인 영향을 미친다. 이러한 환경적 요인들은 전자스핀의 위상이 무작위로 흐트러지는 것을 억제하고, 양자 상태의 안정성을 높이는 방향으로 작용한다. 더 나아가, 단백질 내부의 전하 차폐 효과와 미세한 구조 진동은 열적 소음이 스핀 상태를 교란하는 정도를 줄여준다는 실험적·계산적 근거도 축적되고 있다.

이처럼 구조와 환경이 함께 최적화된 결과는 하나의 중요한 사실을 시사한다. 자연선택은 크립토크롬을 단순한 광수용체에 머물게 하지 않고, 자기장 감지를 가능하게 하는 '양자 매개체'로 진화시켰다는 점이다. 다시 말해, 생명체는 주어진 물리 법칙의 제약 속에서 양자 수준의 결맞음을 최대한 활용할 수 있는 방향으로 스스로를 다듬어왔다.

철새의 항법 능력은 이러한 자연선택에 의한 진화의 가장 인상적인 사례다. 보이지 않는 지구 자기장을 감지하고, 그 정보를 행동으로 변환하는 이 능력은, 생명이 양자역학과 무관한 존재가 아니라 활용하는 존재임을 보여준다. 자연은 이미 오래전부터, 우리가 이제 막 이해하기 시작한 양자적 전략을 생존의 도구로 삼아왔던 셈이다.

6. 생명과 물리학의 경계가 무너질 때

철새의 자기장 감지에 대한 연구는 생명 시스템이 고전적 생화학의 범주를 넘어, 양자역학의 영역에까지 걸쳐 작동할 수 있음을 보여주는 가장 분명한 사례로 여겨지고 있다. 크립토크롬 단백질 내부에서 형성되는 라디칼 쌍의 스핀 상태, 나노초 수준으로 유지되는 결맞음, 그리고 지구 자기장처럼 극히 미약한 자극에 대한 민감한 반응은 기존의 생물학적 모델만으로는 충분히 설명하기 어려운 정량적 특성들을 제시한다. 이러한 관찰 결과는 생명 현상을 단순히 고전적인 화학 반응과 전자 이동의 결과로만 이해해 온 전통적 관점에 근본적인 질문을 던진다.

특히 전자스핀의 상태와 자기 감지 능력 사이의 상관성이 실험적으로 제시되면서, 생물학적 기능이 분자 구조나 화학 결합, 전하 분포에만 의존하는 것이 아니라 스핀 동역학과 양자 확률적 전이에도 영향을 받을 수 있다는 가설이 점차 현실적인 연구 주제로 자리 잡고 있다. 이는 "생명은 양자 효과를 부수적으로 경험할 뿐"이라는 관점보다, 생명은 양자 조건을 활용할 만큼 정밀하게 조직된 시스템이라는 해석에 더 힘을 실어준다.

이러한 시각은 생명을 이해하는 방향 자체를 바꾼다. 감각과 인지, 항법과 같은 고차원적 기능조차도 미시적인 물리 과정, 특히 양자 수준에서 일어나는 정보 처리와 연결될 수 있으며, 생명체의 적응과 기능은 고전적 생화학 네트워크 위에 양자역학적 층위가 겹쳐진 다층 구조로 구성되어 있을 가능성을 시사한다. 다시 말해, 생명의 일부 핵심 과정은 입자와 파동의 이중적 성격을 기반으로 작동하며, 생물학은 더 이상 고진적 모델만으로 완결되기 어려운 영역을 포함하고 있는 셈이다.

이런 의미에서 철새의 나침반은 단일한 특이 현상에 그치지 않는다. 그것은 생명과 물리학이 오랫동안 별개의 학문 영역으로 나뉘어 존재해 왔던 구도를 재검토하게 만들며, 생명체의 기능을 이해하기 위해 전자스핀, 결맞음, 터널링과 같은 양자역학적 개념을 본격적으로 도입해야 할 필요성을 제기한다. 이러한 변화는 생명과학이 새로운 설명의 틀로 이동하고 있음을 보여주는 신호다. 생명을 이루는 물질적 기반이 물리학적 법칙 위에 놓여 있다면, 생명 현상 역시 그 연속선상에서 다시 이해되어야 한다는 것이다.

8

후각의 비밀

진동을 듣는 코

1. 향기를 구분하는 놀라운 능력

아침을 여는 커피 한 잔의 향기, 여름날 비 온 뒤 흙냄새가 전해주는 청량함, 사랑하는 사람의 체취에서 느껴지는 따뜻함. 인간의 삶에서 냄새는 감각 이상의 의미를 가진다. 우리는 후각을 통해 음식의 맛을 미리 예측하고, 위험을 감지하며, 심지어 감정과 기억을 되살린다. 한 연구에 따르면 인간은 1조 개 이상의 냄새를 구분할 수 있는 능력을 가지고 있다고 한다. 이 놀라운 감각 기관이 머리 한가운데의 작은 공간, 바로 코에 자리하고 있다는 사실은 언제나 경이롭다. 하지만 이 정교한 감각이 어떻게 작동하는가에 대해서는 과학자들조차 오랫동안 명확한 답을 내리지 못했다. 기존의 설명은 비교적 단순했다. 이른바 '열쇠-자물쇠 모델lock-and-key model' 이라 불리는 이 이론에 따르면, 냄새 분자는 특정한 모양을 지닌 열쇠처럼 후각 수용체olfactory receptor의 표면에 정확히 끼워 맞춰지고, 결합이 일어나면 전기 신호가 생성되어 뇌로 전달된다는 것이다. 분자의 형태가 다르면 다른 수용체를 자극하고, 그 조합으로 다양한 냄새를 구분할 수 있다는 설명이다. 이 모델은 직관적이고 설명력도 있었다. 실제로 분자의 크기나 극성, 기능기 구조가 다른 냄새를 만들어내는 경우가 많았기 때문이다. 하지만 곧 이 단순한 그림으로는 설명되지 않는 수많은 미스터리가 등장했다. 가장 대표적인 예는 '동형이의어' 문제다. 구조적으로 거의 동일한 분자임에도 불구하고 냄새가 전혀 다르게 느껴지는 사례가 존재한다. 반대로, 화학 구조가 크게 다르고 크기나 모양도 비슷하지 않은 분자들이 놀랍게도 비슷한 향기를 내는 경우도 있다. 예를 들어, 일부 머스크musk 계열 향료는 구조가 완전히 달라도 모두 유사한 따뜻하고 묵직한 향을 발산한다. 더 큰 수수께끼는 거울상 이성질체enantiomers 문제다. 오른손과 왼손처럼 서로 대칭인 분자(거울상 이성질체)는 화학적으로 동일한 성질을 가지지만, 냄새는 완전히 다르게 느껴지기도 한다. 예를 들어, (+)-리모넨은 상큼한 오렌지 향을 내지만, (-)-리모넨은 시큼한 레몬 향으로 인식된다. "모양이 같다면 냄새도 같아야 한다"는 열쇠-자물쇠 이론으로는 이 차이를 설명하기 어렵다. 이러한 사례들은 후각이 단순히 '분자의 모양'을 인식하는 감각이 아님을 암시한다. 후각 수용체가 구조적 맞춤만으로 냄새를 구분한다면 이런 현상은 일어날 수 없다. 즉, 냄새를 감지하는 과정에는 우리가 아직 완전히 이해하지 못한 또 다른 차원의 정보가 개입하고 있는 것이다.

과학자들은 이 수수께끼를 풀기 위해 후각을 다시 생각하기 시작했다. 그리고 그 끝에서 등장한 놀라운 가설이 있다. 냄새를 구분하는 데 중요한 것은 단지 '모양'이 아니라, 분자가 가진 '진동vibration', 즉 양자역학적인 움직임일 수 있다는 것이다. 만약 이것이 사실이라면, 우리의 코는 단순히 화학 구조를 '맡는' 것이 아니라, 분자의 미세한 양자 진동을 '듣는' 감각 기관일지도 모른다.

2. 분자의 노래 - 진동 이론의 탄생

　과학자들은 오랫동안 냄새를 '분자의 모양'으로 설명해 왔지만, 앞서 살펴본 수많은 예외들은 이 단순한 모델이 충분하지 않다는 사실을 보여주었다. 그렇다면 냄새를 결정하는 또 다른 정보는 무엇일까? 그 해답의 실마리는 놀랍게도 양자역학quantum mechanics 속에서 찾아졌다. 1960년대 후반, 물리학자 말콤 다이슨Malcolm Dyson은 기존 이론에 의문을 제기했다. 그는 냄새를 구분하는 데 있어서 분자의 진동수vibrational frequency, 즉 분자 내 원자들이 특정한 에너지 준위에서 진동하는 특성이 중요할 수 있다는 파격적인 가설을 내놓았다. 이른바 "분자 진동 이론vibrational theory of olfaction"이다. 모든 분자는 고유한 방식으로 진동한다. 탄소-산소 결합, 질소-수소 결합 등 각 결합마다 마치 현악기의 줄처럼 고유한 진동수를 가지고 있고, 이들은 적외선 영역에서 독특한 "스펙트럼(진동 지문)"을 만들어낸다. 흥미로운 점은, 이 진동 스펙트럼이 냄새의 특성과 놀라울 정도로 밀접하게 관련되어 있다는 것이다. 마치 분자 하나하나가 특정한 "음音"을 내고, 코는 이 음을 듣는 것처럼 작동한다는 생각이다. 하지만 여기서 의문이 생긴다. 수용체는 어떻게 분자의 진동을 '들을' 수 있을까? 단순한 화학 결합만으로는 진동을 감지하기 어렵다. 이 지점에서 등장하는 것이 양자 터널링이다. 터널링이란 전자가 충분한 에너지가 없어도 확률적으로 에너지 장벽을 통과하는 현상이다. 만약 냄새 분자가 수용체와 결합한 상태에서 전자가 한쪽에서 다른 쪽으로 터널링할 수 있다면, 그 과정에서 전자가 에너지를 잃거나 얻으면서 분자의 진동 에너지 수준과 상호 작용하

165

게 된다. 다시 말해, 수용체는 전자가 '뛰어넘는' 과정을 통해 분자의 진동수를 측정할 수 있고, 그 결과로 어떤 냄새인지를 구별할 수 있다는 것이다. 이 아이디어는 1996년, 물리학자 루카 투리네Luca Turin에 의해 다시 주목받으며 본격적인 과학 이론으로 발전했다. 투리네의 모델에 따르면 냄새 분사가 수용제에 결합했을 때, 전자가 에너지 장벽을 터널링으로 통과하면서 분자의 진동 에너지와 상호 작용한다. 이 과정에서 터널링 확률이 분자의 진동수에 의존하므로, 수용체는 일종의 "양자 분광기quantum spectrometer"처럼 작동할 수 있다는 메커니즘을 제안했다. 이 이론에 따르면 후각 수용체는 단순히 "모양"을 읽는 자물쇠가 아니라, "분자의 진동수를 분석하는 양자 분광기" 역할을 한다. 실험 결과도 점점 이 가설을 지지하기 시작했다. 동위원소isotope를 치환한 분자는 구조적으로 동일하지만 진동수가 달라지는데, 놀랍게도 냄새도 함께 변하는 경우가 관찰되었다. 예를 들어 수소를 무거운 동위원소인 중수소deuterium로 치환하면 진동수가 낮아지는데, 이때 냄새가 완전히 다르게 인식되는 사례가 보고되었다. 이는 수용체가 분자의 구조보다 진동 특성을 감지한다는 강력한 증거로 해석된다. 물론 이 이론은 여전히 뜨거운 논쟁의 중심에 있다. 현재 과학계의 합의는 분자의 모양이 여전히 주요 메커니즘이며, 진동 이론은 가능성 있는 보완적 설명일 것이라고 생각하고 있다.

후각은 우리가 생각했던 것보다 복잡한 감각이다. 만약 이 이론이 옳다면, 우리가 후각을 보는 시각은 근본적으로 바뀔 것이다. 우리의 코는 단순히 화학 반응을 통해 분자의 모양을 '맡는' 기관이 아니다. 어쩌면 그것은 전자의 터널링과 진동 에너지의 상호작용을 활용하는, 정교한 양자 감지 장치quantum detector일 수 있다. 말하자면, 우리는 코로 냄새를 맡는 것이 아니라, 분자의 노래를 '듣고' 있는 것이다. 각 분자는 자신만의 음계를 가지고 있고, 우리 후각은 그 음계를 조합하여 복잡한 향기의 세계를 해석한다. 커피 향의 따뜻함, 장미 향의 부드러움, 바다 내음의 청량함은 모두 수많은 분자들이 만들어내는 양자 진동의 교향곡인 셈이다.

3. 터널링의 증거 – 냄새를 바꾸는 동위원소

과학에서 가장 강력한 증거는 언제나 "예외"에서 온다. 기존 이론으로 설명할 수 없는 현상이 발견되었을 때, 그것은 새로운 패러다임의 문을 연다. 후각 과학에서도 바로 그런 결정적 실험이 있었다. 그것은 동위원소 치환isotopic substitution 실험이었다. 동위원소란, 원자 번호(즉, 원소의 종류)는 같지만 질량이 다른 원자를 말한다. 예를 들어 수소(H)는 질량수가 1이지만, 중수소(D)는 질량수가 2이다. 화학적으로 이들은 사실상 동일한 반응성을 가지며, 분자의 결합 형태나 전자구조도 거의 같다. 따라서 '모양'만을 인식한다는 열쇠-자물쇠 이론에 따르면, 수소를 중수소로 치환하더라도 냄새는 변하지 않아야 한다. 하지만 놀랍게도 현실은 그렇지 않았다. 1990년대 후반, 물리학자 루카 투리네와 동료들은 동위원소 치환된 분자들이 서로 다른 냄새를 낸다는 사실을 반복적으로 확인했다. 예를 들어, 아세토페논acetophenone이라는 단순한 방향족 분자는 우리가 흔히 느끼는 달콤하고 꽃향기 같은 냄새를 가진다. 그런데 이 분자에서 수소를 모두 중수소로 바꾸면, 구조는 완전히 동일함에도 불구하고 더 묵직하고 금속성에 가까운 향기로 인식된다. 이는 기존의 "모양 기반 후각 이론"으로는 설명할 수 없는 결과였다. 화학 구조가 동일하다면 수용체의 결합 방식도 동일해야 하고, 신호 역시 같아야 한다. 그런데 왜 냄새는 달라지는가? 그 해답은 '질량'의 차이에 있다. 질량이 달라지면 분자의 진동수가 변한다. 무거운 중수소를 포함한 분자는 진동수가 낮아지고, 그 변화는 전자의 터널링 조건을 바꾼다. 다시 말해, 전자가 분자 안에서 이동할 때 느끼는 "양자 에너지 풍경"이 달라지며, 후각 수용체가 감지하는 신호도 달라지는 것이다. 이 현상은 단순한 예외적 사례가 아니다. 다른 화합물에서도 반복적으로 관찰되었다. 벤즈알데히드benzaldehyde, 인돌indole, 머스크 계열 향료 등 여러 분자에서 농위원소 치환은 냄새의 질적 변화를 일으켰다. 심지어 일부 동물은 미세한 동위원소 차이까지 구분할 수 있다는 사실도 보고되었다. 과학자들은 초파리drosophila를 이용한 실험에서, 수소 버전과 중수소 버전의 냄새를 정확히 구별할 수 있다는 것을 확인했다. 이러한 결과는 한 가지 중요한 사실을 말해 준다. 후각 수용체는 단순히 분자의 입체 구조를 "본다"기보다, 전자가 터널링하며 경험하는 에너지 준위의 차이를 감지하고 있다는 것이다. 이 과정은 명백히 양자역학적 현상이며, 냄새의 차이는 곧 분자의 진동 에너지 차이를 반영한다. 이 실험은 후각 과학의 패러다임을 근본적으로 뒤흔들었다. 냄새란 단지 "모양"의 문제가 아니라, "진동"과 "에너지"의 문제라는 새로운 관점이 현실적 증거를 얻은 것이다. 우리가 코로 맡는 향기는 분자의 구조적 그림이 아니라, 그 분자가 가진 양자 진동 스펙트럼이다. 즉, 우리는 냄새를 "맡는" 것이 아니라, 양자 상태의 미묘한 차이를 감지하고 있는 것이다. 흥미롭게도 이 발견은 생물학을 넘어 기술 혁신에도 영감을 주고 있다. 연구자들은 동위원소 감지 원리를 활용해, 초정밀 화학 센서나 폭발물 탐지기, 심지어 의료 진단용 '냄새 센서' 개발에까지 응용하려는 시도를 하고 있다. 생명체의 후각 시스템이 이미 수십억 년 전부터 수행해 온 이 놀라운 양자 감지는, 우리가 상상하는 것보다 훨씬 더 강력하고 정교한 기술인 것이다.

4. 코 안의 양자 기계 – 후각 수용체의 비밀

우리가 코로 맡는 냄새 뒤에는 믿기 어려울 만큼 정교한 분자 기계가 숨어 있다. 후각 수용체는 단순히 냄새 분자를 붙잡는 '자물쇠'가 아니다. 그것은 양자 세계에서 작동하는 정교한 감지 장치이며, 분자의 진동과 전자 이동, 미세한 에너지 차이까지 읽어내도록 진화한 생명체의 걸작이다.

1) 분자를 "붙잡는 것"에서 "읽어내는 것"으로

후각 수용체는 세포막을 일곱 번 관통하는 나선 구조를 지닌 G 단백질 연결 수용체(GPCR) 계열의 단백질이다. 인간의 코에는 약 400종 이상의 후각 수용체가 존재하며, 개나 설치류의 경우 그 수가 1,000종을 넘는다. 각각의 수용체는 서로 다른 화학적 특성을 가진 냄새 분자에 반응하고, 이 조합을 통해 우리는 수많은 냄새를 구별한다.

오랫동안 과학자들은 후각 수용체를 단순히 냄새 분자를 붙잡아 신호로 변환하는 분자적 '스위치'로 이해해 왔다. 그러나 최근에는 이 설명만으로는 해결되지 않는 여러 현상이 드러나면서, 후각 수용체가 보다 정교한 정보 처리 구조일 가능성이 제기되고 있다. 그중 하나가, 수용체 내부에서 전자 이동이 가능한 경로, 이른바 전자 도약 경로jump pathway가 존재할 수 있다는 가설이다.

이 관점에 따르면, 냄새 분자가 수용체에 결합할 때 단순한 결합 이상의 일이 벌어진다. 분자의 결합은 수용체 내부의 전기적 환경을 바꾸고, 그 결과 전자가 한 지점에서 다른 지점으로 터널링할 수 있는 조건이 형성될 수 있다. 여기서 핵심은 터널링이 일어나는지 여부 자체가 아니라, 그 확률이 얼마나 커지는가다.

전자 터널링의 확률은 냄새 분자가 가진 분자 진동 에너지와 깊은 관련이 있다. 만약 분자의 진동 에너지가 전자가 이동할 때 필요한 에너지 차이와 잘 맞아떨어질 경우, 일종의 공명 상태가 형성되어 터널링 확률이 크게 증가한다. 반대로 진동 특성이 맞지 않으면, 전자 이동은 억제되고 수용체는 활성화되지 않는다. 이런 방식으로 수용체는 단순히 "이 분자가 붙었는가"를 묻는 것이 아니라, "이 분자가 특정 에너지 조건을 만족하는가"를 판별하는 셈이다.

이 해석이 옳다면, 후각은 단순한 화학적 접촉 감각이 아니다. 그것은 전자와 분자 진동 사이에서 이루어지는 양자적 상호작용을 감지하는 과정에 가깝다. 우리는 냄새 분자의 모양만을 '맡는' 것이 아니라, 그 분자가 지닌 에너지적 특성을 읽어내고 있는지도 모른다. 후각 수용체는 이 관점에서, 화학 수용체이자 동시에 미세한 양자 감지 장치로 다시 해석된다.

2) 전자 이동을 돕는 정교한 구조적 설계

더 흥미로운 점은, 후각 수용체의 구조가 이러한 전자 이동과 진동 감지를 우연히 허용하는 수준을 넘어, 이를 효과적으로 뒷받침하도록 형성되어 있다는 점이다. 수용체 내부의 아미노산 배열은 전자가 이동할 수 있는 연속적인 경로를 만들며, 연구자들은 이를 비유적으로 '전자 다리 electron bridge'라고 부른다. 이 구조는 전자가 이동하는 과정에서 불필요한 산란을 줄이고, 전도성이 유지되도록 돕는 역할을 할 수 있다.

일부 후각 수용체에서는 전자를 내어주는 부위와 받아들이는 부위 사이의 거리가 매우 정밀하게 조절되어 있어, 특정 에너지 조건에서만 전자 터널링이 일어나도록 환경을 만든다. 또한 수용체 내부의 극성 분포와 전기적 미세 환경은, 분자의 진동 특성과 맞물릴 때 전자의 파동함수가 보다 안정적으로 유지되도록 기여할 수 있다. 이 관점에서 보면 수용체는 단순한 통로가 아니라, 전자 이동의 조건을 섬세하게 조율하는 구조적 장치에 가깝다.

물론 이러한 해석은 여전히 연구가 진행 중인 영역이지만, 중요한 점은 이러한 구조적 특성이 단순한 우연으로 설명되기 어렵다는 사실이다. 수억 년에 걸친 진화 과정에서, 냄새를 더 정밀하게 구별할 수 있는 생명체가 선택되었고, 그 결과 후각 수용체의 구조 역시 점점 더 민감하고 효율적인 방향으로 다듬어졌을 가능성이 크다. 이는 진화가 분자 수준에서조차 기능적 정밀도를 축적할 수 있음을 보여주는 한 사례다.

이 과정을 다른 각도에서 보면, 자연은 끊임없이 분자 단위의 실험을 반복해 온 거대한 실험실과도 같다. 돌연변이가 새로운 구조적 변이를 만들어내고, 환경은 그중 감각 능력을 개선하는 방향을 선택한다. 이러한 반복 속에서 후각 수용체는 점차 더 복잡하고 정교한 감지 장치로 발전해 왔다. 그 결과, 오늘날의 후각은 단순한 화학적 인식을 넘어, 전자 이동과 분자 진동이라는 미시적 현상을 감지할 수 있는 수준에 이르렀을지도 모른다.

3) 진화가 만든 "정보 처리기"

이러한 후각 수용체의 특성은 단순히 냄새를 구분하는 감각을 넘어선다. 이 관점에서 보면 후각은 단순한 화학 감지가 아니라, 미시적인 물리 정보를 종합적으로 해석하는 생체 정보 처리 시스템에 가깝다. 냄새 분자의 형태와 질량, 진동 특성, 전자구조와 같은 다양한 물리적 단서들이 수용체 수준에서 함께 평가되고, 그 결과가 신경 신호로 변환되어 뇌로 전달된다.

뇌는 이 신호들을 하나의 단순한 자극으로 처리하지 않는다. 그것은 수많은 입력을 조합해 고유한 '향기의 코드'를 만들어내고, 이 코드는 기억과 감정, 행동 반응과 긴밀하게 연결된다. 어떤 냄새가 특정한 장소나 사람,

8 | 후각의 비밀

감정을 즉각 떠올리게 하는 이유도 바로 여기에 있다. 후각은 감각 중에서도 유난히 기억과 감정에 깊이 연결된 통로다.

이 시스템의 정교함은 인간이 만든 어떤 인공 센서와 비교해도 놀랍다. 실험실에서 분자의 진동 스펙트럼을 측정하려면 대형 적외선 분광기나 값비싼 분석 상비가 필요하다. 하지만 자연은 이러한 기능을 수 마이크로미터 크기의 단백질 구조 하나로 구현해 냈다. 복잡한 장비 없이도, 생명체는 분자의 미세한 차이를 감지하고 의미 있는 정보로 바꿀 수 있다.

이렇게 보면 우리의 코 속에는 단순한 감각 기관이 아니라, 자연이 설계한 초소형 양자 분광기가 숨어 있는 셈이다. 후각은 냄새를 '맡는' 감각이 아니라, 물질이 지닌 미시적 특성을 읽어내고 그것을 삶의 경험으로 연결하는, 생명이 진화시킨 가장 정교한 감지 시스템 중 하나다.

4) 생명과 양자의 융합

후각 수용체의 구조와 작동 원리를 차분히 들여다보면, 한 가지 중요한 사실이 드러난다. 생명은 양자 법칙의 영향을 수동적으로 받는 존재가 아니라, 그 법칙을 적극적으로 활용하는 존재라는 점이다. 코 안에 자리한 후각 수용체는 그 대표적인 사례다. 그것은 우연히 만들어진 분자 장치가 아니라, 진화의 과정 속에서 다듬어진 하나의 양자적 기계이며, 미시 세계의 물리 법칙을 거시적인 생존 전략으로 끌어올린 자연의 성취다.

냄새를 맡는다는 행위는 우리가 흔히 생각하는 것보다 훨씬 복잡하다. 우리는 단순히 공기 중의 분자를 붙잡는 것이 아니다. 분자가 지닌 진동의 고유한 서명을 감지하고, 전자가 이동할 수 있는 조건을 평가하며, 그 결과로 형성되는 양자적 상태의 차이를 구별한다. 이 모든 과정은 분자 수준에서 일어나지만, 그 결과는 기억과 감정, 행동으로 이어진다.

이렇게 보면 우리의 코는 단순한 감각 기관을 넘어선다. 그것은 자연이 설계한 양자 정보 처리 장치이며, 생명이 물리 법칙을 이해하고 이용하는 방식을 가장 직관적으로 보여주는 예다. 후각은 생명이 어떻게 미시적 세계의 규칙을 삶의 경험으로 변환하는지를 보여주는, 작지만 결정적인 창이다.

5. 진화가 만든 양자 코 - 자연이 설계한 감지기

냄새를 맡는다는 행위는 겉보기에는 단순하다. 공기 중의 분자가 코 속 수용체에 닿아 신호를 보내고, 뇌가 그것을 해석한다. 하지만 그 단순함 뒤에는 수십억 년 동안 이어진 진화의 정교한 설계 과정이 숨어 있다. 우리 코가 단순한 화학 센서가 아닌, 양자 수준의 정보를 읽어내는 감지기로 진화했다는 사실은 생명과학에서 가장 놀라운 발견 중 하나다.

1) 진화는 "양자 조건"을 선택했다

후각 시스템의 역사는 지구 생명체의 진화 역사만큼이나 길다. 원시 생명체가 주변 환경의 화학 신호를 감지하기 위해 단순한 단백질을 만들어냈던 초기 단계에서부터, 냄새 분자의 구조와 진동, 에너지 특성을 정교하게 구분하는 복잡한 수용체 네트워크를 갖춘 오늘날의 포유류에 이르기까지, 후각은 끊임없이 자연선택의 시험대 위에 놓여 있었다.

중요한 점은 이 진화가 단순히 감지할 수 있는 냄새의 종류를 늘리는 방향으로만 진행된 것이 아니라는 사실이다. 후각의 진화는 무엇보다도 감지의 정밀도를 높이는 방향으로 이루어졌다. 초기의 후각 수용체는 특정 화학 구조를 대략적으로 구분하는 수준에 머물렀지만, 시간이 흐르면서 수용체의 구조는 점차 세련되어 갔다. 더 미묘한 분자 진동의 차이, 더

173

까다로운 전자 이동 조건, 더 섬세한 에너지 준위의 변화를 구별할 수 있도록 진화한 것이다.

이러한 변화는 결코 우연의 산물이 아니다. 냄새를 더 정밀하게 구분할수록 먹이를 더 효율적으로 찾을 수 있었고, 천적의 존재를 더 빨리 감지할 수 있었으며, 짝을 찾는 과정에서도 결정적인 이점을 가질 수 있었다. 감각의 정밀도는 곧 생존 확률과 직결되었다. 자연선택은 결국 미시적인 차이를 가장 잘 구별하는 수용체를 선호했고, 그 결과 후각 시스템은 점점 더 정교한 방향으로 다듬어졌다.

그 결과 오늘날 우리의 코는 단순히 분자의 '모양'을 인식하는 데 그치지 않는다. 그것은 전자의 터널링이 일어날 가능성, 분자가 지닌 진동 스펙트럼, 에너지 준위의 극히 작은 차이까지도 구별할 수 있는 수준에 이르렀다. 후각의 진화는 감각 기관의 진화이자, 생명이 양자적 조건을 점점 더 정밀하게 활용해 온 역사라고도 말할 수 있다.

2) 자연이 만든 "양자 엔지니어링"

놀라운 것은 이 모든 과정이 자연의 무작위적 돌연변이와 선택만으로 이루어졌다는 점이다. 인간은 초정밀 적외선 분광기나 전자 현미경을 이용해야 겨우 측정할 수 있는 정보를, 생명체는 눈에 보이지 않는 분자 단백질 하나로 읽어낸다. 예를 들어, 수용체 내부의 전자 이동 경로는 수백만 년에 걸쳐 점진적으로 변화해 왔다. 어떤 아미노산 서열의 변화는 전자 터널링 확률을 높였고, 어떤 변이는 특정 진동수에 대한 감도를 개선했다. 이런 작은 변화들이 누적되면서, 후각 수용체는 마치 자연이 만든 나노 규모의 양자 센서처럼 작동하게 된 것이다. 이것은 진화가 단순히 생물의 형태나 기능만을 조정한 것이 아니라, 양자역학적 조건 자체를 설계하고 최적화했다는 것을 의미한다. 생명체는 물리 법칙을 피할 수 없기 때문에 그 법칙에 '순응'해야 했고, 동시에 그 법칙을 활용하는 방향으로 자신을 재구성해 온 것이다.

3) 후각은 감각을 넘어선 정보 기술

이제 후각은 더 이상 단순한 감각에 머물지 않는다. 그것은 생명이 양자역학의 심층 구조를 활용해 정보를 처리하는 하나의 '자연적' 정보 기술 information technology에 가깝다. 우리의 코는 공기 중의 분자를 포착하고, 그 분자가 지닌 진동의 고유한 서명을 평가하며, 전자가 이동할 수 있는 조건과 확률을 반영해 이를 전기적 신호로 변환한다. 그리고 이 신호는 즉각적으로 뇌에 전달되어 인식과 행동으로 이어진다.

이 일련의 과정은 놀라울 정도로 빠르고 정확하며, 에너지 효율 또한 매우 높다. 인간이 만든 어떤 화학 센서와 비교해도, 후각 시스템은 복잡성·속도·민감도 측면에서 여전히 압도적인 성능을 보여준다. 이는 생명이 수억 년에 걸친 진화를 통해 미시적 물리 법칙을 정보 처리에 최적화된 방식으로 통합해 왔음을 시사한다.

이러한 통찰은 생명과학의 영역을 넘어 물리학과 공학에도 새로운 영감을 제공한다. 실제로 연구자들은 후각 수용체의 작동 원리를 모방해, 극미량의 물질을 감지할 수 있는 양자 센서, 분자의 특성을 즉각적으로 판별하는 분자 감지 칩, 그리고 신경 신호 처리 방식을 본뜬 전자코electronic nose 기술을 개발하려는 시도를 이어가고 있다. 이는 자연이 만들어낸 양자 감지 시스템의 원리를, 인공 기술로 재현하려는 첫걸음이다.

175

6. 냄새의 재정의 - 우리는 진동을 듣고 있다

우리는 평생을 살아가면서 냄새를 너무나 자연스럽게 받아들인다. 밥 짓는 냄새가 배고픔을 불러오고, 비 냄새가 계절의 변화를 알려주며, 낯선 냄새 하나가 잊고 있던 기억을 불러내기도 한다. 냄새는 언제나 주변에 있었지만, 우리는 그것을 깊이 생각해 본 적이 거의 없다. 그러나 이제 과학은 말한다. 그것은 우리가 세계를 이해하는 또 하나의 언어이며, 그 언어는 우리가 생각했던 것보다 훨씬 더 깊고 근원적인 수준에서 작동한다. 후각이 보여주는 가장 중요한 진실은 이것이다. 냄새는 '외부 자극에 대한 반응'이 아니라, 세계와 우리를 이어주는 정보의 다리라는 것이다. 냄새를 통해 우리는 눈에 보이지 않는 세계의 본질, 즉 분자의 움직임과 에너지의 흐름, 그리고 미세한 구조적 차이를 감지한다. 우리가 어떤 향을 맡을 때, 사실 우리의 몸은 외부 물질을 받아들이는 것이 아니라, 그 물질이 지닌 물리적 특성을 해석하고, 의미 있는 정보로 번역하는 과정을 수행하고 있는 것이다.

7. 결론

우리는 더 이상 세계를 우리와 분리된, 단순히 감각으로 받아들이는 외부로만 바라볼 수 없다. 냄새는 우리와 세계가 본질적으로 연결되어 있음을 보여주는 가장 직접적인 증거다. 어떤 향기를 인식하는 순간, 세계의 일부가 우리의 신경망 속으로 들어와 기억과 감정, 행동을 변화시킨다. 냄새는 우리를 둘러싼 자연이 내부로 스며들어 인간 경험의 일부가 되는 통로다.

이 관점은 '감각'의 의미 자체를 새롭게 정의한다. 감각은 더 이상 수동적으로 자극을 받아들이는 기능이 아니다. 그것은 세계를 읽고, 해석하며, 의미를 구성하는 지적 활동intellectual process이다. 후각은 냄새를 단순히 구분하는 데서 멈추지 않는다. 그것은 세계의 상태를 이해하고, 그 이해를 우리 내부의 언어로 번역한다. 이런 의미에서 인간의 코는 생명과 세계 사이에 놓인 번역기에 가깝다.

따라서 냄새를 재정의한다는 것은, 우리의 존재 방식을 다시 사유한다는 뜻과 맞닿아 있다. 우리는 냄새를 통해 세상의 미세한 변화를 읽고, 그것을 감정과 기억으로 전환하며, 삶의 과거와 미래를 잇는다. 냄새는 감각이 아니라 지식이며, 단순한 경험이나 즉각적인 반응이 아니라 해석된 감정이다. 그리고 그 감정은 언제나 우리가 살아가는 물리적 현실 ─ 파동과 진동, 에너지의 깊은 구조 ─ 과 긴밀하게 연결되어 있다.

양자가 바꾸는 생명의 이해

9

효소 반응 속도의 비밀

양자 터널링이 만든 생명의 속도

1. 생명의 시계를 움직이는 촉매

지구상의 모든 생명 현상은 본질적으로 화학 반응의 연속이다. 우리가 한 끼 식사를 소화하고, 세포 속에서 DNA가 정확히 복제되며, 근육이 수축하고 뇌가 신호를 주고받는 일까지 이 모든 과정은 결국 원자와 분자가 만나 결합하고 끊어지는 화학 반응의 결과다. 하지만 놀라운 사실이 있다. 이러한 반응들은 자연 상태에서는 상상도 할 수 없을 만큼 느리다는 것이다. 예를 들어, 우리 몸에서 흔히 일어나는 어떤 반응은 효소가 전혀 없을 경우 수천 년, 심지어 수백만 년이 걸릴 수도 있다. 다시 말해, 우리가 살아 있는 동안 단 한 번도 일어나지 않을 반응이 생명체 안에서는 매 순간, 초당 수천 번, 수백만 번씩 일어나고 있는 것이다. 이 불가능을 가능으로 만드는 주역이 바로 효소enzyme다. 효소는 생명체가 사용하는 특수한 촉매로, 특정 화학 반응을 정확히 선택해 그 속도를 수십만 배 이상 빠르

181

게 만든다. 효소가 없다면 소화도, 에너지 생산도, DNA 복제도 불가능했을 것이다. 말 그대로 효소는 "생명의 시계를 돌리는 톱니바퀴"다. 그렇다면 효소는 어떻게 이런 놀라운 일을 해낼 수 있을까? 교과서적인 답변은 이렇다. 효소는 반응이 일어나기 위해 필요한 에너지 장벽(활성화 에너지)을 낮추거나, 분자들이 결합하기 쉬운 위치와 방향으로 배열해 준다. 이 설명도 맞다. 하지만 과학자들이 세포 속 반응을 자세히 들여다보면서 깨달은 것은, 이 정도 설명만으로는 그 어마어마한 속도 차이를 설명하기 어렵다는 사실이다. 예를 들어, 어떤 효소 반응에서는 이론상 가능한 속도보다 수천 배나 더 빠른 속도가 측정되기도 한다. 단순히 경로를 줄이거나 분자를 잡아주는 것만으로는 이 현상을 설명할 수 없다. 마치 언덕을 내려가는 공이 중력보다 더 빠르게 가속하는 것과 같다. 이 미스터리는 오랫동안 풀리지 않은 생화학의 수수께끼였다. 그러던 중 과학자들은 전혀 다른 영역, 즉 양자역학에서 실마리를 찾기 시작했다. 분자 수준에서 일어나는 반응을 원자 단위로 분석해 보니, 반응 속도를 결정짓는 핵심 과정에서 양자 터널링이라는 현상이 작동하고 있었던 것이다. 터널링이란, 입자가 고전적으로는 넘을 수 없는 에너지 장벽을 확률적으로 "뚫고" 지나가는 양자적 현상이다. 효소 반응에서 수소 이온이나 전자가 이 터널링을 통해 반응 부위로 "점프"하는 순간, 반응 속도는 고전적인 계산을 훨씬 뛰어넘는다. 즉, 효소는 단순한 화학 촉매가 아니라, 양자 현상을 적극적으로 활용하는 '양자 촉매'였던 셈이다. 이렇게 보면, 생명 현상의 비밀은 단순히 효소의 화학적 능력 때문이 아니라, 자연이 수십억 년 동안 양자 세계의 법칙을 이용하도록 효소를 진화시켜 온 결과다. 효소는 원자와 전자의 움직임을 조율하고, 에너지 장벽을 터널링이 일어나기 좋은 조건으로 조성하며, 반응 경로를 양자적으로 "단축"한다. 덕분에 생명은 분자 수준에서 시간의 흐름을 압축하고, 느린 우주의 화학을 살아 있는 속도로 재구성한다. 결국

제3부 | 양자가 바꾸는 생명의 이해

효소는 단순히 반응을 빠르게 만드는 촉매가 아니다. 그것은 생명의 시계를 작동시키는 양자적 엔진이며, 우리가 살아 있을 수 있는 이유 자체다. 효소는 단순한 화학 반응기가 아니라, 나노 스케일에서 양자 효과를 제어하는 분자 기계이다.

2. 터널링 - 생명을 가속하는 양자의 문

우리가 흔히 생각하는 화학 반응은, 입자가 충분한 에너지를 얻어야만 반응 장벽을 '넘어서는' 과정이다. 마치 언덕을 넘기 위해서는 일정한 속도를 내야 하는 것처럼, 고전 물리학의 세계에서는 에너지가 부족하면 반응은 일어나지 않는다. 하지만 원자와 전자의 세계는 이 직관을 종종 거스른다. 양자역학적 터널링이라는 현상 때문이다. 터널링은 입자가 고전적으로는 넘을 수 없는 에너지 장벽을 확률적으로 '뚫고' 지나가는 현상이다. 입자는 단순한 점이 아니라 파동으로도 존재하며, 이 파동의 일부는 장벽 너머까지 스며든다. 그 결과, 입자는 충분한 에너지가 없어도 반대편에서 "불쑥" 나타날 수 있다. 이때 반응은 기존의 예상보다 훨씬 빠르게 일어나며, 활성화 에너지라는 장벽은 사실상 의미를 잃는다. 생명체 안에서 이 터널링은 특히 수소 이온, 전자, 양성자 같은 가벼운 입자에서 자주 관찰된다. 예를 들어 어떤 반응 부위에서 수소가 옮겨가야 하는 상황이라면, 열에너지로 장벽을 뛰어넘는 대신 파동의 꼬리를 이용해 직접 장벽을 통과한다. 이런 과정은 반응 경로를 완전히 새롭게 바꾸거나, 속도를 극적으로 단축시킨다. 흥미로운 점은, 효소가 이 터널링을 '유도'하거나 '조율'한다는 사실이다. 단백질의 입체 구조와 전기장은 반응 부위의 환경을 정밀하게 조절하여, 장벽을 얇고 투명하게 만든다. 이는 입자가 터널링을 통해 이동할 확률을 극대화하고, 특정 순간에 정확히 반응이 일어나도록 한다. 말하자면 효소는 단순히 반응을 도와주는 존재가 아니라, 양자의 문을 여는 설계자인 셈이다. 터널링의 효과는 속도를 높이는 데 그치지 않는다. 어떤 경우에는 반응의 결과 자체를 바꾸거나, 이전에는 일어나지 않았던 새로운 경로를 개척하기도 한다. 즉, 터널링은 단순한 촉매 작용을 넘어, 생명 반응의 다양성과 복잡성을 만들어내는 데 핵심적인 역할을 한다. 이 미시적 현상의 의미는 실로 거대하다. 터널링 덕분에 생명은 에너지 장벽이라는 물리적 한계를 넘어 시간의 흐름을 다시 쓴다. 화학 반응의 '속도'는 더 이상 열에너지나 확률 충돌만으로 결정되지 않는다. 대신, 입자의 파동성과 확률적 성질이 반응의 본질을 지배한다. 생명은 이 보이지 않는 문을 통해 느린 자연의 리듬을 자신의 속도로 재구성한 것이다.

3. 터널링의 증거 – 실험실에서 본 생명의 속도

양자 터널링이라는 개념이 처음 제안되었을 때, 많은 생화학자들은 회의적이었다. "생명체 안에서 그런 물리학적 현상이 일어난다고?"라는 반응이 대부분이었다. 생명은 물리학보다 훨씬 복잡하고, 무질서하며, 뜨겁고, 끊임없이 변하는 환경 속에서 작동한다. 이런 조건에서 정교한 양자 효과가 유지되기 어렵다는 것이 일반적인 생각이었다. 그러나 지난 수십 년간 축적된 실험적 증거는 이러한 의심을 서서히 무너뜨렸다. 이제 터널링은 더 이상 이론 속 가설이 아니라, 실험실에서 직접 관찰되고 검증된 생명의 전략으로 자리 잡고 있다.

1) 수소 동위원소 효과 - 보이지 않는 입자의 점프

터널링의 존재를 처음 암시한 단서는 바로 동위원소 실험이었다.[*] 수소 원자는 질량이 매우 작기 때문에 터널링이 일어나기 쉬운 입자다. 과학자들은 같은 반응에서 수소 대신 질량이 두 배인 중수소(^2H)를 사용해 반응 속도를 비교했다. 결과는 놀라웠다. 단순히 질량이 두 배일 뿐인데 반응 속도가 예상보다 훨씬 더 급격히 느려진 것이다. 고전적인 이론이라면 속도 차이는 1.4~1.5배 정도여야 하지만, 실제 실험에서는 10배 이상 느려지는 사례가 보고되었다. 이는 질량이 증가하면서 터널링 확률이 급감했기 때문으로, 반응이 단순한 열운동이 아닌 양자 확률적 과정에 의해 진행된다는 강력한 증거였다.

2) 온도 의존성의 붕괴 - 고전 법칙의 예외

화학 반응 속도는 일반적으로 온도가 높아질수록 빨라진다. 이는 더 많은 입자가 장벽을 넘을 만큼의 에너지를 얻기 때문이다. 그러나 터널링이 주요 역할을 하는 반응에서는 이 법칙이 깨진다. 효소 반응 속도를 온도별로 측정한 연구에서, 특정 온도 이하로 내려가면 속도가 거의 변하지 않거나 아주 약하게만 변화하는 현상이 관찰되었다. 이는 입자가 열에너지를 통해 장벽을 "넘는" 대신, 온도와 무관하게 확률적으로 "뚫고" 지나가고 있음을 뜻한다. 즉, 반응 속도가 열운동의 함수가 아니라 파동함수의 확률적 꼬리에 의해 결정된 것이다.

---

[*] 동위원소 효과(Kinetic Isotope Effect, KIE)는 화학 반응에서 수소(H)를 중수소(D)로 치환하여 반응 속도를 연구하는 방법이다.

3) 양자 터널링 서명 – 실시간 측정

최근에는 초고속 분광학과 양자 수준의 반응 추적 기술 덕분에 터널링의 흔적을 실시간으로 관찰하는 것도 가능해졌다. 펨토초(10^{-15}초) 단위의 레이저 펄스를 사용하면, 효소의 활성 부위에서 입자가 장벽을 통과하는 과도기적 상태를 포착할 수 있다. 예를 들어 알코올 탈수소효소나 아민 산화효소 같은 반응에서는, 전자가 예상 경로를 따르지 않고 공간적으로 "짧은 거리"를 순간적으로 이동하는 패턴이 포착되었다. 이러한 이동은 고전적인 확산 모델로 설명되지 않으며, 터널링의 확률적 특성과 일치한다.

4) 진화의 흔적 – 터널링을 위한 분자 디자인

더 흥미로운 사실은 자연이 이미 터널링을 '활용하기 좋은 구조'를 선택해 왔다는 것이다. 효소의 활성 부위는 입자의 파동함수가 최대한 겹치도록 정렬되어 있고, 주변의 수소 결합망은 전자 밀도를 조절해 장벽을 얇게 만든다. 어떤 효소는 심지어 터널링에 최적화된 진동 모드를 갖추고 있어, 반응 직전에 분자를 미세하게 진동시켜 확률을 높인다. 이는 터널링이 단순히 우연히 일어나는 부수 효과가 아니라, 생명체가 진화적으로 선택한 전략임을 의미한다. 다시 말해, 자연은 이미 수십억 년 전부터 "양자의 문"을 열어 생명의 속도를 극대화하고 있었던 것이다.

5) 터널링, 과학의 경계를 넘어

오늘날 터널링은 더 이상 이론적 장식이 아니다. 동위원소 효과, 온도 의존성 붕괴, 초고속 분광 실험, 효소 구조 분석까지 다양한 독립적인 증거가 하나의 결론을 가리킨다. 생명은 양자 터널링을 통해 시간의 한계를 뛰어넘는다. 이제 과학자들은 단순히 "효소가 반응을 빠르게 만든다"는 교과서적 설명에서 한 걸음 더 나아가, "효소가 양자의 확률을 조작한다"

는 관점으로 생명 반응을 이해하기 시작했다. 이는 생화학이 물리학과 다시 만나고, 생명과 양자가 한 무대에서 연결되는 지점이다.

결국 생명의 속도란 단순히 화학의 속도가 아니다. 그것은 확률의 파동이 현실로 스며드는 속도, 즉 양자 세계가 우리 몸속에서 맥박 치는 리듬이다.

4. 생명 속도의 재정의 - 시간의 구조를 바꾸는 존재

우리는 오랫동안 시간이라는 개념을 고정된 흐름으로 받아들여 왔다. 시계의 초침처럼 일정하게 흘러가는 것, 결코 바꿀 수 없는 자연의 법칙처럼 여겨졌다. 그러나 미시 세계에서 일어나는 양자 현상은 이 단순한 상식을 뒤흔든다. 시간은 절대적인 것이 아니라, 조율될 수 있는 것이라는 사실을 보여주기 때문이다. 양자 터널링이 그 대표적인 사례다. 입자는 장벽을 '뛰어넘는' 대신 '뚫고' 지나가며, 우리가 예상한 시간보다 훨씬 빠르게 반응을 일으킨다. 더 놀라운 것은 생명체가 이 현상을 단순히 '경험하는' 수준을 넘어, 적극적으로 설계하고 조율한다는 점이다. 효소의 구조, 전자 밀도, 결합 환경은 모두 입자의 파동이 흐르는 경로를 바꾸고, 터널링이 일어날 타이밍을 조절한다. 이는 곧 생명체가 시간의 흐름을 재구성하고 있다는 뜻이다. 이 시점에서 우리는 "속도가 빠르다"는 말의 의미를 다시 생각해야 한다. 속도가 빠르다는 것은 단순히 에너지를 더 쓰거나, 단계를 줄인다는 뜻이 아니다. 생명은 에너지의 법칙을 '우회'하고, 확률의 법칙을 '활용'하며, 공간과 시간을 다른 방식으로 사용하는 존재다. 만약 터널링이 없었다면, 생명체의 대사 반응은 지금보다 수십만 배 느렸을 것이고, 복잡한 생명 현상은 아예 존재하지 않았을지도 모른다. 우리의 심

187

장이 뛰는 속도와 뇌가 작동하는 속도, 진화가 전개되는 속도까지 그 모든 것은 터널링이 만들어낸 새로운 '시간 스케일' 위에서 이루어지고 있다. 더 나아가, 터널링은 생명에 새로운 가능성까지 부여한다. 그것은 단순히 현재를 빠르게 만드는 힘이 아니라, 미래의 잠재성을 여는 열쇠다. 에너지 장벽 너머의 '가능성 공간'을 현실로 끌어오는 힘, 즉 아직 일어나지 않은 것을 가능하게 만드는 능력이다. 생명은 바로 그 능력을 통해 자신을 진화시키고, 변화시키며, 복잡성을 확장해 왔다. 결국 생명의 본질은 속도가 아니다. 그것은 시간 자체를 다루는 능력이다. 양자 터널링은 생명이 어떻게 에너지의 한계를 넘어서는지를 보여주는 동시에, 우리가 "살아 있다"는 것이 무엇을 의미하는지 다시 묻는다.

5. 결론

생명이란, 단순히 물질이 반응하는 과정이 아니다. 그것은 자연의 법칙 속에서 새로운 질서를 찾아내고, 그 질서를 이용해 시간과 공간을 재설계하는 과정이다. 그리고 그 놀라운 설계의 중심에는 보이지 않는 작은 문, 즉 양자의 문이 열려 있다.

10

뇌의 양자 가능성

의식·기억·인지에서 양자의 흔적

1. 가장 복잡한 생명 현상, 의식

인간의 뇌는 우리가 아는 어떤 생명체의 기관보다도 복잡하다. 약 860억 개의 뉴런이 얽히고설켜 거대한 정보망을 이루고 있으며, 각각의 뉴런은 수천 개의 시냅스를 통해 서로 신호를 주고받는다. 이 전기적·화학적 신호의 교향곡은 단순한 생리적 반응을 넘어, 생각과 감정, 기억, 학습, 창의성, 그리고 그 무엇보다도 신비로운 현상인 '의식Consciousness'을 만들어낸다. 그러나 과학은 아직 이 의식의 본질을 설명하는 데 성공하지 못했다. 우리는 신경세포가 전기 신호를 주고받는 메커니즘을 알고 있고, 신경전달물질이 어떻게 시냅스를 통해 이동하는지도 이해하고 있다. 하지만 이 모든 것을 합쳐도 여전히 해결되지 않는 근본적인 질문이 남는다. "왜 뉴런의 전기 신호가 '나는 존재한다'라는 자각으로 이어지는가?" "기억과 상상은 어떻게 물리적 신호를 넘어 '경험'으로 변하는가?" 이것이 바로 현대 신경과학이 직면한 가장 큰 미스터리다. 수많은 뇌 영상 기술과 신경망 모델이 발전했지만, 물리적 과정에서 '주관적 경험'이 어떻게 등장하는지는 여전히 설명할 수 없다. 마치 전기회로를 아무리 정밀하게 분석해도, 그 회로가 '사랑'이나 '두려움'을 느끼는 이유를 이해할 수 없는 것과 같다. 이 난제를 풀기 위한 새로운 가능성이 최근 제시되고 있다. 그것은 뇌를 단순한 전기화학 반응의 집합체가 아니라, 양자역학적 프로세스를 활용하는 정보 처리 장치로 보는 관점이다. 이 가설은 다음과 같은 생각에서 출발한다. 양자 세계에서 입자는 동시에 여러 상태로 존재할 수 있고(중첩), 서로 멀리 떨어져 있어도 연결되어 있을 수 있으며(얽힘), 확률적으로 미래를 선택할 수 있다(터널링과 붕괴). 이러한 성질들은 지금까지 물리학에서만 다루던 개념이었지만, 만약 뇌가 이 특성을 활용한다면 어떤 일이 벌어질까? 정보는 선형적인 경로를 따라 전달되는 것이 아니라, 중첩 상태에서 병렬적으로 처리될 수 있고, 멀리 떨어진 신경망이 얽힌 상태에서 즉각적으로 연결될 수도 있다. 나아가 어떤 정보는 확률적 선택을 통해 비결정론적으로 처리될 수 있다. 이는 우리가 직관적으로 느끼는 사고의 "유연함", "창발성", "창의성"과 깊이 맞닿아 있다. 물론 오늘날까지 '의식이 양자역학에 의해 생성된다'는 주장은 실험적으로 입증된 이론은 아니다. 다수의 신경과학자들은 고전적 신경 회로의 집합적 동역학만으로도 충분히 복잡한 인지 현상이 설명될 수 있다고 본다. 그럼에도 불구하고, 실제로 일부 연구자들은 의식이 고전적 정보 처리만으로는 설명할 수 없는 복잡성과 비예측성을 보인다고 주장한다. 뇌는 단순한 계산 기계가 아니라, 양자역학의 규칙을 활용해 "새로운 정보 공간"을 탐색하는 존재일 수 있다는 것이다. 즉, 우리의 사고와 감정, 자아와 기억은 뉴런의 전기 신호에서 비롯되지만, 그 깊은 차원에서는 양자의 언어로 쓰여 있을지도 모른다. 이러한 관점은 의식 연구를 단순한 신경과학에서 물리학·정보 이론·철학이 만나는 융합 학문으로 확장시킨다. 의식이 단지 뉴런의 산물이 아니라면, 그것은 뇌라는 물질적 구조를 통해 드러나는 자연의 보다 근본적인 성질일지도 모른다. 어쩌면 우리는 머릿속에서 우주의 법칙이 어떻게 경험으로 전환되는지를 가장 집약적으로 보여주는 실험을 매 순간 수행하고 있는 셈인지도 모른다. 뇌는 단순한 물질의 집합이 아니라, 우주가 스스로를 인식하는 하나의 창일지도 모른다.

2. 시냅스 너머의 세계 – 뇌 속 양자의 단서

과학자들은 오랫동안 뇌를 거대한 전기회로에 비유해 이해해 왔다. 뉴런은 전기 신호를 전달하고, 시냅스는 화학 물질을 주고받으며 정보가 이동한다. 이 고전적 모델만으로도 감각과 운동, 학습과 기억과 같은 뇌의 기본 기능은 상당 부분 설명할 수 있다.

그러나 '의식'이라는 가장 근본적인 현상, 그리고 창의성·직관·통합적 사고와 같은 고차원적 기능을 이해하기에는 이 설명이 여전히 충분하지 않다는 느낌이 남는다. 그래서 일부 연구자들은 질문을 던지기 시작했다. "혹시 뉴런과 시냅스의 상호작용 너머, 우리가 아직 제대로 들여다보지 못한 더 미시적인 차원에서 정보 처리가 일어나고 있는 것은 아닐까"

그 단서들은 생각보다 멀리 있지 않은 곳에서, 조심스럽게 모습을 드러내기 시작하고 있다.

1) 미세소관 – 뇌세포 속의 양자 회로?

뉴런 내부에는 '미세소관'이라 불리는 가느다란 관 모양의 구조가 촘촘히 분포해 있다. 미세소관은 세포의 형태를 지탱하는 골격일 뿐 아니라,

세포 내 물질 수송과 구조 유지, 신호 전달에도 중요한 역할을 한다.

일부 과학자들은 이 미세소관이 단순한 구조물을 넘어, 뇌의 정보 처리 과정에 보다 근본적인 방식으로 관여할 가능성을 제기해 왔다. 스튜어트 해머로프Stuart Hameroff와 로저 펜로즈Roger Penrose가 제안한 이른바 '양자 의식 가설Orch-OR'은, 미세소관 내부에서 전자나 원사 수준의 양자 중첩이 잠시 유지되며, 이러한 미시적 양자 과정이 뉴런의 발화 패턴과 결합해 고전적 신경망 모델만으로는 설명하기 어려운 비결정성과 창발적 의식에 기여할 수 있다는 주장이다.

이 가설은 현재까지 실험적 검증이 충분하지 않아 많은 비판과 논쟁의 대상이 되고 있다. 특히 뇌와 같은 따뜻하고 소음이 많은 생체 환경에서 양자 결맞음quantum coherence이 의미 있는 시간 동안 유지되기 어렵다는 점이 주요한 반론으로 제기되어 왔다.

그럼에도 불구하고, 최근의 물리·생물학 연구들은 생체 환경에서도 양자적 결맞음이나 파동적 에너지 전달이 예상보다 오래 유지될 수 있음을 일부 사례에서 보여주고 있다. 예컨대 광합성 단백질 복합체나 조류의 시각 단백질에서는 펨토초에서 피코초 규모의 양자적 상관관계가 관측된 바 있다. 이러한 발견은, 뇌에서도 특정 조건하에 미시적 양자 효과가 의미를 가질 가능성에 대한 탐구를 완전히 배제할 수는 없다는 점을 시사한다.

다만 이것이 곧바로 '의식이 양자 현상으로 설명된다'는 결론을 의미하지는 않는다. 현재로서는 양자 의식 가설은 검증을 기다리는 도전적 가설이며, 의식 연구의 경계를 넓히는 하나의 사유 실험에 가까운 위치에 있다.

2) 뉴런의 발화 패턴을 넘어서는 비고전적 신호

전통적인 신경과학 모델은 뉴런의 활동을 전기적 '스파이크' 신호의 패턴으로 설명해 왔다. 이 틀만으로도 감각 처리와 운동 제어, 기본적인 학습 현상은 상당 부분 설명할 수 있다. 그러나 최근 연구들은, 동일한 자극이 상황에 따라 전혀 다른 반응을 유도하거나, 서로 다른 입력이 놀랍도록 비슷한 출력으로 수렴하는 등, 단순한 입력-출력 관계로는 설명하기 어려운 비선형적·맥락 의존적 현상이 뇌 전반에 걸쳐 나타난다는 사실을 보여주고 있다.

이러한 현상은 '양자적 불확정성indeterminancy'의 조심스러운 가능성과 함께 뇌가 본질적으로 확률적이고 동역학적인 시스템임을 시사한다. 하지만 현재로서는 신경망의 비선형 상호작용, 잡음, 내부 상태의 변동성만으로도 이러한 변이를 설명할 수 있다는 해석이 주류를 이룬다. 다만 일부 연구자들은, 이러한 비결정성과 변동성이 양자적 물리 과정의 영향을 받을 가능성까지 열어두고 탐구하고 있다.

한편, 뇌에서 생성되는 전자기장 패턴이 단순히 뉴런 활동의 부산물이 아니라, 주변 뉴런의 발화 임계값에 영향을 주며 네트워크 수준의 동기화와 정보 흐름에 기여할 수 있다는 연구들도 제시되고 있다. 이는 뇌가 개별 뉴런의 스파이크 신호뿐 아니라, 집단적 전기장이라는 연속적인 물리장을 통해서도 상호 작용하는 복합 시스템임을 보여준다.

다만 이러한 전자기장 효과를 곧바로 '양자 상태의 집합적 효과'로 해석하는 데에는 여전히 큰 이론적·실험적 간극이 존재한다. 현재까지의 증거는 뇌의 전자기장이 주로 고전적 전기역학의 범주 안에서 이해될 수 있음을 시사하며, 양자적 설명이 실제로 필요할지 여부는 앞으로의 연구가 답해야 할 문제로 남아 있다.

3) 뇌의 온도, 노이즈, 그리고 "양자적 최적점"

과거에는 "양자 현상은 극저온과 같이 매우 제한적 환경에서만 안정적으로 유지된다"는 인식이 지배적이었다. 실제로 실험실에서 양자 중첩이나 결맞음coherence을 유지하려면 극저온·고진공·차폐된 환경이 필요한 경우가 많다. 그런데 생명체는 섭씨 37°C에 이르는 따뜻하고 끊임없이 요동치는 환경 속에서도 놀라운 정밀성과 효율성을 유지한다.

최근 물리·생물물리학에서는 이러한 '노이즈 속 질서'를 설명하기 위해, 완전한 양자 결맞음은 아니지만 일정 수준의 상관관계가 기능적으로 유지되는 상태를 개념적으로 '준결맞음quasi-coherence'과 같은 표현으로 논의하기도 한다. 이는 환경의 진동과 열적 요동이 오히려 특정 에너지 전달이나 반응 경로를 돕는 역할을 할 수 있다는 관점과도 연결된다.

이러한 발견은, 생체 분자 환경이 양자적 효과를 완전히 억누르기만 하는 '적대적 배경'이 아니라, 경우에 따라서는 특정 미시적 과정에 유리한 조건을 만들어줄 수 있음을 시사한다. 다만 이것이 곧바로 뇌가 양자 효과를 적극적으로 '활용하도록 설계되어 있다'는 결론으로 이어지지는 않는다. 미세소관의 배열, 수분 분자의 동역학, 세포 내 전기장 패턴 등이 미시적 물리 과정에 어떤 영향을 미치는지는 아직 초기 연구 단계에 있으며, 구체적인 실험적 증거는 제한적이다.

그럼에도 불구하고, 생명체의 분자 환경이 단순한 '잡음'이 아니라 기능적으로 조직된 물리적 배경일 수 있다는 인식은, 뇌를 포함한 생명 시스템을 이해하는 데 새로운 질문을 던져준다. 뇌가 양자 효과를 '견디는' 존재인지, 아니면 특정 조건에서 그 효과를 '부분적으로 활용'할 수 있는 구조를 진화적으로 갖추었는지는 앞으로의 실험이 답해야 할 흥미로운 열린 문제다.

4) 뇌, 우주, 그리고 정보

이러한 여러 단서들은 하나의 흥미로운 가능성을 향한다. 우리의 뇌는 단순히 신호를 전달하는 회로망을 넘어, 정보를 물리적 수준에서 다층적으로 처리하는 복합적 시스템일 수 있다. 뉴런은 감각기를 통해 외부 세계의 신호를 받아들이는 '게이트'이고, 미세소관 같은 세포의 미시적 구조들은 그 신호가 세포 내부에서 어떻게 변환·통합되는지를 결정하는 배경 조건을 제공할 수 있다. 전자기장과 파동적 상호작용은 이 모든 과정을 연결하는 물리적 매개로 작동할 가능성도 제기되고 있다.

그렇다면 의식은 무엇일까? 현재의 과학으로는, 의식이 신경망의 집합적 활동에서 발생한다는 설명이 가장 설득력 있는 틀이다. 다만 이 설명이 의식의 모든 측면 ─ 특히 주관적 경험의 질감 ─ 을 완전히 포착하고 있는지는 여전히 열린 문제다.

만약 의식이 뇌라는 물질적 구조 안에서 자연법칙이 정보로 조직되고, 그 정보가 '경험'이라는 형태로 드러나는 과정이라면, 우리는 의식을 뇌에 갇힌 현상이 아니라 자연의 보편적 원리가 특정 조건에서 나타난 표현으로 바라볼 수도 있을 것이다. 이 관점은 과학적 검증을 기다리는 가설의 영역에 속하지만, 의식을 둘러싼 논의를 신경과학의 테두리를 넘어 물리학과 철학으로 확장시키는 사유의 실마리를 제공한다.

3. 펜로즈와 해머로프의 '양자 의식 가설' 이론

양자역학과 의식을 연결하려는 여러 시도 가운데, 가장 과감하고 논쟁적인 이론으로 꼽히는 것이 '양자 의식 가설Orchestrated Objective Reduction, Orch-OR'이다. 이 이론은 의식을 단순한 신경 활동의 부산물이 아니라, 파동함수의 붕괴라는 물리적 사건과 직접 연결된 현상으로 해석한다는 점에서 기존 신경과학의 관점과 뚜렷하게 구별된다. 이 가설에 따르면, '붕괴'

의 순간 자체가 하나의 '경험'에 해당한다.

양자역학에서 입자는 여러 가능성이 동시에 존재하는 중첩 상태에 있다가, 관측, 즉 환경 상호작용을 통해 하나의 상태로 수렴한다. 로저 펜로즈는 이 과정이 관측자의 개입 때문이 아니라, 자연 그 자체의 물리적 조건 — 특히 시공간 구조와 중력에 따른 불안정성 — 에 의해 객관적으로 일어난다고 보았다. 그의 '객관적 붕괴Objective Reduction' 이론에 따르면, 파동함수는 일정한 임계 조건에 도달하면 자연스럽게 하나의 현실로 수렴한다.

스튜어트 해머로프는 여기에 생물학적 요소를 결합했다. 그는 뇌 속의 특정 미시적 구조에서 이러한 붕괴 사건이 시간적으로 조율되어 반복적으로 일어나며, 그 각각의 순간이 하나의 의식 경험을 구성한다고 제안했다. 이 관점에서 보면, 생각과 감정, 자아의식은 뉴런의 전기적 활성의 단순한 부산물이라기보다, 자연법칙이 '수많은 가능성 중 하나의 현실을 선택하는 과정'이 생명체 내부에서 구현된 현상으로 해석된다.

이 이론에 따르면 의식은 연속적인 '붕괴의 흐름'이다. 우리의 인지와 판단은 끊임없이 이어지는 미시적 선택들의 연쇄로 구성되며, 우리는 매 순간 우주가 선택한 결과를 '의식'이라는 형태로 경험하고 있는 셈이 된다.

물론 양자 의식 가설은 현재까지 실험적으로 검증된 이론은 아니며, 물리학과 신경과학 양쪽에서 많은 비판을 받고 있다. 특히 뇌와 같은 따뜻하고 소음이 많은 환경에서 이러한 양자적 과정이 의미 있는 방식으로 유지될 수 있는지에 대해서는 여전히 큰 의문이 제기된다. 그럼에도 이 이론은 의식을 순수한 신경 회로의 산물로만 보던 관점에 도전하며, '의식이 물리적 현실의 근본적 성질과 어떤 식으로 연결될 수 있는가'라는 보다 근원적인 질문을 과학의 전면으로 끌어올렸다는 점에서 하나의 사유 실험으로서 중요한 의미를 지닌다.

1) 현실 선택과 자아 – 철학적 전환

Orch-OR 이론이 던지는 가장 급진적인 메시지는, 의식을 '현실이 선택되는 순간'과 연결해 해석한다는 점이다. 우리가 "무엇을 본다"거나 "무엇을 느낀다"고 말하는 경험은, 이 관점에서는 단순한 감각 정보의 처리 결과가 아니라, 우주의 확률 구조 속에서 여러 가능성 중 하나가 물리적 현실로 수렴하는 사건과 겹쳐진다. 더 나아가 이 선택 과정이 생명체 내부에서 조직될 때, 우리는 그것을 '자아'라는 경험으로 인식하게 된다는 해석이 제시된다.

이러한 관점에서 자아는 고립된 개인의 속성이라기보다, 자연의 근본적 물리 과정이 특정 생물학적 구조 안에서 드러나는 방식으로 이해될 수 있다. 이는 과학적 결론이라기보다는, Orch-OR 이론이 제안하는 하나의 철학적 해석에 가깝다.

2) 비판과 의미 – '의식'의 물리학을 향하여

이 이론은 아직 실험적으로 검증되지 않았으며, 많은 물리학자와 신경과학자들로부터 "물리학적 가설로서의 근거가 부족하다"거나 "철학적 비유가 과학적 주장과 혼재되어 있다"는 비판을 받고 있다. 그럼에도 Orch-OR 이론이 던진 문제 제기 자체는 의미가 크다.

이 가설은 의식을 단순히 신경세포의 집합적 활동이라는 생명과학의 문제로만 다루는 데서 벗어나, 물리학의 가장 근본적인 질문 — 자연은 어떻게 가능성의 집합에서 하나의 현실을 만들어내는가 — 과 연결시키려는 시도를 전면에 내세웠다. 만약 이 관점이 어떤 형태로든 타당성을 얻는다면, 의식은 생물학의 부산물이 아니라, 공간·시간·중력·정보와 같은 우주의 기본 법칙과 얽힌 현상으로 재해석될 수 있을 것이다.

비록 Orch-OR이 정답일 가능성은 아직 열려 있는 문제지만, 이 이론은 의식 연구를 신경과학의 울타리 안에만 가두지 않고, 자연의 근본 법칙을 묻는 보다 넓은 사유의 장으로 확장시켰다는 점에서 중요한 이정표로 남아 있다.

4. 양자 결맞음 – 뇌 속에서 가능한가?

양자 뇌 이론을 둘러싼 가장 흔한 비판은 늘 이 질문에서 시작된다. "따뜻하고, 습하며, 끊임없는 열적 요동으로 시끄러운 환경에서 양자 상태가 유지될 수 있겠는가?" 실제로 양자 결맞음coherence은 극도로 민감한 상태다. 외부의 열 진동, 분자의 충돌, 심지어 단 한 개의 광자나 전자와의 상호작용만으로도 쉽게 붕괴될 수 있다. 그래서 대부분의 실험실에서는 양자 현상을 안정적으로 관찰하기 위해 절대영도에 가까운 극저온, 진공 상태, 외부 간섭이 차단된 조건을 만들어야 한다. 반면 인간의 뇌는 37°C의 따뜻한 온도, 끊임없이 진동하는 세포 환경, 물과 이온이 넘쳐나는 액체 상태에서 작동한다. 언뜻 보면 양자 상태가 유지되기엔 최악의 조건처럼 보인다. 그럼에도 최근의 생물물리학 연구들은, 일부 생명 시스템이 이러한 '불리한 환경' 속에서도 미시적 양자 효과를 기능적으로 활용할 수 있음을 시사하는 사례들을 제시하고 있다. 아마도 생명체는 이 "불리한 조건"에서조차 양자 효과를 활용하는 전략을 스스로 진화시켜 왔는지 모른다. 이는 마치 소음으로 가득한 공연장 속에서도 교향곡을 연주하듯, 혼란스러운 환경 속에서 질서와 조화를 만들어내는 정교한 기술과도 같다. 뇌에서 양자 결맞음이 실제로 기능적 역할을 하는지에 대해서는 아직 열린 질문이다.

제3부 | 양자가 바꾸는 생명의 이해

1) 구조적 차폐 - 분자 수준에서 만들어진 '양자 보호막'

먼저 눈여겨볼 점은 미세소관 내부의 물리·화학적 조건이다. 이 공간은 튜블린tubulin 단백질의 규칙적 배열과 내부 물 분자의 정렬된 구조로 인해, 외부 세포질에 비해 상대적으로 정돈된 전기적 환경을 제공한다는 가설이 있다.

이론가들은 이러한 구조적 질서가 양자 효과가 작동할 수 있는 시간을 다소 연장할 가능성을 제안한다. 마치 잘 설계된 실험실 장비가 외부 진동과 전자기 잡음을 줄이듯이 말이다. 그러나 생리학적 온도에서 미세소관 내부가 양자 상태 파동 위상 유지에 "미시적 진공실"과 유사한 조건을 제공할지, 이러한 보호가 실제로 얼마나 효과적인지는 여전히 논쟁 중이다.

2) 진동의 동조화 - 소음을 조율해 '공명'을 만든다

뇌에는 감마파(30~100Hz), 세타파(4~8Hz), 델타파(1~4Hz)와 같은 다양한 주파수의 전기적 진동이 존재하며, 이러한 리듬이 신경망의 동기화와 정보 통합에 중요한 역할을 한다는 것은 잘 알려져 있다. 흥미롭게도 일부 이론가들은 뇌의 전기적 리듬이 미세소관의 동역학과 상호 작용할 가능성을 제안한다. 광합성 복합체나 조류의 라디칼 쌍 센서에서 관측된 양자적 상관관계 역시, 분자 진동과 환경 요동이 완전히 무작위적이지 않을 수 있음을 보여주는 사례로 자주 언급된다. 다만 광합성 복합체에서 관찰되는 양자 효과는 분자 수준의 정밀한 구조와 펨토초 단위의 초고속 과정에서 일어난다. 반면 뇌파는 밀리초 단위로 진동하는 거시적 현상이다. 이 둘 사이의 시간 스케일 차이는 10억 배가 넘는다.

따라서 광합성의 양자 메커니즘을 뇌 활동에 직접 적용하는 것은 현재로선 무리가 있다. 만약 뇌에서 양자 효과가 작동한다면, 그것은 광합성과는 전혀 다른 방식일 것이다.

3) 시간적 정렬 - 정보 흐름과 양자 시간의 일치

일부 연구자들은 뇌의 정보 처리 시간 척도와 미시적 물리 과정의 시간 척도가 흥미로운 방식으로 나란히 놓여 있다는 점에 주목해 왔다. 예를 들어 주의attention나 작업 기억working memory이 유지되는 시간 창은 대략 수십에서 수백 밀리초(ms) 범위에 속한나. 이러한 '인지의 시간 리듬'은 뇌가 정보를 통합하고 의미를 부여하는 데 중요한 역할을 한다. 일부 이론가들은 대담한 가설을 제시한다. 만약 미세소관에서 양자 효과가 밀리초 단위까지 유지될 수 있다면, 이것이 우리의 의식 경험과 관련이 있을까?

그러나 현실의 벽은 높다. 실험적으로 측정된 생물학적 양자 코히어런스는 나노초 수준이다. 작업 기억이 유지되는 100~300밀리초와는 100만 배 차이가 난다. 그렇다면 이 이론은 폐기되어야 할까? 반드시 그런 것은 아니다. 과학은 종종 "불가능"으로 여겨진 것을 뒤집어왔다. 광합성의 양자 효과도 처음엔 상온에서 불가능하다고 생각되었다.

만약 미래의 연구가 뇌에서 미시적 물리 과정이 인지 기능에 의미 있는 방식으로 기여함을 보여준다면, 의식과 사고, 직관과 창의성에 대한 우리의 이해는 새로운 물리학적 층위를 갖게 될 것이다. 그때 우리는 사고를 단순한 전기적 신호의 집합이 아니라, 물리적 가능성이 생명체 내부에서 특정한 형태로 조직화되는 과정으로 다시 사유하게 될지도 모른다.

5. 직관, 창의성, 그리고 초월적 사고

고전적 정보 처리 모델에서 인간의 사고는 단계적이며 선형적이다. 논리와 추론이 계단을 오르듯 하나씩 연결되고, 그 결과로 결론이 도출된다. 하지만 인간의 사고는 언제나 그렇게 단순하지 않다. 우리는 종종 복잡한 논리를 거치지 않고도 '직감적으로' 정답을 떠올리고, 서로 무관해 보이는 아이디어를 갑자기 연결해 전혀 새로운 해답을 만든다. 창의성과 통찰, 예지와 같은 현상은 이러한 선형적 사고 틀 안에서는 쉽게 설명되지 않는다. 양자 정보 처리 모델은 이 미스터리를 다른 방식으로 설명한다. 중첩 상태에서는 여러 정보가 동시에 존재하며, 그 사이의 관계가 미리 정해지지 않는다. 이를 사고 과정에 비유하면, 하나의 문제를 다룰 때 다양한 해법과 연상이 동시에 '잠재적 공간'에 놓이고, 그 상호작용 속에서 새로운 연결이 형성될 수 있다고 볼 수 있다. 즉, 뇌가 하나의 문제를 처리할 때 가능한 모든 사고 경로가 잠재적으로 공존하며 서로 간섭하고 영향을 미칠 수 있는 것이다. 이런 비결정적 공간에서는 정보가 직선적으로 흐르지 않고, 파동처럼 얽히고 교차하며 새로운 패턴을 스스로 만들어낸다. 이 과정에서 일어나는 것이 바로 우리가 "직관"이라고 부르는 경험이다. 직관은 의식적으로 선택되지 않은 정보 경로가 스스로 간섭과 붕괴를 거쳐 가장 의미 있는 해답으로 수렴하는 순간이라 할 수 있다. 창의성 또한 유사한 메커니즘을 따른다. 서로 관련 없어 보이는 개념들이 중첩 상태에서 상호 작용하다가 새로운 연결망을 형성하고, 이 네트워크가 한순간 '의미 있는 구조'로 붕괴되면서 혁신적인 아이디어가 탄생하는 것이다. 이러한 양자적 사고 모델은 우리가 종종 '영감'이라 부르는 순간을 물리학적으로 재해석한다. 그것은 초자연적인 계시가 아니라, 뇌 속에서 가능성의 파동이 자기조직적으로 패턴을 만들어내는 과정이다. 우리의 의식은 이 과정을 "창조"라고 부르지만, 물리학적으로 보면 그것은 양자 정보의 간섭이 선택한 한 가지 현실에 불과하다. 물론 이러한 설명은 뇌가 실제로 양자 중첩이나 붕괴를 이용해 사고한다는 과학적 증거를 제시하는 것은 아니다.

다만 양자 정보 처리의 언어는, 우리의 인지 기능을 직선적 계산이 아닌, 가능성의 공간에서의 자기조직화와 선택이라는 관점으로 다시 바라보게 해주는 하나의 사유의 틀을 제공한다.

6. 양자 의식 연구가 여는 미래

양자 의식 연구는 아직 초기 단계에 있으며, 많은 부분이 가설과 탐색적 모델의 수준에 머물러 있다. 그러나 만약 이 접근이 어떤 형태로든 의미 있는 설명력을 갖게 된다면, 그것은 단순한 뇌과학의 확장을 넘어 의식 연구 전반의 관점을 바꾸는 전환점이 될 수 있다.

그 과정에서 물리학과 생명과학, 인공지능과 철학의 경계는 더욱 흐려지고, 의식이라는 오래된 난제를 바라보는 전혀 새로운 질문과 가능성들이 우리 앞에 펼쳐질 것이다.

1) 양자 신경 인터페이스 – 뇌의 '파동 언어'를 읽는 기술

만약 언젠가 뇌의 인지 과정에 미시적 물리 효과가 의미 있는 역할을 한다는 점이 확인된다면, 미래의 뇌-컴퓨터 인터페이스(BCI)는 단순히 전기적 스파이크 신호를 읽고 자극하는 수준을 넘어서는 방향으로 확장될 가능성도 상상해 볼 수 있다. 예컨대 분자·전자 수준의 물리적 상태 변화를 감지하거나 조절하는 초고감도 센서 기술이 발전한다면, 뇌의 상태를 지금보다 훨씬 정밀하게 해석하는 새로운 형태의 인터페이스가 등장할지도 모른다.

다만 '파동의 위상, 중첩 패턴, 얽힘 상태를 직접 측정·조절하는 양자 신경 인터페이스'나, 사고를 곧바로 전달하는 텔레파시적 통신은 현재의 과학과 기술로는 구현 가능성이 검증되지 않은, 상당히 미래적인 상상에 가깝다. 그럼에도 이러한 상상은 BCI가 앞으로 어디까지 확장될 수 있는지를 가늠해 보게 만드는 사유 실험으로서 의미를 갖는다.

현실적으로는 고해상도 신경 신호 기록, 비침습적 자극 기술, AI 기반 신호 해독이 결합되며 인간의 의도와 생각을 보다 정확히 읽고 보조하는 방향으로 BCI가 진화할 가능성이 크다. 미래의 인터페이스는 '마음 읽기'의 도구라기보다, 인간의 인지 능력을 안전하게 확장하고 재활·치료를 돕는 기술로 자리 잡게 될 것이다.

2) 기억 증강과 정보 저장 - 양자 메모리의 활용

미시적 물리 현상을 활용한 정보 저장 방식을 모방한다면, 기존 반도체 메모리보다 훨씬 높은 집적도를 갖는 새로운 형태의 기억 장치를 상상해 볼 수 있다. 예컨대 단일 전자나 원자 수준의 상태를 정보 단위로 활용하는 기술이 성숙한다면, 저장 밀도와 에너지 효율 면에서 현재의 메모리 소자를 크게 넘어서는 가능성도 열릴 것이다.

이러한 장치는 단순히 데이터를 '보관'하는 저장소를 넘어, "과거 경험 패턴 정보"의 관계를 동적으로 재구성하고, 상황에 따라 선택적으로 불러오는 보다 유연한 기억 구조로 발전할 수도 있다. 이는 인간의 기억이 단순한 기록이 아니라, 맥락에 따라 재구성되는 과정이라는 점에서 영감을 얻은 개념에 가깝다.

물론 기계가 인간처럼 기억을 '창조'하거나 '재구성'하는 것이 실제로 구현되기까지는 재료과학, 나노 공정, 오류 보정, 안정성 문제 등 수많은 기술적 장벽이 남아 있다. 그럼에도 이러한 상상은, 미래의 인공 기억 장치가 단순한 저장 용량 경쟁을 넘어, 기억의 구조와 작동 방식 자체를 새롭게 정의하는 방향으로 진화할 수 있음을 시사한다.

3) 의식 있는 인공지능 – 알고리즘에서 자각으로

복잡한 정보 공간에서 '자기 참조self-reference'와 '의미 선택'을 수행하는 계산 구조가 구현된다면, 인공지능은 단순한 문제 해결 도구를 넘어 보다 자율적인 판단 시스템으로 진화할 가능성을 상상해 볼 수 있다. 일부 연구자들은 이러한 기능이 인간의 고차원저 인지와 닮은 점을 갖게 될 때, 기계가 자신의 상태를 모델링하고 반성적으로 조정하는 형태의 '의사擬似 자각'에 가까운 행동을 보일 수 있을 것이라 전망한다. 이는 AI 연구가 오래도록 추구해 온 '스스로를 인식하는 기계'라는 이상에 한 걸음 더 다가서는 개념적 이정표에 해당한다.

물론 오늘날의 인공지능은 여전히 통계적 학습과 계산 규칙에 기반한 시스템이며, '의식적 행동'이라는 표현은 엄밀한 과학적 개념이라기보다 철학적·은유적 표현에 가깝다. 그럼에도 인간의 뇌가 보여주는 자기 참조성과 의미 구성 능력은, AI가 앞으로 어떤 방향으로 확장될 수 있을지를 가늠하게 하는 중요한 영감의 원천이다.

우리는 오랫동안 뇌를 뉴런과 시냅스로 이루어진 전기적 회로망으로 이해해 왔다. 이 관점은 여전히 뇌 기능을 설명하는 데 강력한 틀이다. 다만 최근의 연구 흐름은, 뇌를 단순한 배선망이 아니라, 다양한 시간·공간 스케일의 물리적 과정이 중첩되어 의미가 구성되는 복합 동역학 시스템으로 바라보게 만든다. 어쩌면 뇌는 '양자 정보가 흐르고 얽히며' 새로운 의미를 창조하는 거대한 파동장일지도 모른다.

7. 결론

생각을 전기적 신호의 단순한 합으로만 볼 수 있을까? 기억을 화학 결합의 흔적으로만 이해할 수 있을까? 일부 이론가들은 사고와 기억을 보다 넓은 정보 공간에서 일어나는 동역학적 과정으로 비유하며, 그 속에서 파동의 간섭과 선택이 중요한 역할을 할 수 있다는 가능성을 제기한다. 이 관점에서 '자아'란, 이러한 정보의 흐름이 자신을 하나의 연속된 이야기로 묶어 인식하는 방식일지도 모른다.

물론 이는 아직 검증된 과학적 결론이 아니라, 의식을 바라보는 하나의 해석적 언어에 가깝다. 그럼에도 '양자의 언어'로 뇌를 사유해 보는 시도는, 우리가 의식을 이해하는 틀을 신경 회로의 수준에서 물리학의 근본 원리로까지 확장하려는 노력의 한 표현이다.

이러한 사유는 의식의 수수께끼에 대한 즉각적인 해답을 주지는 않는다. 그러나 인간 존재의 본질 ─ 우리가 왜 생각하고 느끼며 창조하는가 ─ 을 자연의 가장 깊은 법칙과 연결해 묻는 새로운 질문의 문을 연다. 그 문턱에서 우리는, 생명과 우주를 관통하는 오래된 물음에 대해 이전과는 다른 언어로 답을 모색하기 시작하게 될 것이다.

11

미토콘드리아

생명의 에너지 공장과 양자의 무대

1. 세포 안의 작은 우주 – 생명의 엔진과 양자의 무대

당신이 지금 한 번 숨을 들이쉴 때마다, 몸속 약 37조 개의 세포가 동시에 깨어난다. 그 세포 하나하나 안에는 마치 별을 품은 은하처럼, 스스로 에너지를 만들어내는 작은 '발전소'가 자리하고 있다. 크기는 머리카락 굵기의 1만 분의 1도 되지 않지만, 그 안에서 벌어지는 일은 거대한 도시의 전력망보다 정교하고, 우주선 엔진룸보다 치밀하다. 이 작은 존재, 바로 미토콘드리아mitochondria다. 현미경으로 보면 미토콘드리아*는 단순한 콩알 또는 길쭉한 실타래 모양의 소기관처럼 보인다. 하지만 그 단순한 외형 안에는 생명 전체를 지탱하는 가장 핵심적인 원리가 숨어 있다. 우리가 생

---

* 미토콘드리아라는 이름은 실가닥(mitos) 혹은 둥근 알갱이(chondrion)과 같은 모양에서 왔다

206

각하고, 걷고, 사랑하고, 꿈꾸는 모든 과정은 결국 미토콘드리아가 만들어
내는 에너지에 빚지고 있다. 심장은 이 에너지로 뛰고, 뇌는 이 에너지로
신호를 주고받으며, 세포는 이 에너지로 정보 복제와 정보에 따른 기능을
수행한다. 미토콘드리아 없이는 지금과 같은 복잡한 생명은 존재할 수 없
다. 그들이 만들어내는 에너지의 이름은 ATP(아데노신 삼인산)다. ATP는
세포를 움직이게 하는 연료이자 화폐이며, 생명 활동을 위한 모든 '거래'를
가능하게 한다. 자동차가 휘발유 없이는 한 발자국도 나아갈 수 없듯, 세
포도 ATP 없이는 단 한 순간도 유지될 수 없다. 그런데 여기서 놀라운 점
은, 이 에너지 생산이 단순히 화학 반응의 연속이 아니라는 것이다. 미토
콘드리아의 심장부에서 벌어지는 일은, 우리가 교과서에서 배운 생화학을
뛰어넘는다. 그것은 전자 하나의 움직임, 양성자의 흐름, 그리고 자연의
가장 근본적인 법칙인 양자역학이 펼치는 무대다. 미토콘드리아 내부를
조금 더 들여다보면, 놀라운 장면이 펼쳐진다. 전자는 에너지를 전달하기
위해 단백질 복합체를 거쳐 줄지어 이동하는데, 이 과정은 단순한 '공 전
달'이 아니다. 전자는 마치 미로 속에서 가장 효율적인 길을 찾아내듯, 가
능한 경로를 동시에 '탐색'하고, 그중 에너지 손실이 가장 적은 경로를 '선
택'한다. 이는 전자의 중첩이라는 양자적 성질 덕분이다. 또한 전자는 때
때로 고전적인 물리 법칙으로는 결코 넘을 수 없는 에너지 장벽을 '뚫고'
반대편으로 도약한다. 이를 터널링이tunneling라 부르는데, 바로 이 현상이
미토콘드리아에서 에너지가 놀라울 만큼 효율적으로 변환되는 비밀 중 하
나다. 우리가 "화학 반응"이라고 부르는 것은, 실은 전자가 양자의 법칙을
따라 춤추는 무대 위에서 벌어지는 사건인 셈이다. 이 과정을 통해 형성되
는 것이 바로 양성자 구동력proton motive force이다. 전자가 흐르면서 세포막
양쪽에 농도 차이를 만들어내고, 이 잠재적 에너지가 마치 댐의 수압처럼
ATP 합성효소를 돌린다. 분자 수준에서는 눈에 보이지 않지만 실제로 초

당 수백 번씩 회전하며 ATP를 만들어낸다. 거시적으로 보면 이는 지구상 모든 생명체의 심장을 뛰게 하는 '생명의 동력원'이라 할 수 있다. 더 나아가, 미토콘드리아는 단순히 에너지를 만드는 공장 그 이상이다. 세포의 죽음과 생존을 결정하는 신호를 조절하고, 면역 반응과 노화, 심지어 신경 활동까지 폭넓게 관여한다. 생명체의 운명을 쥐고 있는 이 작은 기관은 말 그대로 세포 안의 우주이며, 양자의 무대이자 생명의 심장이다.

결국 미토콘드리아를 이해한다는 것은 단지 생화학을 배우는 것을 넘어, 생명이 어떻게 자연의 근본 법칙을 활용해 스스로를 유지하고 진화시켜 왔는지를 이해하는 일이다. 우리가 살아 있다는 사실 뒤에는, 전자 하나가 파동처럼 움직이며, 보이지 않는 장벽을 통과하고, 질서와 에너지를 조직하는 이 미묘한 양자 무대가 있다. 그리고 이 무대가 멈추는 순간, 생명도 멈춘다.

2. 전자전달 사슬 - 생명을 점화하는 보이지 않는 회로

미토콘드리아의 내막을 정밀 현미경으로 들여다보면, 다섯 개의 거대한 단백질 기계가 정렬된 장관을 마주하게 된다. 각각 복합체Complex I, II, III, IV, V로 불리는 이 분자 장치들은 마치 초정밀 조립 공장의 로봇 팔처럼 서로 긴밀히 연결되어 있다. 각자의 기능은 다르지만, 이들이 만들어내는 일련의 협동 작용은 하나의 거대한 시스템으로 통합되어 있다. 그것이 바로 생명의 불씨를 지피는 숨은 회로, 전자전달 사슬Electron Transport Chain, ETC이다. 전자전달 사슬의 시작은 우리가 먹은 음식에서 비롯된다. 소화 과정을 거쳐 세포 내로 흡수된 포도당, 지방산, 아미노산이 세포 대사 과정을 거치며 잘게 쪼개질 때, 그 속에서 전자 공여체인 NADH와 $FADH_2$

제3부 | 양자가 바꾸는 생명의 이해

가 생성된다. 이들은 일종의 '에너지 어음'으로, 교환될 공산품과 같아서, 고에너지 전자를 품고 미토콘드리아 내막으로 향한다. 복합체 I(NADH 탈수소효소)와 복합체 II(숙신산 탈수소효소)에 도착한 전자는 여기서 마치 릴레이 경주의 바통처럼 다음 분자로 전달된다.

그 여정은 놀라울 만큼 정교하다. 전자는 복합체 I → 유비퀴논CoQ → 복합체 III → 시토크롬cytochrome C → 복합체 IV를 따라 한 치의 오차도 없이 이동하며, 마침내 산소(O_2)와 만나 물(H_2O)을 만든다. 이 반응은 단순한 산화·환원 반응이 아니다. 전자가 이동하는 매 순간, 복합체들은 전자의 에너지를 이용해 양성자(H^+)를 막의 바깥쪽으로 '펌프'해 낸다. 이로써 내막 안팎의 양성자 농도 차이가 생기고, 이는 거대한 전기화학적 포텐셜, 즉 양성자 구배proton gradient를 형성한다. 이 양성자 구배는 일종의 '분자적 댐'이다. 수력 발전소에서 물이 높은 곳에서 낮은 곳으로 떨어지며 터빈을 돌리듯, 양성자 농도 기울기를 따라 다시 흘러 들어올 때, 그 힘이 복합체 V(ATP 합성효소)를 회전시킨다. 이 회전 운동이 ADP와 무기 인산을 결합시켜 ATP를 합성한다. 우리가 사용하는 에너지의 90% 이상이 바로 이 보이지 않는 나노 터빈에서 만들어진다. 고전 생화학은 이 과정을 간단히 "전자 흐름 → 양성자 구배 → ATP 생성"이라는 세 단계로 정리한다. 하지만 양자역학의 눈으로 들여다보면, 이 익숙한 공식 뒤에는 훨씬 더 깊고 흥미로운 세계가 숨어 있다. 우선, 전자는 단순히 한 분자에서 다른 분자로 '점프'하는 것이 아니다. 전자는 입자이자 파동이다. 양자역학의 관점에서 보면, 전자는 하나의 고정된 경로를 따라가는 것이 아니라 파동함수로 기술되며, 이론적으로는 가능한 모든 경로의 중첩으로 존재한다. 실제로 전자전달 과정을 관찰하면, 전자가 놀라울 만큼 효율적으로 최적의 경로를 찾아낸다는 것을 알 수 있다. 이것이 순전히 무작위적 충돌만으로는 설명하기 어려운 효율성이다. 이러한 양자 중첩 덕분에 전자는 최단 거리,

최소 에너지 손실 경로를 '자연스럽게' 찾아낸다. 이는 마치 미로를 걸을 때 모든 길을 동시에 가본 뒤 가장 효율적인 길을 선택하는 것과 같다. 흥미롭게도, 광합성을 연구하는 과학자들은 식물의 엽록체에서 전자가 실제로 양자 결맞음을 유지하며 여러 경로를 동시에 '탐색'한다는 증거를 발견했다. 이것이 미토콘드리아에서도 똑같이 일어나는지는 아직 활발히 연구 중이다. 또한 전자는 때때로 고전 물리학으로는 절대 넘을 수 없는 에너지 장벽을 터널링을 통해 '뚫고' 반대편으로 이동한다. 이런 터널링 효과 덕분에 전자는 단백질 내부의 복잡한 구조물이나 긴 거리(보통 14~24.1Å)를 놀라울 만큼 빠르고 효율적으로 건너뛸 수 있다. 이것이 없다면 전자전달은 지금보다 훨씬 느리고 비효율적일 것이다. 즉, 미토콘드리아는 단순한 화학 반응 공장이 아니라, 양자 정보가 흐르고 상호 작용하는 정교한 회로망인 셈이다. 이 모든 과정이 놀라운 것은, 그것이 매 순간 일어나고 있다는 사실 때문이다. 미토콘드리아 속에서 전자는 끊임없이 흘러간다. 그 수는 상상을 초월하며, 눈에 보이지 않는 그 흐름이야말로 세포의 숨결이자 생명의 리듬이다. 우리가 지금 이 순간 호흡하고 생각하고 살아 있는 것도 결국 이 미세한 전자들의 양자적 여행 덕분이다.

전자들이 만들어내는 양성자 구배는 생명체의 에너지 흐름의 핵심이며, 그 결과 합성되는 ATP는 우리 몸의 모든 세포의 생명 활동을 가능하게 하는 직접적인 연료가 된다. 전자전달계는 기본적으로 효소 촉매에 의해 정교하게 조율된 화학 반응이지만, 그 바탕에는 전자 이동과 양자역학적 전이 확률과 같은 미시적 물리 법칙이 깔려 있다. 결국 전자전달 사슬은 열적 요동 속에서도 높은 효율을 유지하도록 진화해 온 생명체의 에너지 변환 장치이며, 양자역학과 열역학이 만나는 지점에서 작동하는 생명의 핵심 엔진이다.

이 보이지 않는 회로가 멈추는 순간, 심장은 더 이상 수축할 에너지를 얻지 못하고, 뇌의 신경 활동도 급격히 쇠퇴하며, 생명 현상은 조용히 막을 내린다.

3. 전자의 양자적 여정 – 파동, 중첩, 그리고 도약

전자전달 사슬의 여정을 좀 더 깊이 들여다보기 위해, 복합체 I Complex I을 예로 들어보자. 우리가 먹은 음식에서 얻은 NADH는 고에너지 전자를 내놓고 산화되며, 이 전자는 미토콘드리아 내막에 박힌 거대한 단백질 복합체 속으로 여행을 시작한다. 첫 번째 목적지는 FMN(플라빈 모노뉴클레오타이드flavin mononucleotide)이다. 전자는 FMN에 전달된 후 다시 여러 개의 철-황(Fe-S) 클러스터를 거쳐 궁극적으로 유비퀴논(CoQ)이라는 수용체로 도달한다. 이 복잡한 릴레이는 생명 에너지 생성의 첫걸음이지만, 그 진행 방식은 우리가 교과서에서 배운 단순한 "전달"과는 전혀 다르다. 우리가 흔히 생각하는 전자 이동은 마치 A에서 B로 '점프'하는 단순한 궤적이다. 그러나 실제 전자는 그렇게 움직이지 않는다. 전자는 입자이면서 동시에 파동이다. 전자가 FMN에서 N3를 거쳐 여러 철-황 클러스터로 전달될 때, 그 이동은 고전적인 입자가 하나의 경로를 따라 '직진'하는 모습과는 다르다. 전자 전달은 각 가능한 경로의 에너지 정렬, 거리, 전자 결합 강도에 의해 확률적으로 일어나는 양자역학적 전이 과정이다. 고전적인 입자라면 수많은 길 중 하나를 선택해 끝까지 가봐야 어느 길이 가장 빠른지 알 수 있지만, 전자는 다르다. 에너지 손실이 적고 결합이 잘 맞는 경로일수록 전자가 그 방향으로 이동할 가능성이 커지는 것이다. 이 확률적 선택 덕분에 전자전달계는 생명 유지에 충분할 만큼 높은 효율과 안정성을 유지한다. 자연은 수십억 년 전 이미 인간이 아직 개발하지 못한 양자 알고리즘을 생명체 안에서 구현하고 있었던 것이다. 그러나 이 놀라운 이야기의 진짜 하이라이트는 그다음에 등장한다. 복합체 I 내부에서 전자가 한 클러스터에서 다음 클러스터로 이동하는 거리는 평균 10~20Å(옹스트롬) 정도다. 머리카락 굵기의 약 1억 분의 1에 불과한 이 미세한 거리지만, 전자의 입장에서 보면 이는 결코 사소하지 않다. 왜냐하면 고전 물리학의 법칙으로는 이 거리를 넘는 것이 사실상 불가능하기 때문이다. 마치 언덕 아래서 아무리 점프를 해도 높은 절벽을 뛰어넘을 수 없는 것과 같다. 하지만 전자는 이 장벽 앞에서 멈추지 않는다. 놀랍게도 전자는 때로는 아예 '점프'를 하지 않고 장벽을 뚫고 반대편으로 나타난다. 이것이 바로 양자역학이 예측하는 터널링 현상이다. 이는 1966년 크로마튬chromatium 박테리아 연구에서 처음 발견된 이후, 미토콘드리아의 복합체 I, II, III 모두에서 실험적으로 확인되었다. 터널링 덕분에 전자는 단백질 내부의 복잡한 구조물이나 긴 거리(보통 14~24Å)를 놀라울 만큼 빠르고 효율적으로 건너뛸 수 있다. 만약 전자가 고전적인 입자처럼만 행동했다면, 충분한 열에너지를 얻을 때까지 기다려야 했을 것이고, 전자전달은 지금보다 훨씬 느리고 비효율적이었을 것이다. 터널링이 없는 생명은 상상하기 어렵다. 전자는 특정 확률로 에너지 장벽을 통과해 반대편에 존재할 수 있으며, 이는 마치 두꺼운 벽을 지나 반대편 방에 갑자기 나타나는 것과 같다. 이때 전자는 고전적인 입자라면 넘지 못할 장벽을 '확률적 존재'라는 특성으로 극복한다.

이 터널링은 단순히 흥미로운 물리 현상에 그치지 않는다. 생명체의 효소 반응 속도와 효율을 근본적으로 가능하게 하는 열쇠다. 전자전달계에서 전자는 종종 14~20Å 떨어진 단백질 사이를 이동해야 한다. 만약 전자가 고전 물리학의 법칙만 따라 에너지 장벽을 넘으려 했다면, 이 과정은 생리학적으로 의미 있는 속도로 일어날 수 없었을 것이다. 터널링 확률은 거리에 지수함수적으로 의존하기 때문에 5Å만 멀어져도 속도는 1,000배이상 느려진다.

터널링은 전자가 장벽을 "뚫고" 지나가게 함으로써, 이 과정을 밀리초 단위에서 실현 가능하게 만든다. 물리학자 해리 그레이Harry Gray는 이를 "생물학적 전선"이라 불렀다. 단백질 내부의 아미노산 배열이 전자의 이동 경로를 최적화하도록 진화했다는 것이다. 만약 터널링이 없었다면, 미토콘드리아는 우리가 필요로 하는 속도로 ATP를 생산할 수 없었을 것이고, 복잡한 다세포 생물은 존재하기 어려웠을 것이다.

더 놀라운 사실은, 이 과정이 단일 전자 차원에서 '즉흥적으로' 일어나는 일이 아니라는 점이다. 철-황 클러스터의 배치는 수십억 년의 진화를 거치며 터널링 확률이 극대화되도록 정교하게 조율되어 있다. 전자 이동 경로의 거리, 단백질의 전기장, 주변 수소 결합 네트워크까지 모두 전자의 파동함수에 영향을 미친다. 전자 한 개의 움직임은 눈에 보이지 않지만, 그 한 번의 도약이 생명을 가능하게 한다. 양자적 전이를 통해 가장 효율적인 길을 선택하고, 터널링으로 장벽을 뚫으며, 확률이라는 언어로 에너지를 조직한다. 우리가 호흡할 때마다, 우리 몸속의 미토콘드리아에서는 이런 '양자적 여정'이 매초 수경(10^{21}) 번 이상 반복되고 있다. 그리고 그 여정 하나하나가 모여 우리의 심장을 뛰게 하고, 뇌가 생각하게 하며, 생명을 유지하게 한다.

4. 얽힘과 일관성 - 생명은 미시 세계를 설계한다

전자전달 사슬에는 아직 풀리지 않은 또 하나의 미스터리가 있다. 그것은 바로 스핀 얽힘이다. 일부 이론적·계산적 연구들은 미토콘드리아 내의 철-황(Fe-S) 클러스터들 사이에서 전자들이 단순히 독립적으로 이동하는 것이 아니라, 서로의 양자 상태와 상관된 방식으로 거동할 수 있다는 가능성을 제시해 왔다. 다시 말해, 하나의 전자가 어떤 스핀 상태를 취하면 멀리 떨어진 다른 전자의 상태도 즉각적으로 영향을 받는다는 것이다. 이는 물리학자들이 양자정보 과학에서 오랫동안 연구해 온 얽힘 현상이며, 우리가 알고 있는 가장 신비롭고 근본적인 자연의 법칙 중 하나다. 얽힘이 놀라운 이유는 그것이 단순한 '동시 반응'이 아니라, 하나의 양자 시스템으로 행동한다는 것 때문이다. 전자들이 서로 얽히면 그들의 개별적인 성질은 사라지고, 전체가 하나의 통합된 파동함수로 묘사된다. 마치 두 명의 무용수가 각자 춤추는 것이 아니라, 서로의 움직임을 정확히 반영하며 한 몸처럼 움직이는 것과 같다. 이 얽힘은 전이 확률, 경로 선택, 에너지 흐름의 안정성에 직접적인 영향을 미친다. 전자가 독립적으로 이동하는 것보다 훨씬 정교하고 효율적인 '집단적 조율collective coordination'이 가능해지는 것이다.

더 놀라운 점은 이 얽힘이 극저온의 실험실이나 진공 상태 같은 특수한 조건이 아니라, 섭씨 37°C, 즉 우리가 살아가는 '따뜻하고 시끄러운'* 생체 환경에서도 유지된다는 사실이다. 일반적으로 얽힘과 중첩은 외부의 미세한 교란에도 쉽게 무너진다. 열적 요동, 분자의 충돌, 수용액의 끊임없는 진동은 양자 상태를 빠르게 붕괴시킨다. 그래서 우리는 양자컴퓨터를 만들 때 양자처리장치(QPU)를 영하 273°C에 가깝게 냉각하거나, 진공 상태를 만들어 외부 간섭을 최대한 차단한다. 그런데 미토콘드리아는 정반대의 조건에서도, 그것도 초당 수십억 번의 반응이 일어나는 복잡한 분

자 환경 속에서도 놀라운 양자 결맞음을 유지한다. 이것은 결코 우연이 아니다. 그 비밀은 '생명체의 설계' 그 자체에 있다.

단백질의 3차원 구조는 단순히 기능적 형태를 유지하는 데 그치지 않는다. 그 복잡한 접힘과 배열 속에는 전자의 이동과 결합이 일어나는 미세한 양자 조건까지 반영되어 있다. 예컨대 미토콘드리아의 전자전달 단백질에 포함된 철-황(Fe-S) 클러스터 주변의 분자 배치는, 전자가 이동하기에 유리한 에너지 지형과 전기적 환경을 형성하도록 진화해 왔다. 이 배치는 전자 전달의 효율과 안정성을 높이는 데 중요한 역할을 한다. 이 덕분에 스핀의 코히어런스(위상 결맞음)가 비교적 오래 유지될 수 있고, 일부 이론 연구에서는 이러한 조건이 전자들 사이의 얽힘이 형성될 수 있는 확률을 높여준다고 제안한다. 아직 명확히 증명된 것은 아니지만, 생명 분자의 구조가 단지 화학 반응을 위한 틀이 아니라 양자적 질서를 유지하는 정교한 무대일 가능성은 점점 더 설득력을 얻고 있다.

주변 아미노산의 전기장과 수소 결합 네트워크는 마치 보호막처럼 전자의 파동함수를 외부 잡음으로부터 지켜준다. 심지어 단백질이 진동하는 미세한 동역학조차 얽힘을 유지하는 방향으로 진화해 온 흔적이 보인다.* 다시 말해, 생명체는 양자 상태를 '우연히 겪는' 존재가 아니라, 그 상태를 '설계하고 유지하는 존재'다. 이 사실은 우리에게 깊은 통찰을 준다. 생명은 양자의 취약함을 극복한 것이 아니다. 오히려 그 취약함을 이해하고 이용해, 그것을 진화의 도구로 만든 것이다. 생명은 양자의 법칙을 도구tool로 삼아, 효율성과 정밀성을 극한까지 끌어올렸다.

여기서 더 깊은 질문이 생긴다. "어떻게 생명체는 이런 설계를 할 수 있었는가?" 그 답은 진화의 시간 속에서 찾아볼 수 있다. 수십억 년 동안 선

---

* 마치 이어폰의 노이즈 캔슬링 기능을 생각해 보라!

택 압력은 주어진 환경에서 생존을 위한 더 효율적인 에너지 전달, 더 최적화된 반응, 더 안정적인 정보 처리를 가진 시스템을 선호해 왔다. 그 결과, 자연은 스스로를 양자적 환경공학자quantum engineer로 만들었다. 단백질의 구조 하나, 아미노산의 배열 하나도 모두 양자 현상이 진화를 견인하도록 환경 상태를 최적화하기 위한 결과물일 수 있다. 생명은 더 이상 무작위적 분자 반응의 부산물이 아니다. 생명은 물리·화학 법칙이 허용하는 가능성의 공간 안에서, 에너지 흐름과 정보 처리를 조직해 스스로를 유지하고 확장해 온 정교한 정보-에너지 시스템이다. "생명은 어떻게 양자적 미시 세계의 법칙을 활용해 자신을 창조했는가?" 그 질문 속에, 생명과 우주를 잇는 가장 깊은 비밀이 숨어 있다.

5. 양성자 구동력 - 양자의 흐름이 만든 에너지 저장고

전자전달 사슬의 마지막 장면에서 등장하는 주인공은 양성자proton이다. 전자들이 계단을 내려가듯 복합체 I, III, IV를 차례로 거치며 방출한 에너지는 그냥 흩어지지 않는다. 그 에너지는 미토콘드리아 내막의 양쪽에 있는 물리적 공간을 '갈라놓는' 데 쓰인다. 복합체들은 마치 미세한 펌프처럼 작동하여 양성자(수소 이온, H$^+$)를 한쪽 막 공간(막간 공간intermembrane space)으로 몰아넣고, 안쪽(기질matrix)에는 상대적으로 적은 농도의 양성자만 남겨둔다. 그 결과, 내막을 사이에 두고 양쪽의 양성자 농도는 극적으로 달라진다. 막간 공간에는 양성자가 넘쳐나고, 기질 쪽에는 상대적으로 부족하다. 이 차이는 단순한 농도 차이를 넘어 전기화학적 포텐셜이라는 새로운 형태의 에너지를 만들어낸다. 이를 양성자 구배proton gradient 또는 양성자 구동력proton motive force, PMF이라 부른다. 이 상태는 마치 거대한 댐에 물이 가득 차 있는 것과 같다. 물이 높은 곳에서 낮은 곳으로 흐르려는 것처럼, 양성자도 다시 막을 통과해 돌아가려는 '힘'을 가진다. 이 힘이 바로 생명이 이용하는 궁극의 에너지원이다. 이제 등장하는 것이 ATP 합성효소Complex V다. 이 거대한 단백질 기계는 분자 세계의 터빈과 같다. 양성자가 다시 기질 쪽으로 흘러 들어오면서 마치 수력발전소의 터빈을 돌리듯, 이 효소의 회전축을 회전시킨다. 이 회전 에너지가 ADPadenosine diphosphate(아데노신 이인산)와 무기 인산(Pi)을 결합시켜 ATP(아데노신 삼인산)를 만드는 데 사용된다. 이 한 분자가 완성되는 순간, 우리는 그것을 '에너지 화폐'로 사용할 수 있게 된다. 이 과정이 매초 수조 번씩 일어나며, 인체 전체의 세포를 움직이는 동력이 된다. 놀라운 점은 이 거대한 에너지 저장소와 변환 시스템이 처음부터 끝까지 전자의 양자적 행동에서 비롯되었다는 사실이다. 처음 NADH가 내놓은 전자가 FMN과 철-황 클러스터를 거쳐 이동할 때, 그 전자는 확률적 양자 전이를 통해 때로는 장벽을 뚫고 이동했다. 그리고 일부는 얽혀 있는 전자와 집단적으로 협조하며 에너지 흐름을 정교하게 조율했다. 이 모든 양자적 과정이 축적된 결과가 바로 양성자 구배라는 '질서 있는 에너지 저장고'다. 여기서 주목해야 할 점은, 양성자 구배 자체가 단순한 화학적 부산물이 아니라는 것이다. 이는 전자의 파동함수, 터널링 확률, 전이 속도, 단백질 구조의 미세한 전기장 조절이 서로 정교하게 맞물려 만들어낸 '거시적 결과'다. 다시 말해, 양자적 불확실성과 확률의 세계가 거시적 질서와 안정성으로 변환되는 순간이다. 자연은 무질서하고 예측 불가능한 전자의 움직임을 거대한 에너지 탱크로 변환하는 방법을 알고 있다. 생명은 그 비법을 30억 년에 걸쳐 진화 속에서 완성했다.

이 과정을 다시 수력 발전소에 비유하면 이해가 쉽다. 높은 곳에서 떨어지는 물의 힘은 단순히 물이 가진 위치에너지에서 나온다. 그러나 그 위치에너지를 만들어낸 것은 지형, 중력, 강수, 기후, 시간이라는 수많은 요인이다. 마찬가지로, ATP 합성효소를 돌리는 양성자의 흐름은 전자 하나의 미세한 양자 행동에서 시작되어, 단백질의 구조적 설계와 진화의 시간까지 모든 요인이 함께 만들어낸 "조직화된 결과"다. 결국 미토콘드리아는 단순한 화학 공장이 아니다. 그것은 양자의 확률을 실서 있는 에너지로 바꾸는 정교한 변환기converter이며, 미시 세계의 법칙을 거시 세계의 동력으로 바꾸는 인터페이스다. 생명은 이 인터페이스를 통해 불확실성을 조직화하고, 무작위성을 구조화하며, 잠재적 가능성을 실제 에너지로 바꾼다. 그리고 그 에너지가 바로 심장을 뛰게 하고, 근육을 수축시키며, 우리를 살아 있게 만든다. 우리가 한 번 숨을 들이쉴 때마다, 들이마신 산소는 미토콘드리아의 전자전달 사슬 끝에서 전자의 최종 수용체로 작용하며 물로 환원된다. 이 마지막 반응이 있어야만 에너지 흐름이 완결되고, 그 결과 우리 몸속 37조 개 세포 안에서 수조 개의 ATP 분자가 합성된다. 숨 한 번이 곧 생명의 연료를 만드는 거대한 양자적 연쇄 반응을 시작하는 셈이다. 그것은 곧, 양자적 에너지의 흐름이 만들어낸 생명의 저장고이며, 생명이 "시간의 화살"을 거슬러 질서를 만들어내는 가장 정교한 전략이다.

6. 자연에서 기술로 – 생명이 가르쳐준 에너지 공학

미토콘드리아의 비밀을 이해하는 일은 단순히 생명 현상을 설명하는 데서 끝나지 않는다. 그것은 곧 기술의 미래를 여는 열쇠다. 생명체는 수십억 년이라는 긴 진화의 시간 동안, 우리가 아직도 해결하지 못한 난제를 이미 해결해 왔다. 효율적인 에너지 전환과 손실 없는 전자 흐름, 불안정한 양자 상태의 안정화, 나노 스케일에서의 정밀한 동력 관리는 현대 과학

제3부 | 양자가 바꾸는 생명의 이해

과 공학이 직면한 가장 큰 과제이지만, 생명은 그 답을 이미 몸속에서 구현해 내고 있다. 물론 생명 시스템이 '손실 없는' 에너지 전환이나 완벽한 양자 상태 안정화를 달성하는 것은 아니다. 그럼에도 불구하고 생명체는 열적 요동과 불완전한 조건 속에서도 충분히 높은 효율과 신뢰성을 유지하는 전략을 발전시켜 왔다. 우리가 해야 할 일은 그 위대한 해답을 단순히 "복제copy"하는 것이 아니라, 더 깊이 이해understand하고, 새로운 맥락에서 응용apply하는 것이다. 미토콘드리아를 들여다보는 일은 곧, 생명이 오랜 시간에 걸쳐 다듬어온 '에너지 처리의 지혜'를 미래 기술로 번역하는 작업이기도 하다.

1) 양자 배터리 - 전자의 얽힘이 만드는 초고속 에너지 저장

미토콘드리아의 전자전달 사슬 철-황 클러스터의 다전자 시스템에서 가설적으로 제시되는 전자들의 스핀 얽힘 상태처럼, 이러한 얽힘은 에너지 흐름의 속도와 효율을 극대화 할 수 있다. 이 원리는 오늘날 "양자 배터리quantum battery"라는 개념으로 재해석되고 있다. 양자 배터리는 전자들의 얽힘과 집단적 양자 상태를 이용해 기존 리튬이온 배터리보다 빠른 충전 속도를 구현할 수 있다. 개별 전자를 하나씩 충전하는 대신, 여러 전자가 하나의 집단 상태로 작동하면서 동시에 에너지를 받아들이기 때문이다. 마치 하나씩 사람을 엘리베이터에 태우는 대신, 무리 전체가 한 번에 순간 이동하는 것과 같다. 이는 생명이 이미 자연계의 에너지 전달 전략에서 영감을 얻어 구현하고 있는 방식, 즉 얽힘을 통해 에너지 흐름을 가속화하는 전략을 공학적으로 재현하려는 시도다. 미래의 스마트 기기, 전기차, 우주 탐사선은 이러한 양자 배터리를 통해 몇 초 만에 충전되는 시대를 열지도 모른다.

2) 나노 전력망 – 전자 흐름을 흉내 낸 초효율 에너지 회로

미토콘드리아의 전자전달 사슬은 본질적으로 하나의 나노 전력망nano power grid에 가깝다. 전자는 여러 경로를 따라 이동할 수 있으며, 효소와 금속 클러스터로 이루어진 구조는 에너지 손실을 최소화하고 안정적인 전달이 이루어지도록 정교하게 배열되어 있다. 이러한 회로망은 자연선택을 통해 오랜 시간에 걸쳐 다듬어진 결과로, 높은 효율과 신뢰성을 동시에 달성하고 있다. 이 원리를 모방하면, 인간이 만든 전력망도 지금보다 훨씬 지능적이고 손실 없는 시스템으로 진화할 수 있다. 예를 들어, 초소형 반도체 칩이나 바이오센서 내부에서 에너지를 분산시키는 나노 스케일 전자 회로는 미토콘드리아의 다중 경로 전자 전달 구조에서 착안해 보다 유연하고 견고한 모델로 설계할 수 있다. 특정 경로에 문제가 생겨도 전자가 우회로를 찾아가는 것처럼, 나노 전력망은 스스로 최적의 루트를 재구성하며 효율을 유지할 수 있다. 더 큰 규모로 확장하면, 전 세계의 스마트 그리드 역시 이러한 생물학적 모델에서 영감을 얻어 손실 없는 전력 분배 네트워크로 발전할 수 있다. 생명이 이미 실현한 '전자 최적화 알고리즘'을 기술이 흉내 내기 시작한 것이다.

3) 인공 미토콘드리아 – 합성 생명공학의 차세대 에너지 공장

가장 야심 찬 목표는 생명 자체의 에너지 시스템을 인공적으로 재현하는 것이다. 과학자들은 실제 미토콘드리아의 복합체 단백질 구조를 모사하여, 외부 연료를 ATP 같은 화학에너지로 전환하는 '합성 에너지 공장artificial mitochondria'을 만드는 연구를 진행 중이다. 이러한 인공 미토콘드리아는 의료·바이오 분야에서 혁신을 가져올 잠재력을 가진다. 예를 들어, 세포 내 에너지 대사가 망가진 퇴행성 질환이나 신경 질환 환자에게 인공 미토콘드리아를 이식하면 세포가 다시 에너지를 생산할 수 있을지도 모른

제3부 | 양자가 바꾸는 생명의 이해

다. 더 나아가, 우주 탐사에서 자체적으로 에너지를 생산하는 인공 세포를 만들거나, 연료가 부족한 극한 환경에서 자급자족하는 바이오 로봇을 만드는 것도 가능해진다. 이는 단순한 모방이 아니라, "자연의 에너지 설계도를 공학적으로 재해석하는 것"이다.

4) 자연의 교훈 - 복제가 아닌 창조

중요한 점은 우리가 자연에서 배워야 할 것이 단순한 '형태'나 '결과'가 아니라는 것이다. 자연이 보여주는 진짜 교훈은 문제 해결의 원리에 있다. 생명은 불확실한 양자의 세계를 회피하지 않았다. 오히려 그 세계를 적극적으로 이용하여 질서와 에너지를 만들어냈다. 파동, 중첩, 터널링, 얽힘이라는 미시 세계의 법칙을 조직화하여 거시 세계의 안정성과 지속 가능성을 창조했다. 미래 기술의 과제도 다르지 않다. 우리는 단지 더 큰 배터리, 더 강력한 발전소, 더 빠른 칩을 만드는 것이 아니라, 자연처럼 확률을 질서로, 무작위성을 구조로, 양자의 혼돈을 목적 있는 흐름으로 바꾸는 방법을 찾아야 한다. 그것이야말로 생명이 수십억 년에 걸쳐 완성한 궁극의 공학이다. 결국 미토콘드리아는 과거 생명체의 기원이자 현재 생명의 심장일 뿐만 아니라, 미래 기술 문명의 청사진blueprint이기도 하다. 자연은 이미 에너지의 미래를 우리 몸속에서 시범 운용하고 있다. 이제 남은 것은 그것을 '복제'하는 것이 아니라, 이해하고, 창조하고, 확장하는 것이다. 생명이 그랬던 것처럼, 우리도 양자의 세계에서 새로운 기술의 문명을 만들어낼 수 있다.

7. 생명, 그리고 양자 질서

우리가 미토콘드리아를 다시 바라보는 이유는 단순히 세포의 에너지 공장을 이해하기 위해서가 아니다. 그것은 과학이 수 세기 동안 던져온 가장 근본적인 질문, 즉 '생명이란 무엇인가'에 나아가기 위한 열쇠이기 때문이다. 전자 하나의 파동함수가 특정한 방향으로 흐르고, 수소 이온 하나가 미토콘드리아 내막을 따라 이동하며, 철-황 클러스터 안에서 전자들이 눈 깜짝할 사이에 얽히고 풀리는 찰나의 사건들. 이 모든 미시적 과정이 모여 심장을 뛰게 하고, 신경세포를 활성화하며, 생각과 감정을 가능하게 한다. 우리가 걷고, 말하고, 사랑하고, 꿈꾸는 모든 순간은 그 미세한 양자 현상들의 총합이다.

생명을 구성하는 법칙들은 물리학의 영역에서 벗어나 있지 않다. 오히려 그 반대다. 중첩, 터널링, 얽힘, 결맞음은 모두 생명의 내부에서 활발히 작동하며, 생명 시스템의 효율성과 정밀성을 떠받친다. 생명은 이 법칙들을 무시하거나 우연히 겪은 것이 아니다. 그것들을 도구로 사용하고, 구조로 조직하며, 자기 자신의 존재 조건으로 삼았다. 생명은 우주의 법칙을 수동적으로 따르는 존재가 아니라, 그것을 능동적으로 조율하고 변형하여 스스로를 창조한 존재다. 이는 철학적으로도 놀라운 함의를 지닌다. 우리는 흔히 우주가 무작위적이고 무질서하며, 생명은 그런 혼돈 속에서 우연히 나타났다고 생각한다. 하지만 미토콘드리아를 들여다보면 전혀 다른 그림이 보인다. 전자는 무작위적으로 흐르지 않는다. 파동함수는 확률 속에서 가장 효율적인 경로를 찾아내고, 터널링은 불가능을 가능으로 만들며, 얽힘은 개별성을 넘어서는 집단적 질서를 만들어낸다. 이 미시적 질서들이 축적된 끝에 나타난 것이 바로 '생명'이라는 거시적 질서다. 생명이란, 혼돈 속에서 질서를 조직하는 우주의 능력이 스스로를 인식하는 단계까지 진화한 결과다. 여기서 우리는 새로운 정의를 내릴 수 있다. 생명이란 단순히 탄소 화합물이 모여 자기 복제를 하는 상태가 아니다. 그것은 양자적 불확실성을 질서로 전환하는 과정이며, 확률의 세계를 목적 있는 흐름으로 바꾸는 정보 시스템이다. 다시 말해, 생명은 우주의 근본 법칙이 '자기 자신을 조직한 결과'이며, 그 결과가 지금 이 순간 당신의 심장을 뛰게 하고 있는 것이다. 이 관점에서 보면, 인간의 의식과 사유 역시 이 질서의 연장선 위에 있다. 당신이 지금 이 문장을 읽고 이해하고 있는 그 순간에도, 뇌세포 안에서는 전자들이 얽히고, 터널링이 일어나며, 양자적 정보가 흐르고 있다. 우리의 생각과 감정, 창의성과 기억까지도 결국은 양자의 언어로 쓰인 복잡한 질서의 산물이다. 생명은 단지 물질이 살아 있는 상태가 아니라, 우주가 자기 자신을 이해하기 시작한 하나의 과정인 것이다. 그리고 바로 여기에서 "생명이란 무엇인가"라는 질문은 "우주는 무엇을 하려 하는가"라는 더 큰 질문과 만난다. 생명은 우주의 법칙을 따르면서도 그 법칙이 허용하는 가능성의 공간에서 그것을 재해석하고, 더 높은 수준의 질서를 창조한다. 그것이 세포이고, 조직이고, 의식이고, 문화이며, 과학이다. 미토콘드리아의 미시적 무대에서 시작된 전자의 춤은 긴 진화의 시간을 거쳐 마침내 인간의 사유와 문명이라는 거대한 교향곡으로 이어진다. 이것이 미토콘드리아를 통해 우리가 얻게 되는 가장 깊은 통찰이다. 생명은 단순히 화학이 아니다. 생명은 물리학이며, 더 구체적으로 말하면 양자물리학의 질서가 진화한 형태다. 그리고 우리가 그것을 이해할 때, 우리는 단순히 생명을 설명하는 것을 넘어, 우주가 스스로를 조직하고 인식하는 방식을 이해하게 된다.

12

양자와 진화

무작위 돌연변이의 새로운 해석

1. 다윈 이후의 질문 – 진화는 정말 '무작위'인가?

1859년, 찰스 다윈은 인류의 세계관을 완전히 바꾸어놓았다. 『종의 기원』에서 그는 "자연선택natural selection"이라는 개념을 통해 생명의 다양성과 변화의 원리를 설명했다. 환경에 잘 적응한 개체가 생존하고 번식하며, 시간이 지남에 따라 그 종이 점점 변한다는 것이다. 이 단순하고도 강력한 아이디어는 생명과학의 뼈대를 세웠고, 생명 현상을 설명하는 거의 모든 연구의 출발점이 되었다. 그러나 다윈의 이론에는 하나의 핵심적인 질문이 남아 있었다. 자연선택이 '무엇을 선택하느냐'는 명확해졌다. 하지만 자연선택이 선택할 수 있는 대상, 즉 '돌연변이는 어디에서 오는가?'라는 문제는 여전히 안갯속이었다. 다윈은 돌연변이를 "무작위적 변이random variation"라고 불렀다. 생명체의 유전정보가 복제되는 과정에서 우연히 일어나는 실수, 혹은 방사선·화학물질 같은 외부 요인으로 인한 손상이 진화

제3부 | 양자가 바꾸는 생명의 이해

의 원료라는 것이다. 이 생각은 20세기 초 멘델의 유전학과 결합하며 '돌연변이-자연선택'이라는 진화의 기본 틀이 완성되었다. 하지만 이 설명은 동시에 매우 수동적인 세계관을 전제로 한다.

즉, 생명체는 변화의 방향을 알지 못한 채, 무작위적인 실수*에 몸을 맡기고, 그중 극히 일부만이 환경에 적응해 살아남는다는 것이다. 이 관점에서 진화는 마치 거대한 복권과 같다. 수많은 무의미한 변이 속에서 극히 일부만이 선택되는 "확률 게임"이다. 그러나 과학이 분자 수준, 원자 수준, 심지어 전자 수준까지 파고들면서 이 단순한 그림은 점점 흔들리기 시작했다. 예를 들어, 흥미롭게도, 특정한 환경 조건에서는 돌연변이의 빈도가 갑자기 높아지거나 특정 유전자에 집중되는 현상이 관찰된다. 마치 생명체가 외부 자극에 "응답"이라도 하듯, 유전체가 새로운 선택지를 펼쳐 보이는 듯하다. 이 과정은 단순한 분자적 우연의 결과가 아니다. 오히려 그것은 정보와 에너지의 층위에서 양자적 결맞음이 만들어내는 거대한 '가능성의 분포'가 특정한 조건 아래에서 붕괴하며 현실화되는 과정으로 이해할 수 있다. 무한한 잠재성 중 하나가 환경의 문턱에서 선택되고, 그 결과로서 특정 돌연변이 형태가 나타나는 것이다. 생명은 그렇게, 우연과 필연의 경계에서 스스로의 가능성을 물질화한다.

또 어떤 경우에는, 복제 효소가 DNA를 복제할 때 통계적으로 예상되는 오류율보다 높은 정확도를 유지한다는 사실도 밝혀졌다. 이런 결과들은 "돌연변이는 단순한 무작위 오류의 선택"이라는 전통적 관점을 흔들었다. 그렇다면 이 '무작위성'이라는 전제 자체가 잘못된 것일까? 아니면, 우리가 아직 보지 못한 더 깊은 원리가 존재하는 것일까?

무작위의 밑바닥에는 '양자적 불확정성'이 있다. 이 질문에 대한 답을

---

* 좀 더 고상하게 대자연의 실험(mother nature's experimentation)이라고도 한다.

찾기 위해 과학자들은 더 미시적인 세계, 즉 양자역학의 영역으로 눈을 돌렸다. 놀랍게도, 그곳에서는 "무작위"라는 말이 전혀 다른 의미를 가진다. 양자 세계에서 전자는 고전적 입자처럼 특정한 위치를 가진 것이 아니라, 확률파동probability wave으로 존재한다. 전자가 어디에 있을지는 관측하기 전까지 결정되지 않는다. DNA 복제 과정에서 전자가 특정 염기쌍으로 이동하거나 양성자가 수소 결합을 넘나드는 터널링 현상은 확률적으로 일어난다. 하지만 이 확률은 단순한 '잡음noise'이 아니다. 파동함수의 형태, 주변 환경의 전자구조, 온도·압력 같은 요인에 의해 정교하게 결정된다. 즉, 우리가 지금까지 "무작위적 돌연변이"라고 불러왔던 현상들 중 일부는 사실상 양자 수준에서의 확률적 사건probabilistic event이며, 그것은 완전히 무작위적인 것이 아니라 자연의 법칙이 만들어내는 확률적 결과일 수 있다는 것이다.

진화는 '무작위'인가, 아니면 '양자적'인가? 이제 질문은 단순히 "돌연변이가 무작위인가?"를 넘어선다. 보다 근본적으로, "무작위"라는 개념 자체를 다시 정의해야 할지도 모른다. 양자역학에서 말하는 불확정성과 확률은 단순히 예측 불가능한 '혼돈'이 아니라, 자연이 작동하는 근본적인 언어다. 전자가 어디로 갈지, 어떤 결합이 일어날지, 어떤 염기가 바뀔지는 무작위적이면서도 통계적으로 구조화된 질서를 따른다. 만약 돌연변이가 이러한 양자적 사건들의 누적이라면, 진화는 더 이상 "어쩌다 일어난 실수들의 역사"가 아니다. 그것은 우주의 물리 법칙이 분자 수준에서 정보를 탐색하고, 에너지를 재배치하며, 가능성을 실험하는 과정이라고 말할 수 있다. 이 관점에서 보면, 생명체는 단순히 무작위와 선택의 산물이 아니다. 생명체는 양자 법칙이 허용하는 확률 공간 안에서 끊임없이 '확률적 미래'를 시험하고, 그 결과가 누적되어 주어진 환경에서 진화라는 거대한 이야기를 만들어가는 것이다.

2. 무작위의 근원 - DNA 안에서 일어나는 양자 사건

진화의 재료인 돌연변이는 오랫동안 세포 안에서 무작위로 일어난다고 여겨져 왔다. DNA 복제 과정에서 우연히 생긴 복제 오류, 방사선에 의해 손상된 염기, 화학 물질이 끼어들어 발생한 치환 등은 우리가 흔히 '무작위'라고 부르는 사건들의 대표적인 예다.

그러나 이 '무작위'의 표면을 조금만 더 들여다보면, 그 밑바닥에는 놀랍게도 양자역학이라는 물리학의 언어가 놓여 있다. 염기쌍을 이루는 수소 결합에서의 양성자 터널링, 전자의 미시적 이동, 분자 궤도의 확률적 거동과 같은 현상들은 돌연변이가 발생하는 물리적 조건을 미세한 수준에서 규정한다.

생명체의 진화는 곧바로 '양자현상에 의해 결정된다'고 말할 수는 없지만, 최소한 그 출발점에는 전자의 움직임, 파동함수의 확률 분포, 그리고 미시적 불확정성이 놓여 있다. 우리가 무작위라고 부르는 진화의 재료는, 결국 양자적 불확정성이 생명 시스템의 분자적 맥락 속에서 증폭된 결과라고 할 수 있다.

1) DNA 속에서 벌어지는 보이지 않는 사건들

우리 몸의 세포는 끊임없이 DNA를 복제한다. 이 과정에서 염기쌍들이 정확히 짝을 이루어야 한다. 아데닌(A)은 타이민(T)과, 구아닌(G)은 사이토신(C)과 결합한다. 이 규칙은 너무도 정교해서, 수십억 개의 염기를 복제하면서도 오류율은 약 10억 개당 1개 수준에 불과하다. 하지만 이 완벽에 가까운 정밀함 속에서도, 어쩔 수 없이 작은 틈이 생긴다. 그리고 바로 그 틈에서 진화의 씨앗이 싹튼다. 그 틈을 만들어내는 한 가지 가능한 물리적 메커니즘으로, 양자 터널링과 염기의 토토머화tautomerization가 제시되어 왔다.

2) 전자가 장벽을 뚫고 넘어간다 - 양자 터널링

고전 물리학에서 입자는 자신이 가진 에너지보다 높은 잠재적 장벽이 있으면 이를 넘을 수 없다. 하지만 양자역학의 세계에서는 다르다. 전자는 입자이면서 동시에 파동이기 때문에, 파동함수의 일부가 장벽을 통과해 반대편에서 존재할 확률을 가진다. 이를 양자 터널링이라 한다. DNA 염기쌍 사이의 수소 결합에서는, 전자보다는 오히려 양성자(수소 이온)가 이러한 터널링 현상을 겪을 가능성이 논의되어 왔다. 양성자의 위치가 순간적으로 바뀌면, 염기의 화학적 형태가 '토토머' 상태로 전이되고, 이로 인해 정상적인 염기쌍 대신 비정상적인 결합이 일어날 수 있다. 그 결과, 복제된 DNA에서 염기가 치환되는 돌연변이가 발생한다. 이 현상은 단순한 "복제 실수"가 아니다. 그것은 분자 수준에서 허용된 양자적 불확정성이 생명 시스템의 정보 복제 과정에 개입하는 하나의 경로다. 다시 말해, 생명의 돌연변이는 자연의 법칙이 허용한 "가능성"이 물리적으로 실현되는 순간이다.

3) 토토머화 - 염기의 순간적인 변신

터널링과 함께 중요한 또 하나의 현상은 토토머화tautomerization다. 이는 염기 분자 내에서 수소 원자가 재배치되면서 순간적으로 다른 화학 형태(토토머)로 변하는 것을 말한다. 보통 아데닌과 타이민은 안정된 구조를 유지하지만, 분자 내 전자 분포의 미세한 요동과 수소 재배치가 동시에 일어나면 희귀 토토머 상태가 나타난다. 이 희귀한 구조는 잘못된 상대 염기와 결합할 수 있으며, 그 결과 염기 치환이 발생한다. 흥미로운 점은 이 희귀 토토머 상태의 수명은 수천억 분의 1초(피코초)에 불과하다는 것이다.

하지만 그 짧은 찰나의 순간이 바로 진화의 출발점이 된다.

4) 실험이 보여준 "양자적 돌연변이"

과거에는 이러한 과정이 주로 이론적 추정에 머물러 있었다. 그러나 최근 들어 고분해능 분광학, 초고속 펨토초 레이저 분광 실험, 그리고 양자화학 계산의 발전으로, DNA 염기 수준에서 전자 분포의 미세한 변화와 프로톤 터널링, 토토머화가 실제로 일어날 수 있음을 시사하는 결과들이 점차 보고되고 있다.

예를 들어, 최근의 계산 연구들은 구아닌-사이토신 염기쌍에서 프로톤 터널링이 일어나 희귀 토토머 상태가 형성될 수 있음을 보여주었으며, 이러한 양자역학적 과정이 염기쌍 오배합mispairing으로 이어질 수 있는 하나의 분자적 경로가 될 가능성을 제시한다.

이러한 결과들은 DNA 변이가 단순한 열적 요동이나 무작위적 분자 충돌만으로 완전히 설명되기 어렵다는 점을 시사한다. 돌연변이는 여전히 확률적 사건이지만, 그 확률의 밑바닥에는 양자역학적 불확정성과 미시적 터널링 과정이 물리적 배경으로 작동하고 있을 가능성이 열린 것이다.

5) 무작위가 아닌 '확률적 필연성'

이제 우리는 생명체의 돌연변이를 단순한 오류라고 부르기 어렵다. 물론 개별 돌연변이 사건이 언제, 어디서, 어떤 형태로 일어날지는 예측할 수 없다. 그러나 그 발생 확률 자체는 파동함수의 확률 진폭, 전자구름의 분포, 온도·압력·수분 상태와 같은 물리적 조건들에 의해 확률적으로 기술된다.

다시 말해, 돌연변이는 "결과를 정확히 예측할 수 없는 사건"이지만, 동시에 "물리 법칙이 규정하는 확률 분포를 따르는 현상"이다. 이는 우리가 흔히 말하는 무작위성randomness과 양자역학적 불확정성indeterminacy을 구분할 필요가 있음을 보여준다.

무작위성은 종종 원인이나 구조를 알 수 없는 우연을 가리키는 말로 사용되지만, 불확정성은 물리 법칙이 허용하는 확률 구조 속에서 결과가 결정되지 않는 상태를 의미한다. 돌연변이는 생물학적 수준에서는 무작위처럼 보이지만, 전자와 분자의 수준에서 보면 후자, 즉 '구조화된 불확정성'에 더 가깝다.

6) 진화는 물리학의 연장선이다

이 모든 논의가 말해 주는 핵심은 하나다. 진화는 더 이상 생명과학만의 문제가 아니다. 그것은 물리학의 연장선 위에 놓여 있다. DNA 복제 과정에서 발생하는 오류는 단백질이나 세포의 '실수'라기보다는, 파동함수로 기술되는 미시적 확률 과정이 생명 시스템의 정보 복제 메커니즘과 맞물리며 드러나는 물리적 결과다.

이 관점에서 보면 진화는 "무작위적 실수의 축적"이라는 단순한 그림을 넘어선다. 미시 세계에서 자연법칙이 허용하는 다양한 가능성들이 분자 수준에서 끊임없이 탐색되고, 그 일부가 세포와 개체, 그리고 종의 역사 속에 각인된다. 생명은 그 가능성들이 축적되어 구현된 하나의 물리적 구조다.

다시 말해, 진화는 우연과 선택의 이야기이면서 동시에, 우주의 물리 법칙이 생명이라는 매개를 통해 스스로의 가능성을 드러내는 과정이라 할 수 있다.

3. 환경이 양자 확률을 조절한다 – 무작위성 위에서 전략을 세우는 생명

앞서 살펴본 것처럼 DNA의 돌연변이는 전자의 미세한 이동, 양성자 터 널링과 파동함수의 확률 진폭에 의해 일어나는 사건이다. 이는 생명의 진화가 물리학의 법칙에서 비롯된다는 강력한 증거다. 하지만 여기서 더 놀라운 사실이 하나 있다. 생명체는 이 '양자 확률'조차도 어느 정도 '조절'할 수 있다는 것이다. 이 말은 다소 역설적으로 들릴지도 모른다. 확률이란 본질적으로 예측 불가능한 것이 아닌가? 그런데 생명이 그것을 바꿀 수 있다고? 그러나 수십 년간의 진화생물학·분자생물학 연구는 바로 그 놀라운 사실을 하나둘 밝혀내고 있다. 생명은 무작위성의 포로가 아니다. 개별 사건의 발생 자체를 통제할 수는 없지만, 생명 시스템은 DNA 복제·수선 효소, 손상 반응 경로, 스트레스 반응 메커니즘 등을 통해 어떤 종류의 변이가 더 잘 살아남고 축적될지에 대한 확률의 경관을 간접적으로 조형한다.

확률은 본질적으로 개별 사건을 예측할 수 없게 만들지만, 생명은 그 확률 분포가 작동하는 조건 — 온도, 화학적 환경, 복제 정확도, 오류 수선 강도 — 을 스스로 조절해 왔다. 오히려 생명은 무작위성 위에서 전략적으로 진화를 설계하는 존재다.

1) 환경이 바뀌면 확률도 바뀐다

돌연변이율이 일정하다는 생각은 이미 오래전에 깨졌다. 세균, 효모, 심지어 인간 세포까지, 다양한 생명체에서 환경 변화에 따라 돌연변이율이 달라진다는 사실이 반복적으로 관찰되고 있다. 예를 들어, 영양분이 부족하거나 산소 농도가 급격히 변할 때, 박테리아는 SOS 반응 SOS response이라는 긴급 유전 프로그램을 가동한다. 이 반응은 DNA 복구 효소의 활성을 조절해 오류를 일부러 "허용"하고, 돌연변이율을 평소보다 수십~수백 배까지 높인다. 흥미롭게도 이런 전략은 단순한 '실수'가 아니다. 환경이 극적으로 바뀔 때 유전적 다양성을 늘려 새로운 적응 해법을 찾기 위한 적극적 선택이다. 이 과정에서 중요한 역할을 하는 것이 바로 염기쌍 안정성의 변화다. 세포 내 수분 함량, pH, 이온 농도, 온도 등이 달라지면 수소 결합의 길이와 강도가 미세하게 변한다. 이는 염기쌍의 안정성과 희귀 토토머 형성 확률에 영향을 줄 수 있다. 이러한 변화는 양성자 터널링과 같은 미시적 과정의 확률을 간접적으로 편향시켜, 결과적으로 돌연변이 발생 확률의 '지형'을 바꿀 가능성이 있다. 즉, 환경 변화 → 수소 결합 변화 → 파동함수 확률 변화 → 돌연변이 확률 변화라는 연쇄적 메커니즘이 실제로 일어나는 것이다.

생명체는 '진화의 가속 페달'을 밟을 수 있다. 이러한 현상은 단순한 생화학적 반응 이상의 의미를 갖는다. 생명체는 환경 변화에 맞춰 돌연변이율을 높이거나 낮추며, 진화 속도를 스스로 조절한다. 이를 "진화적 가속화evolutionary acceleration"라고 부른다. 예를 들어, 유리한 환경에서는 DNA 복구 시스템이 강력하게 작동해 돌연변이율을 극도로 낮춘다. 이는 현재 상태를 유지하는 것이 최선일 때의 전략이다. 반대로 극한 스트레스 상황에서는 복구 효소의 기능이 느슨해지고, 염기쌍의 안정성이 낮아지며, 터널링 확률이 급격히 높아진다. 이는 마치 생명이 스스로 진화의 가속 페달을 밟는 것과 같은 현상이다. 이러한 전략적 변이는 특히 박테리아와 같은 단세포 생명체에서 뚜렷하다. 새로운 항생제가 등장하면, 일부 박테리아 집단은 돌연변이율을 수천 배까지 올려 빠르게 변이를 축적하고, 그중 일부가 내성 유전자를 획득해 살아남는다. 이때 돌연변이는 결코 완전히 무작위적인 것이 아니다. 환경 자극이라는 신호에 따라 '확률 분포' 자체가 이동하는 것이다.

2) 확률을 조절하는 생명의 물리학

이 과정은 생물학적 수준에서 보면 복잡한 세포 반응처럼 보이지만, 더 깊은 차원에서 보면 궁극적으로는 양자역학적 기술이 필요한 분자적 현상이다. 환경 변화는 단순히 DNA 복구 효소의 발현을 조절하는 것을 넘어, 염기쌍 주변의 전기적·화학적 퍼텐셜 환경을 바꾸고, 그 결과 전자의 파동함수 분포, 수소 결합의 에너지 지형, 터널링 장벽의 높이에 간접적인 영향을 미친다.

이러한 미세한 변화들은 곧 희귀 토토머 형성 확률과 염기쌍 오배합 가능성을 편향시키며, 결과적으로 돌연변이 발생 확률의 분포를 변화시킨다. 쉽게 말해, 생명체는 확률의 주사위를 완전히 다시 던지는 것이 아니라, 주사위의 모양을 미묘하게 바꾸는 것이다.

이 주사위 자체는 물리 법칙이 정하지만, 그 법칙이 작동하는 초기 조건과 경계 조건 ─ 즉, 분자 환경과 반응의 무대 ─ 은 생명체가 진화의 과정 속에서 일정 부분 조절해 온 셈이다.

3) 전략적 진화 – 생명은 단순히 '적응'하지 않는다

이러한 사실은 진화 이론에 근본적인 시사점을 던진다. 고전적 다윈주의의 교과서적 해석에서 생명은 환경 변화에 대해 주로 수동적으로 반응하는 존재로 그려져 왔다. 환경이 변하면 돌연변이가 '우연히' 발생하고, 자연선택이 그중 일부를 걸러낸다고 생각했다. 하지만 실제 생명은 그보다 훨씬 더 능동적이다. 환경 변화에 '반응'하여 확률을 조절하고, 돌연변이율을 바꾸며, 다양성의 폭을 전략적으로 확장한다. 이런 관점에서 보면 진화는 단순한 '적응adaptation'의 연속이라기보다, 변화 가능한 공간을 능동적으로 '탐색exploration'하는 과정에 가깝다. 생명체는 양자적 불확정성이 드러나는 무대를 간접적으로 조율함으로써, 자신이 탐색할 진화의 지도를 끊임없이 바꾸어왔다.

4) 진화의 새로운 정의

이제 우리는 진화를 단순히 "무작위 변이+자연선택"만으로 충분히 설명하기 어렵다. 진화는 양자적 확률 과정, 생명체가 스스로 구축해 온 조절 메커니즘, 그리고 환경이 가하는 선택 압력이 복합적으로 얽힌 동역학적 과정이다. 생명은 확률의 장場 속에서 수동적으로 떠다니는 잎사귀가 아니다. 개별 양자 사건을 지배할 수는 없지만, 그 사건들이 누적되는 조건과 무대인 파동함수를 조율하는 지휘자이며, 물리학이 제공한 가능성의 공간에서 적극적으로 길을 찾는 탐험가다. 그리고 그 탐색이 누적된 것이 우리가 "진화"라고 부르는 위대한 서사다.

4. 진화의 속도와 방향 – 양자가 만드는 다양성

고전적인 진화론에서 진화의 속도와 방향은 기본적으로 "환경이 변이를 선택하는 과정"으로 설명된다. 예를 들어, 온도가 낮은 지역에서는 털이 긴 동물이 살아남고, 높은 산에서는 산소를 효율적으로 사용하는 개체가 유리하다. 즉, 변이는 무작위로 생기고, 환경이 그중 일부를 선택한다는 것이 전통적인 다윈-멘델 모델의 핵심이다.

하지만 양자역학의 관점에서 보면, 이 설명은 절반만 맞다. 진화는 단지 선택의 결과가 아니다. 환경은 선택 이전, 즉 돌연변이가 발생하는 확률 분포 자체에 영향을 미친다. 다시 말해, 환경이 진화의 결과를 '고르는 것'만이 아니라, 출발점 자체를 재설계한다는 것이다.

1) 확률 분포가 바뀌면 진화의 방향도 바뀐다

DNA의 변이는 전자 터널링, 토토머화, 양자 중첩 같은 미시적 현상에서 시작된다고 앞서 살펴보았다. 이 과정의 공통점은 모두 확률적이라는 것이다. 그런데 이 확률은 결코 고정된 값이 아니다. 온도, 압력, pH, 전자 밀도, 주변 분자의 전기장 등 환경 변수들이 바뀌면 파동함수의 모양도 바뀌고, 그 결과 돌연변이 확률 분포 역시 달라진다. 예를 들어, 온도가 높아지면 DNA 염기쌍의 수소 결합이 느슨해지고, 전자가 터널링을 통해 장벽을 넘어갈 확률이 증가한다. 특정 화학물질이 존재하면 전자 밀도가 변화하고, 특정 결합이 형성되거나 깨지기 쉬운 상태가 된다. 이렇게 되면 단순히 돌연변이율이 증가하는 것뿐 아니라, 특정한 유형의 돌연변이가 더 자주 나타날 수 있다. 즉, 환경은 단순히 "이미 생긴 변이 중에서 유리한 것을 선택하는 역할"에 머무르지 않는다. 환경은 어떤 변이가 생길 가능성이 높은가라는 문제, 즉 진화의 초기 조건을 직접 바꾸는 역할을 한다.

2) 진화의 속도 - 확률을 가속화하는 양자의 힘

진화의 속도는 변이의 속도에 달려 있다. 변이가 더 자주 일어나면 자연선택이 작동할 기회도 많아지고, 새로운 형질이 등장하는 속도도 빨라진다. 양자 현상은 이 속도를 결정하는 중요한 요인이다. 전자터널링 확률이 높아지면 DNA 복제 오류가 늘어나고, 중첩 상태가 안정되면 여러 잠재적 변이 상태가 더 오래 유지될 수 있다. 이는 결국 변이율의 상승을 의미한다. 실제로, 열적 스트레스나 방사선, 산화 스트레스가 가해진 세포에서 돌연변이 속도가 평상시보다 수십 배 이상 증가하는 사례가 잘 알려져 있다. 이는 단순히 외부 요인이 DNA를 '손상시켜서' 일어나는 것이 아니다. 환경 조건이 파동함수의 에너지 장벽을 낮추고, 전자 이동의 확률을 높임으로써 물리학적 차원에서 변이 속도를 가속화하는 것이다. 결과적으로 진화는 훨씬 더 빠르게 진행된다. 무작위적인 사건의 누적이 아니라, 물리 조건이 만들어낸 가속된 다양성 생성인 셈이다.

3) 진화의 방향 - 확률이 기울어진다

더 흥미로운 사실은, 확률 분포가 바뀌면 진화의 방향 자체도 바뀔 수 있다는 것이다. 만약 특정 환경에서 A라는 돌연변이가 생길 확률이 B보다 100배 높다면, 자연선택이 개입하기도 전에 진화의 '초기 조건'은 이미 A쪽으로 기울어져 있다. 이렇게 되면 시간이 지날수록 A 경로를 따르는 개체가 더 많이 등장하고, 진화는 그 방향으로 흐르게 된다. 예를 들어, 산화 스트레스가 강한 환경에서는 DNA 염기의 산화 변이가 특히 자주 일어난다. 이는 특정 유전자 경로가 다른 조건보다 빠르게 변화를 겪는다는 뜻이다. 다시 말해, 자연선택이 작동하기 전부터 진화의 "지도map"가 물리학적으로 재구성되는 것이다. 이 현상을 우리는 "양자-물리적 편향quantum-physical bias"이라고 부를 수 있다. 무작위 변이는 무작위이되, 확률 공간 자체는 편향되어 있다. 그리고 이 편향이 누적되면 결국 진화의 방향성까지 형성한다.

4) 진화는 양자적 지형 위에서 일어난다

이제 진화를 하나의 거대한 풍경으로 생각해 보자. 고전 진화론의 관점에서는 생명체가 무작위 돌연변이의 눈보라 속을 헤매다 우연히 더 높은 언덕(적응 상태)을 발견하는 것과 같다. 하지만 양자역학적 관점에서 보면 이 풍경은 단순히 무작위적인 것이 아니다. 환경 조건이 바뀌면 지형 자체가 재배치되고, 어떤 언덕이 더 높아지고 어떤 골짜기가 더 깊어지는지조차 달라진다. 즉, 진화는 무작위 사건의 결과가 아니라, 양자 확률 지형 quantum probability landscape 위에서 일어나는 복잡한 탐색 과정이다. 그리고 이 지형은 환경에 따라 끊임없이 재구성된다. 생명체는 그 지형 위를 걷는 존재이자, 동시에 그 지형을 바꾸는 존재다.

5. 진화와 정보 - 우연을 넘어선 질서

진화를 "무작위 돌연변이의 축적"이라고 설명하는 교과서적 정의는 오랫동안 생명과학을 지탱해 온 기본 패러다임이다. 그러나 양자역학의 시선에서 보면 이 정의는 진화의 본질을 설명하기에는 너무 단순하다. 진화는 결코 단순한 무작위의 산물이 아니다. 그것은 정보를 탐색하고, 선택하고, 구조화하는 거대한 과정이다. 즉, 진화란 무작위가 질서로 전환되는 메커니즘이며, 혼돈 속에서 의미가 형성되는 정보 생성 과정이다. 이때 양자역학은 생명체가 어떻게 "우연"을 활용해 "목적성"을 만들어내는지를 이해하는 새로운 언어를 제공한다.

1) 변이는 정보 탐색의 도구다

생명체는 단순히 환경에 반응하는 기계가 아니다. 생명체는 끊임없이 가능성의 공간possible state space을 탐색한다. 이 가능성 공간은 DNA 서열, 단백질 구조, 대사 경로, 신호 네트워크 등 생명체가 취할 수 있는 모든 잠재적 상태의 총합이다. 변이는 이 거대한 공간을 탐색하기 위한 도구다. 양성자의 터널링, 파동함수의 중첩, 토토머화 같은 양자적 사건은 이 공간 안에서 새로운 '좌표'를 시험한다. 그리고 자연선택은 그중에서 생존과 번식에 유리한 좌표를 고른다. 이 과정을 정보 이론적 언어로 표현하면, 진화는 확률적 정보 탐색Probabilistic Information Search이다. 생명은 양자의 불확정성을 이용해 거대한 가능성 공간을 "샘플링"하고, 그중에서 가장 효율적이고 안정적인 상태를 정보적 압축을 통해 유지한다.

2) 확률은 무작위가 아니라 정보의 지도다

양자역학에서 확률은 단순한 '모름'의 표현이 아니다. 그것은 시스템이 취할 수 있는 상태 공간이 어떤 구조를 갖는지를 드러내는 정보적 기술이다. 예를 들어 전자의 파동함수는 특정 위치에서 전자를 발견할 확률을 계산하기 위한 수학적 도구이지만, 동시에 그 확률 분포는 주어진 퍼텐셜 환경 속에서 전자가 가질 수 있는 상태들의 '정보 구조'를 반영한다.

진화에서도 마찬가지다. 돌연변이는 표면적으로는 무작위처럼 보이지만, 그 발생 확률의 분포는 결코 무질서하지 않다. 환경 조건, 분자의 구조, 에너지 준위, 전자 상태와 같은 물리적 요인들이 어떤 변이가 더 쉽게 일어날지를 제약하고 편향시킨다.

따라서 변이는 혼돈이 아니라, 구조화된 정보 공간 안에서의 탐색에 가깝다. 이 점에서 진화는 '무작위적 사건의 누적'이 아니라, 제약된 가능성 공간 — 일종의 정보 지형information landscape — 위에서 이루어지는 탐색의 역사다. 우리가 관찰하는 생물 다양성은 무질서한 부산물이 아니라, 그 정보 지형의 굴곡을 따라 전개된 필연적 결과라 할 수 있다.

3) 우연과 필연의 경계 – 정보 흐름으로서의 진화

이제 진화를 이렇게 다시 정의할 수 있다. 진화는 무작위와 필연의 단순한 대립이 아니다. 그것은 두 개념이 정보 흐름information flow이라는 더 큰 틀 안에서 결합되는 동역학적 과정이다.

· **무작위**Randomness: 미시적 수준에서의 양자 불확정성으로부터 비롯
되는 다양한 잠재적 상태의 생성
· **필연**Necessity: 물리적 조건과 생물학적 제약, 선택 압력에 의해 구조
화된 편향된 확률 분포

이 두 요소가 만나면, 무작위는 더 이상 의미 없는 '잡음'이 아니라 탐색
의 전략이 된다. 혼돈은 더 이상 무의미한 움직임이 아니며, 정보의 방향성
을 만들어내는 재료가 된다. 이렇게 보면 진화는 "무엇이 살아남는가?"라
는 질문이 아니라, "무엇이 발생할 수 있는가?", 즉 "가능성의 공간이 어떻
게 열리고 제약되고, 재구성되는가"라는 더 근본적인 질문으로 확장된다.

4) 생명은 정보 엔진이다

생명체는 단지 유전자의 복제 기계가 아니다. 생명체는 정보 엔진
information engine이다. 환경에서 에너지를 받아들이고, 그 에너지를 이용해
새로운 분자 구조를 만들어내며, 가능한 상태의 공간을 탐색하고, 그중에
서 안정적인 정보 패턴을 축적한다. DNA의 돌연변이는 이 엔진의 탐색
전략이며, 자연선택은 그 탐색 결과를 환경에 맞게 압축·정제하는 알고리
즘이다. 세포는 끊임없이 '정보를 시험하고', '정보를 선택하고', '정보를 저
장'한다. 그 결과 생명은 시간에 따라 점점 더 복잡하고 정교한 정보 구조
를 축적해 왔다. 진화는 물질이 에너지와 정보의 흐름을 통해 자기 자신을
조직해 온 긴 역사다.

5) 혼돈 속의 질서 - 진화의 궁극적 의미

이러한 관점에서 보면, 진화란 우연과 필연의 경쟁이 아니라, 무작위에
서 질서를 생성하는 자연의 알고리즘이다. 전자 한 개의 확률적 터널링에

서 복잡한 생명체의 적응에 이르기까지, 모든 것은 정보의 흐름을 따라 움직인다. 그리고 이 흐름은 언제나 두 가지 성질을 가진다. 한편으로는 예측 불가능하고 확률적인 '우연성', 다른 한편으로는 에너지와 법칙에 의해 구조화된 '필연성', 이 둘이 맞물려 작동할 때 생명은 단순한 화학 반응을 넘어 의미 있는 정보 구조를 형성한다. 결국 진화란 "우연이 필연을 만나 질서로 변하는 과정"이며, 생명은 그 질서를 통해 우주의 정보를 조직화하는 존재인 것이다.

> ✓ 진화는 무작위 변이의 단순한 축적이 아니라, 가능성의 공간을 탐색하는 정보 처리 과정이다.
> ✓ 양자적 불확정성과 확률성은 생명이 가능성의 공간을 탐색하도록 허용하는 물리적 배경이다.
> ✓ 확률 분포는 물리적·화학적 조건에 의해 구조화되며, 무작위 속에서도 편향과 질서가 형성된다.
> ✓ 진화의 핵심 질문은 "무엇이 생존하는가"를 넘어, "무엇이 발생할 수 있는가"라는 가능성의 조건을 묻는 데 있다.

6. 인간 진화의 새로운 이해 - 우연과 법칙 사이에서

진화의 긴 서사 속에서 인간의 등장은 언제나 특별한 의미를 지닌다. 수십억 년에 걸친 생명의 역사 속에서, 언어를 사용하고 도구를 만들며, 자신과 우주를 이해하려는 존재로까지 발전한 종은, 현재까지 우리가 아는 한 인간이 유일하다.

물론 유전자의 변이와 자연선택이라는 고전적 진화 이론은 인간이 어떤 경로를 거쳐 변화해 왔는지를 설명하는 강력한 틀을 제공한다. 그러나 그것만으로는 왜 하필 이러한 인지적·문화적 방향성이 선택되었는지, 그리고 어떤 물리적 조건들이 그러한 가능성의 문을 열어주었는지까지 충분히 설명하기는 어렵다.

이 지점에서 양자적 관점은 진화의 가장 깊은 물리적 바탕에 빛을 비춘다. 인간 진화를 가능하게 한 모든 생물학적 변화는, 결국 전자와 원자의 미시적 상호작용, 파동함수로 기술되는 확률 과정 위에서 일어났다. 양자 현상은 인간 진화의 직접적 원인이라기보다, 진화가 전개될 수 있었던 가능성의 '물리적 무대'였다.

1) 미시적 사건이 거대한 변화를 이끌다

인간의 진화사를 자세히 들여다보면, 거대한 도약의 순간들이 있다. 뇌 용량이 폭발적으로 증가하고, 손이 정교한 도구 제작을 가능하게 하며, 언어와 추상적 사고가 출현하고, 복잡한 사회가 형성되는 등의 사건들이다. 이 중 어느 것도 단일 유전자의 변이만으로 설명되지는 않는다. 그러나 이러한 변화들은 수많은 작은 변이의 축적에서 비롯된다. 그리고 그 작은 변이의 상당수는 DNA 내부에서 일어나는 양자적 사건에서 출발한다. 전자의 터널링으로 인한 염기쌍의 미세한 구조 변화, 파동함수의 확률 분포가 만들어낸 대체적 염기 결합, 환경이 조절한 양자 상태의 선택 등은 그 자체로는 미미하지만, 수백만 세대를 거치면서 누적되어 뇌의 구조, 신경 회로, 호르몬 조절 체계, 언어 능력에까지 영향을 미쳤다. 결국 인간은 거대한 의도를 가지고 설계된 결과가 아니라, 양자의 불확정성이 만든 수많은 가능성의 갈림길을 따라 진화한 결과물이다. 우리가 오늘날 '인간'이라고 부르는 존재는 그 갈림길에서 선택된 가지 중 하나일 뿐이며, 다른 가지를 택했다면 전혀 다른 지능과 감정을 가진 생명체가 지구를 지배하고 있었을지도 모른다.

2) 가능성의 나무 - 인간이라는 가지

양자역학의 본질은 확률과 가능성이다. 입자는 하나의 경로만을 선택하지 않고 여러 경로를 동시에 탐색한다. DNA 역시 복제의 순간마다 무수한 변이 가능성을 "잠재적 상태"로 가진다. 진화는 바로 이 잠재성의 나무를 오르는 과정이다. 각 세대마다 발생하는 변이는 가지를 뻗어나가듯 새로운 경로를 연다. 대부분의 가지는 생존하지 못하고 사라지지만, 어떤 가지는 환경에 적응하며 뻗어나간다. 그중 하나가 인류였다. 이 관점에서 보면, 인간의 출현은 단순한 "우연의 결과"도 아니고, "필연적 운명"도 아니다. 그것은 확률의 질서가 만든 "가장 가능성 높은 경로"의 결과다.

3) 의식과 사회성 - 양자가 연 창조의 창

특히 인간 뇌의 진화는 미시적 물리 과정들이 장구한 시간 동안 생물학적 선택과 발달 메커니즘을 통해 증폭·조직된 가장 극적인 결과 중 하나다. 시냅스 형성에 관여하는 단백질 구조의 변화, 신경세포의 발화 특성에 영향을 미치는 이온 채널의 변이, 후성유전학적 조절 과정에서 일어나는 미세한 염기 교환 등은 모두 분자 수준에서 일어나는 확률적 사건들에 뿌리를 두고 있다.

이러한 미시적 변화들이 세대에 걸쳐 누적되며 점차 복잡한 신경망 구조가 형성되었고, 그 위에서 언어 능력, 창의성, 상징적 사고, 도덕적 판단, 그리고 자기 자신을 성찰하는 의식과 같은 고차원적 인지 기능이 출현했다.

이런 의미에서 우리의 사고와 감정, 예술과 과학은, 미시 세계에서 허

용된 물리적 가능성이 생물학적 조직과 진화적 선택을 거쳐 구현된 정보
적 산물이라 할 수 있다. 생명의 미시적 세계가 만들어낸 무수한 갈래들
가운데, 인간의 의식과 문화는 '사유하는 우주'라는 한 갈래의 표현이다.

7. 결론 – 우연과 필연

진화는 여전히 우연의 산물이다. 그러나 그 우연은 무질서한 혼돈이 아
니다. 그것은 양자적 불확정성과 물리 법칙이 만들어낸 구조화된 확률의
질서이며, 자연이 가능성의 공간을 탐색하는 방식이다. DNA 속에서 일어
나는 전자와 양성자의 미시적 이동, 염기쌍의 구조적 요동, 그리고 환경
조건이 형성하는 에너지 지형은 수십억 년에 걸쳐 생명의 서사를 구성해
왔다.

그리고 그 장대한 서사의 한 갈래 끝에서 인간이 등장했다. 우리는 우
연의 결과로 태어났지만, 그 우연은 물리 법칙이 허용한 가능성의 풍경 속
에서 필연적으로 전개된 결과다. 이런 의미에서 인간은 단지 '진화의 산
물'이 아니라, 우주의 물리 법칙이 생명이라는 형태를 통해 드러낸 하나의
자기조직화된 표현이다.

생명은 무작위로 떠오른 사건이 아니라, 불확정성 위에서 필연적 질서
가 형성되는 자연의 자기조직화 과정이다. 그리고 인간은 그 질서가 빚어
낸 하나의 시적 표현이다. 확률로 쓰인 생명의 서사시가 도달한 하나의 정
점에 선 존재인 것이다.

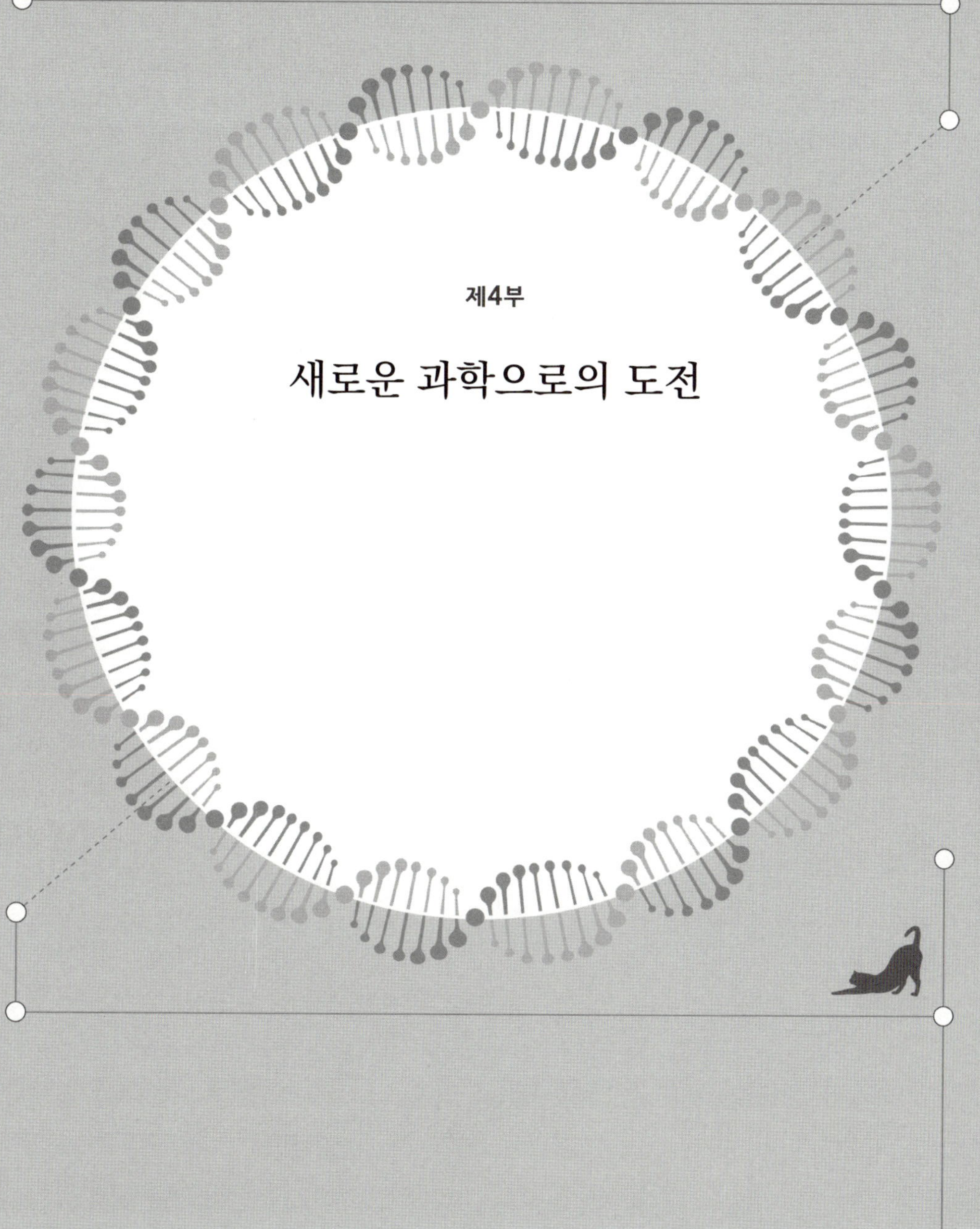

새로운 과학으로의 도전

13

양자컴퓨터와 생명 시뮬레이션

생명의 언어를 읽고 다시 쓰는 기계

1. 생명의 복잡성 앞에 선 컴퓨터

21세기 과학의 궁극적인 목표 중 하나는 생명을 "이해"하는 것을 넘어 "재현"하는 것이다. 우리는 이미 놀라운 진보를 이루었다. DNA의 염기서열을 해독했고, 단백질 구조를 예측하며, 세포 내에서 벌어지는 대사 경로를 수학적으로 모델링할 수 있게 되었다. 합성생물학을 통해 유전자를 편집하고, 인공 세포를 만드는 단계에까지 다가갔다. 그러나 과학자들이 아직도 해결하지 못한 가장 어려운 문제는 바로 이것이다.

"생명을 전체적으로 시뮬레이션 할 수 있는가?"

한 개의 세포만 봐도 답은 복잡하다. 세포 안에는 수천만 개의 단백질, 수십억 개의 분자, 그리고 셀 수 없이 많은 이온과 전자가 끊임없이 상호 작용하며 움직인다. 이들의 행동은 단순히 충돌하거나 결합하는 수준이 아니다. 전자스핀의 변화, 양자 터널링, 분자 진동, 비선형 네트워크 같은 다중 스케일multi-scales의 복합적 현상이 한순간도 멈추지 않고 동시에 일어난다. 각각의 과정은 서로에게 영향을 미치며 연속적으로 되먹임feedback을 만들고, 그 결과 세포는 스스로를 조직화하고 유지한다. 이 복잡성은 상상을 초월한다. 단백질 하나의 접힘 구조를 정확히 계산하는 데에도 고진 컴퓨터는 수십 년에서 수백 년이 걸릴 수 있다. 세포 전체를 물리 법칙 수준에서 정확히 시뮬레이션 하려는 시도는 지금까지 "불가능에 가까운 계산"으로 여겨져 왔다. 단순히 연산 속도의 문제가 아니라, 우리가 사용하는 계산 방식 자체가 자연과 어울리지 않기 때문이다.

이 지점에서 1981년, 미국의 이론물리학자 리처드 파인만Richard P. Feynman은 한 가지 혁명적인 통찰을 제시했다. 그는 MIT에서 열린 유명한 강연에서 이렇게 말했다.

"자연은 고전 컴퓨터가 아니라 양자컴퓨터로 작동한다. 우리가 자연을 시뮬레이션 하려면, 자연이 사용하는 방식 그대로 계산해야 한다."

파인만의 이 발언은 단순한 과학자의 직관이 아니었다. 그는 이미 고전적 계산이 가지고 있는 한계를 정확히 간파하고 있었다. 생명체의 분자 운동, 전자의 파동함수, 화학 반응의 양자 상태를 모두 디지털 비트로 풀어내는 것은 본질적으로 비효율적이라는 것이다. 자연은 0과 1이라는 이진법이 아니라, 중첩과 얽힘이라는 양자 법칙을 통해 계산을 수행한다. 이 발상은 이후 양자컴퓨터 개념의 태동으로 이어졌다. 파인만은 자연의 계산 원리를 "모방"하는 새로운 기계, 즉 자연을 있는 그대로 계산할 수 있는 기계가 필요하다고 강조했다. 그것이 바로 오늘날 우리가 말하는 양자컴퓨터이다. 양자컴퓨터는 단순히 더 빠른 컴퓨터가 아니다. 그것은 생명의 복잡성을 억지로 단순화하지 않고 자연이 실제로 사용하는 파동함수, 중

제4부 | 새로운 과학으로의 도전

첩, 얽힘, 확률 진폭 그대로 계산하는 최초의 기계다. 이 기계는 단백질 하나의 접힘뿐 아니라, 세포 전체의 동역학, 심지어 생명체 전체의 자기조직화까지도 이론적으로 재현할 수 있는 잠재력을 지닌다.

그리고 이러한 '자연의 계산기'를 현실로 구현하는 일은 이제 먼 미래의 이야기가 아니다.

2. 고전 컴퓨터의 한계 – 생명을 풀 수 없는 이유

현대 사회의 거의 모든 계산은 고전 컴퓨터classical computer 위에서 이루어진다. 우리가 사용하는 스마트폰, 슈퍼컴퓨터, 인공지능 서버까지 모두 '비트bit'라는 단위를 기반으로 정보를 처리한다. 비트는 0 또는 1의 두 가지 상태만을 가질 수 있고, 수많은 비트를 조합하여 연산을 수행한다. 이 단순한 이진 구조는 디지털 시대를 만들어낸 위대한 발명이다. 하지만 이 강력한 계산 도구조차, 생명의 본질에 다가가려는 순간 벽에 부딪힌다. 그 이유는 단순하다. 생명 현상 자체가 비트적인 세계에서 작동하지 않기 때문이다.

1) 조합 폭발: 단백질 하나가 만들어내는 "불가능의 수학"

가장 단순한 예를 들어보자. 단백질 접힘 문제는 생명과학에서 가장 오래된 난제 중 하나다. 단백질은 아미노산의 사슬이 접히며 3차원 구조를 이루고, 이 구조가 곧 기능을 결정한다. 하지만 그 과정은 단순한 물리 퍼즐이 아니다. 예를 들어, 100개의 아미노산으로 이루어진 단백질을 생각해 보자. 각 아미노산은 수많은 회전 각도와 결합 상태를 가질 수 있으며, 10개의 상태만 가정할 때 이들의 조합으로 만들어질 수 있는 구조는 10^{100}

13 | 양자컴퓨터와 생명 시뮬레이션

개 이상이다. 이는 우주의 모든 원자 수(10^{80})보다 많고, 현재 인류가 만든 가장 빠른 슈퍼컴퓨터로도 우주의 나이(약 138억 년) 동안 계산을 시도해도 다 풀지 못한다. 이것이 의미하는 바는 명확하다. 고전 컴퓨터는 이 문제를 "정면으로" 풀 수 없다. 모든 상태를 하나씩 검사하는 방식으로는, 생명체의 일부조차 시뮬레이션 하기 어렵다. 단백질 하나도 이런데, 수천 개 단백질이 상호 작용하는 세포 전체를 계산하는 것은 사실상 불가능에 가까운 계산이다.

2) 생명은 '조합'이 아니다 – 비선형성과 다중 상호작용의 세계

고전 컴퓨터가 어려움을 겪는 이유는 단순히 조합이 많아서가 아니다. 생명 현상 자체가 비선형적nonlinear이며, 동적dynamic이고, 확률적이며, 동시에 일어나는 다중 상호작용multiscale interaction의 집합체이기 때문이다.

- **효소 반응에서의 전자 터널링**: 효소 반응 속도는 활성화 에너지뿐만 아니라 전자가 양자 터널링을 통해 반응 좌표를 "건너뛰는" 확률에 의해 결정된다. 이는 전자 상태의 파동함수와 환경의 진동이 복합적으로 얽힌 양자 현상이다.
- **광합성에서의 파동 간섭**: 엽록체 내의 광수확 복합체는 들뜬 전자가 여러 경로를 동시에 탐색하는 '양자 중첩'을 활용해 에너지 손실을 최소화한다. 이러한 동시 탐색은 고전 알고리즘으로는 본질적으로 구현하기 어렵다.
- **유전자 네트워크의 피드백 루프**: 수천 개의 유전자는 서로를 억제하거나 촉진하는 피드백 네트워크를 형성한다. 이 네트워크는 마치 다차원 동역학계처럼 작동하며, 작은 변화가 전체 시스템의 거동을 완전히 바꿀 수 있다.

이런 현상들은 선형적·순차적 연산으로 풀리는 문제가 아니다. 상태가 서로를 바꾸고, 시간에 따라 구조가 달라지며, 예측 자체가 확률 분포 위에서만 가능하다. 고전 컴퓨터는 이런 복잡성을 "순차적으로" 다루려 하기 때문에 계산 비용이 기하급수적으로 폭발한다.

3) 디지털 논리의 한계 – 자연은 '확률 진폭'으로 계산한다

고전 컴퓨터가 사용하는 비트는 항상 0 아니면 1이다. 그러나 자연의 계산 단위는 다르다. 자연은 파동함수(Ψ)와 확률 진폭amplitude을 사용한다. 전자는 동시에 여러 상태에 존재하고, 그 확률 분포가 중첩되어 결과를 만든다. 즉, 자연은 처음부터 병렬적이고, 확률적이며, 비결정론적인 방식으로 계산한다. 반면 고전 컴퓨터는 모든 것을 순차적이고 결정론적으로 풀려 하기 때문에, 자연의 계산 철학을 따라잡을 수 없다.

4) 정보 밀도의 차이 – 생명은 "얽힌 상태"로 계산한다

고전 컴퓨터가 처리하는 정보는 비트 단위로 독립적이다. 반면 생명 시스템은 수많은 입자와 분자가 얽혀 있으며, 하나의 상태 변화가 전체 시스템에 동시적으로 영향을 미친다. 예를 들어 단백질의 구조 변화는 인접한 수용체의 전자구조를 바꾸고, 이는 다시 세포 신호 네트워크 전체에 파급 효과를 미친다. 이런 상호 연결성interconnectedness은 고전적인 연산 모델로는 표현하기 어렵다. 왜냐하면 고전 알고리즘은 모든 연산을 독립적으로 취급하기 때문이다. 결국 생명 시스템을 제대로 모사하려면, 이런 얽힘을 자연스럽게 계산할 수 있는 새로운 방식이 필요하다.

13 | 양자컴퓨터와 생명 시뮬레이션

3. 양자컴퓨터 – 자연의 계산 방식을 닮은 기계

양자컴퓨터는 우리가 지금까지 알고 있던 컴퓨터와는 본질적으로 다르다. 고전 컴퓨터가 정보를 다루는 방식이 '점묘화된 픽셀'이라면, 양자컴퓨터는 그 픽셀을 물결처럼 부드럽게 연결한 파동으로 다룬다. 고전 컴퓨터가 "0 또는 1"이라는 두 가지 상태만을 선택적으로 다룬다면, 양자컴퓨터는 그 둘 사이의 모든 가능성을 동시에 포용한다. 그 비밀은 정보의 기본 단위에 있다. 고전 컴퓨터가 비트를 사용하는 반면, 양자컴퓨터는 큐비트를 사용한다. 큐비트는 단순히 0 아니면 1이 아니다. 양자역학의 중첩 원리에 따라, 0과 1이 동시에 존재할 수 있다. 마치 동전이 공중에서 빙글빙글 돌고 있을 때 앞면이냐 뒷면이냐를 정의할 수 없듯, 큐비트는 '0일 수도 있고 1일 수도 있는 상태'로 존재한다. 우리가 관측하기 전까지는 두 상태가 모두 공존하며, 이 가능성들이 서로 간섭하고 조합된다.

1) 얽힘 – 우주적 동기화의 계산

하지만 진짜 마법은 여기서 끝나지 않는다. 여러 개의 큐비트가 서로 연결될 때, 양자컴퓨터는 전혀 새로운 계산 우주를 연다. 이때 중요한 개념이 바로 얽힘이다.

얽힘이란 두 큐비트가 물리적으로 떨어져 있어도 서로의 상태가 즉각적으로 연결되는 현상이다. 하나를 측정하면, 다른 하나의 상태가 동시에 결정된다. 알베르트 아인슈타인이 이 현상을 보고 "유령 같은 원격 작용"이라 불렀을 만큼, 얽힘은 고전적 직관을 뛰어넘는다. 이 얽힘을 이용하면 양자컴퓨터는 개별 큐비트를 각각 계산하는 대신, 전체 시스템을 하나의 거대한 파동처럼 다룬다. 이 말은 곧, 우리가 입력한 정보를 독립적인 비트들의 조합이 아니라 하나의 거대한 상태 공간으로 계산한다는 뜻이다.

2) 병렬성 - 가능성 전체를 동시에 계산한다

이 놀라운 특성 덕분에 양자컴퓨터는 고전 컴퓨터처럼 "하나씩" 계산하지 않는다. 대신 한 번의 연산으로 우주만큼 많은 가능성을 동시에 탐색한다.

예를 들어보자. 고전 컴퓨터는 아무리 빠르더라도 많은 경우의 수를 하나하나 순차적으로 평가해야 한다. 반면, N 큐비트 양자 시스템은 2^N(2의 N승) 차원의 힐베르트 공간Hilbert space 위에 상태를 중첩시켜 표현할 수 있다. 예를 들어 50큐비트는 약 2의 50승(약 1천조) 차원의 상태 공간을 갖는다. 이는 고전적으로 모든 경우를 명시적으로 저장하거나 열거하기가 사실상 불가능한 규모다.

다만 양자컴퓨터가 이 모든 경우를 '한 번에 계산해 답을 뽑아내는' 것은 아니다. 양자 알고리즘의 핵심은 중첩과 얽힘, 그리고 간섭interference을 이용해 정답에 해당하는 경로의 확률 진폭을 증폭하고, 불필요한 경로는 상쇄시키는 데 있다. 즉, 양자컴퓨터의 병렬성은 '모든 해를 다 본다'기보다는, 구조를 가진 문제에서 해가 드러나도록 확률 분포를 재형성하는 방식에 가깝다.

이러한 병렬성parallelism은 전자구조 계산, 효소 반응 경로, 전자전달 사슬의 양자역학적 기술, 약물 결합의 고차원 에너지 경관과 같이, 상태 공간이 기하급수적으로 커지는 생명과학 문제에서 특히 잠재적인 이점을 갖는다. 고전 컴퓨터가 근사와 샘플링에 의존해야 하는 영역에서, 양자컴퓨터는 문제의 물리적 구조를 보다 직접적으로 표현·조작할 수 있는 새로운 계산 패러다임을 제공한다.

3) 마치 우주의 계산기를 빌린 것처럼

양자컴퓨터를 이해하는 또 하나의 좋은 비유는 '미로 찾기'다. 고전 컴퓨터는 미로의 입구에서 시작해 갈림길을 하나씩 탐색하며, 막다른 길이면 되돌아오고, 다시 다른 길을 시도하는 식으로 출구를 찾는다. 어떤 길이 막혀 있는지, 어떤 길이 출구로 이어지는지를 알기 위해서는 많은 경로를 순차적으로 시험해야 한다.

반면 양자컴퓨터는 미로 전체를 하나의 '파동 장'으로 표현하는 방식에 가깝다. 모든 가능한 경로를 중첩된 상태로 동시에 표현하되, 간섭 효과를 이용해 출구로 이어지는 경로의 확률 진폭은 증폭하고, 막다른 길에 해당하는 경로는 서로 상쇄되도록 계산을 설계한다. 그 결과, 측정하면 출구로 이어지는 경로가 높은 확률로 드러난다.

이런 계산 방식은 생명 시스템의 복잡한 '경로 문제'에 특히 매력적이다. 단백질 접힘의 에너지 풍경, 효소 반응의 반응 좌표, 전자전달 사슬에서의 가능한 전달 경로처럼, 수많은 가능성 중에서 물리적으로 의미 있는 경로가 선택되는 문제에서, 양자컴퓨터는 고전적 근사나 샘플링을 보완하는 새로운 계산 도구가 될 잠재력을 갖는다.

4) 자연을 '복제'하는 계산기

왜 이런 일이 가능할까? 그 이유는 단순하면서도 깊다. 양자컴퓨터는 자연이 따르는 물리 법칙 ─ 특히 양자역학 ─ 을 계산 모델의 바탕으로 삼기 때문이다. 자연 속 입자들은 동시에 여러 상태의 중첩으로 기술되며, 서로 얽혀 있고, 확률 진폭의 간섭에 따라 거동한다. 전자는 파동처럼 퍼져 여러 경로에 대한 확률 진폭을 형성하고, 분자는 다수의 양자 상태가 결합된 형태로 반응 경로를 따른다.

이런 의미에서 자연은 '양자역학적 동역학'을 따라 스스로 진화하는 계라고 보는 것이 정확하다. 양자컴퓨터의 강점은 바로 이 양자역학적 동역학을 계산의 기본 언어로 직접 구현한다는 데 있다.

고전 컴퓨터가 자연의 양자 거동을 흉내 내려면 막대한 수의 근사계산과 샘플링을 쌓아야 하지만, 양자컴퓨터는 같은 수학적 구조 ─ 중첩, 얽힘, 간섭 ─ 위에서 계산을 수행한다. 그래서 특정 물리·화학 문제에서 양자컴퓨터는 '자연을 모사하는 데 더 자연스러운 계산기'가 될 잠재력을 갖는다.

5) 생명 연구에서의 결정적 의미

이러한 관점은 생명과학에서 특히 중요한 함의를 갖는다. 단백질 접힘은 거대한 에너지 풍경 위에서 물리적으로 의미 있는 경로와 최소 에너지 구조를 찾는 문제이며, 효소 반응은 전자 분포와 반응 좌표가 얽힌 양자역학적 에너지 지형 위에서 일어난다. 전자전달 사슬은 다수의 전달 경로가 간섭과 결합을 통해 경쟁하는 동역학적 과정이고, 약물 결합 역시 결합 부위에서의 전자 분포와 상호작용이 만드는 고차원 상태 공간의 문제다.

이런 문제들은 고전 컴퓨터로도 근사계산과 샘플링을 통해 다뤄지고 있지만, 상태 공간이 급격히 커지면서 계산 비용이 빠르게 폭증한다. 양자컴퓨터는 중첩·얽힘·간섭을 이용해 이러한 물리적 구조를 보다 직접적으로 표현·조작할 수 있는 잠재력을 갖는다. 따라서 특정 유형의 전자구조 계산, 반응 경로 모사, 양자 동역학 문제에서, 고전적 방법을 보완하거나 일부 병목을 완화하는 새로운 계산 패러다임을 제공할 수 있다.

이런 의미에서 양자컴퓨터는 자연이 따르는 물리 법칙과 같은 언어로 연산을 수행하는 '자연의 계산기'에 가깝다.

13 | 양자컴퓨터와 생명 시뮬레이션

4. 생명 시스템의 양자 시뮬레이션

양자컴퓨터가 가진 진정한 잠재력은 단순한 연산 속도에서 끝나지 않는다. 그것은 "자연을 자연의 언어로 계산한다"는 점에서 발휘된다. 특히 화학과 생명과학의 핵심이라 할 수 있는 분자 수준 시뮬레이션에서, 양자컴퓨터는 고전적 접근이 빠르게 한계에 부딪히는 문제들에 대해 새로운 가능성을 제시하고 있다. 분자의 전자구조를 정확히 계산하는 일은 화학·생물학·의학 연구의 근본적인 과제다. 분자의 결합, 반응성, 안정성, 기능은 전자들이 어떻게 배치되고 상호 작용하는지에 의해 좌우된다. 그러나 전자 간 상관electronic correlation이 강해질수록 가능한 상태 공간은 기하급수적으로 증가하며, 고전 컴퓨터에서는 근사와 축소된 모델에 의존할 수밖에 없다.

양자컴퓨터는 파동함수, 중첩, 얽힘을 계산의 표현 언어로 사용함으로써, 이러한 전자구조 문제를 보다 자연스러운 형태로 기술할 잠재력을 갖는다. 물론 현재의 양자 하드웨어는 소규모 분자와 단순화된 모델을 다루는 수준에 머물러 있지만, 장기적으로는 복잡한 생체분자의 전자구조와 반응 경로를 보다 근본적인 수준에서 모사할 수 있는 새로운 계산 도구로 발전할 가능성을 보여주고 있다. 그 결과, 생명 현상의 복잡성을 "근본에서부터" 이해할 수 있는 길이 열리고 있다.

1) 단백질 접힘 - 생명의 퍼즐을 풀다

단백질은 생명체의 거의 모든 일을 수행하는 분자 기계다. 효소 반응, 신호 전달, 면역 반응, 세포 구조 유지까지 모두 단백질의 손에서 이루어진다. 그런데 단백질의 기능은 그 3차원 구조에 달려 있고, 그 구조는 접힘이라는 과정에서 결정된다. 문제는 이 접힘이 단순하지 않다는 것이다.

단백질은 긴 아미노산 사슬이 스스로 접히며 수많은 경로를 거쳐 최종 구조에 도달한다. 그 과정에서 에너지 지형energy landscape은 마치 히말라야 산맥처럼 복잡하며, 수많은 국소 최솟값과 전이 상태를 거친다. 고전 알고리즘으로는 이 복잡한 에너지 지형을 하나하나 따라가야 하므로, 단백질 하나가 정확히 접히는 데 필요한 계산이 우주의 나이보다 길어질 수도 있다. 양자컴퓨터는 이 문제를 완전히 다르게 접근한다. 파동함수를 이용해 가능한 접힘 경로 전체를 동시에 탐색하고, 그중 가장 안정적인 구조를 빠르게 찾아낸다. 즉, 수조 개의 "가능한 단백질 형태"를 한 번의 연산으로 평가하는 셈이다. 실제로 구글의 양자 시뮬레이터는 특정 효소 단백질의 접힘 시간을 고전적 알고리즘보다 10^6배 이상 빠르게 계산하는 데 성공했다. 앞으로 이런 기술이 본격화되면, 신약 개발에서 단백질 표적의 구조를 예측하는 데 걸리는 시간이 수개월에서 수분 단위로 단축될 수 있다.

2) 신약 설계 - 파동함수로 약을 디자인하다

신약 개발의 핵심은 "약물과 단백질이 얼마나 잘 결합하는가"를 아는 것이다. 그러나 결합은 단순한 퍼즐 맞추기가 아니다. 두 분자의 전자껍질이 서로를 어떻게 인식하고, 파동함수가 어떻게 간섭하며, 결합 궤도가 어떻게 형성되는지에 따라 결과가 달라진다. 고전 컴퓨터는 이를 해결하기 위해 복잡한 근사치와 시뮬레이션을 사용하지만, 이는 종종 정확도가 떨어지고 막대한 계산 시간이 필요하다. 양자컴퓨터는 여기서 놀라운 장점을 가진다. 분자의 파동함수 자체를 직접 계산하고, 전자 간 상호작용을 정밀하게 모델링함으로써 결합 에너지, 반응 좌표, 전이 상태까지 한 번에 예측할 수 있다.

이 말은 곧, 실험 전에 수십만 개의 후보 물질을 이론적으로 평가하여 성공 가능성이 높은 약물을 선별할 수 있다는 뜻이다. 글로벌 제약사 로슈

Roche와 영국의 퀀텀 모션Quantum Motion은 이미 공동으로 양자 기반 신약 설계Drug Discovery 플랫폼을 구축하고 있으며, 2030년까지 상용화를 목표로 하고 있다. 이 플랫폼이 완성되면 신약 개발에 걸리는 시간이 현재의 10분의 1 이하로 줄어들고, 임상 성공률도 비약적으로 높아질 것으로 기대된다.

3) 전자전달 모사 - 생명의 에너지 회로를 재현하다

모든 생명은 에너지 흐름 위에 존재한다. 세포 호흡과 광합성, ATP 생성, 산화환원 반응 등 모든 과정의 핵심에는 전자전달electron transfer이라는 미세한 현상이 있다. 예를 들어 미토콘드리아 복합체 IComplex I에서는 수십 개의 금속 클러스터와 조효소 사이를 전자가 연속적으로 이동한다. 이때 전자는 단순히 "뛰어 다니는" 것이 아니라, 터널링, 파동 간섭, 진동 결합을 통해 복잡한 양자 경로를 따라 흐른다. 이러한 다중 단계 과정은 서로 얽혀 있어 고전적인 네트워크 모델로는 정확히 재현하기가 매우 어렵다. 양자 시뮬레이션은 이 문제를 근본부터 해결할 수 있다. 전자의 파동 함수 이동, 에너지 준위 간 전이, 주변 단백질 진동과의 결합 효과까지 포함한 동적 모델dynamic model을 직접 재현할 수 있다. 이를 통해 우리는 미토콘드리아 내에서 전자가 실제로 "어떻게" 이동하는지를 원자 단위에서 이해할 수 있다. 이러한 모델은 단순한 학문적 흥미를 넘는다. 에너지 효율이 높은 인공 광합성 시스템, 나노 전자소자, 심지어 양자 생명 치료quantum bio-therapy 개발까지, 다양한 응용으로 이어질 수 있다.

4) 유전 네트워크 모델링 - 생명 정보의 거대한 퍼즐을 풀다

유전자는 결코 독립적으로 작동하지 않는다. 각각의 유전자는 서로를 억제하거나 촉진하며, 수천 개의 유전자가 얽혀 복잡한 발현 네트워크

expression network를 만들어낸다. 이 네트워크는 단순히 선형적으로 연결된 회로가 아니라, 수많은 피드백 루프와 상호작용이 얽힌 거대한 정보 처리 시스템이다. 고전 컴퓨터는 이 문제를 그래프로 단순화하거나 확률 모델로 근사하지만, 실제 시스템의 상호의존성을 모두 포착하기는 어렵다. 양자컴퓨터는 다르다. 큐비트 간의 얽힘 자체가 유전자의 상호작용을 표현하는 데 이상적이다.

예를 들어, 한 유전자의 상태 변화가 다른 수백 개의 유전자에 동시에 영향을 미치는 상황을 큐비트 얽힘으로 모델링하면, 세포 수준의 전체 발현 패턴을 자연스럽게 재현할 수 있다. 이는 복잡한 질병 네트워크 분석, 맞춤형 유전자 치료 설계, 진화 경로 예측 등에 새로운 돌파구를 제공한다.

5) 생명 시뮬레이션이 여는 새로운 시대

지금까지 과학은 생명 시스템을 "모사"하려 애써왔다. 그러나 양자컴퓨터는 그 경계를 뛰어넘는다. 이제 우리는 분자 한 개의 반응에서 세포 전체의 행동, 나아가 생명체 전체의 자기조직화까지를 한꺼번에 시뮬레이션할 수 있는 시대를 향해 나아가고 있다. 이는 단지 과학의 진보가 아니다. 신약 개발의 속도와 정확도가 혁명적으로 향상되고, 에너지 생산 시스템이 생명을 본뜬 효율을 가지며, 유전 정보의 패턴을 기반으로 질병을 예측하고 예방할 수 있는 미래가 열린다. 양자 시뮬레이션은 결국 생명과학의 질문 자체를 바꾸어놓는다. "어떻게 관찰할 것인가?"에서 "어떻게 재현하고 설계할 것인가?"로. 그리고 그것은 인류가 생명을 이해하는 방식, 더 나아가 생명을 창조하는 방식을 완전히 바꾸는 거대한 전환점이 될 것이다.

5. 양자 기계학습과 생명 정보학 – 데이터 속에서 '생명의 언어'를 읽다

양자컴퓨터의 잠재력은 단순히 자연을 시뮬레이션 하는 데서 끝나지 않는다. 그보다 훨씬 근본적인 혁신은 '데이터를 이해하는 방식' 자체를 바꾸는 데 있다. 오늘날 생명과학은 실험실에서 관찰하는 시대를 넘어, 데이터를 통해 생명을 해석하는 시대로 진입했다. 한 세포에서 나오는 데이터의 양은 상상을 초월한다. 인간 한 사람의 유전체genome는 30억 개의 염기쌍 정보를 담고 있으며, 전사체transcriptome는 시간과 환경에 따라 수십만 개의 발현 조합을 만든다. 단백질체proteome는 수백만 개 이상의 변형 조합을 가지며, 대사체metabolome는 실시간으로 변화하는 화학 반응 네트워크를 반영한다. 이러한 다차원 생명 데이터를 모두 통합하면, 한 명의 환자만을 위한 생명 정보조차 테라바이트terabyte를 훌쩍 넘어선다. 하지만 이 데이터 안에는 질병의 원인, 생명 진화의 패턴, 맞춤 치료의 실마리가 모두 숨어 있다. 문제는 너무 복잡하다는 것이다.

1) 고전적 머신러닝의 한계 – 너무 방대한, 너무 얽힌 세계

지난 10년간 머신러닝과 인공지능은 유전체 해석, 단백질 예측, 약물 추천 등에서 놀라운 성과를 냈다. 그러나 한계도 분명하다. 고차원성high dimensionality 측면에서 수십억 개의 변수와 상호작용을 처리하는 데 계산 자원이 기하급수적으로 증가한다. 비선형성 생명 데이터는 선형 회귀나 간단한 함수로 표현할 수 없는 복잡한 패턴을 가진다. 상호 얽힘entanglement-like complexity은 유전자, 단백질, 대사 네트워크가 서로 의존적인 방식으로 작동하기 때문에 독립적인 특성feature으로 분리하기 어렵다. 결과적으로, 기존의 머신러닝 모델은 이 복잡성을 모두 다루지 못하고, 근사적 해석에 그치거나 지나치게 단순화된 모델을 만들어낸다.

2) 양자 기계학습 – '중첩된 패턴'을 읽는 계산

양자 기계학습Quantum Machine Learning, QML은 이런 한계를 근본적으로 뒤흔드는 새로운 접근이다. 고전 머신러닝이 데이터의 각 점을 순차적으로 분석한다면, QML은 중첩과 얽힘을 활용해 모든 패턴을 동시에 분석한다. 중첩은 데이터 공간의 여러 상태를 동시에 탐색하여, 숨겨진 패턴과 복잡한 상관관계를 찾아낸다. 얽힘은 서로 영향을 주는 데이터 포인트들을 하나의 상태로 연결하여, 복합적인 상호작용까지 학습한다. 양자 커널Quantum Kernel은 데이터 간의 비선형 관계를 자연스럽게 매핑해, 고차원 공간에서의 분류나 예측을 훨씬 효율적으로 수행한다. 이러한 특성 덕분에 QML은 데이터 간의 관계가 복잡할수록 오히려 성능이 높아진다. 생명 현상처럼 다층적이고 비선형적인 시스템 분석에는 이보다 더 적합한 도구가 없다.

(1) 주요 응용 1: 질병 예측 – DNA에서 미래를 읽다

양자 기계학습은 질병의 발병 가능성을 예측하는 데 새로운 돌파구를 제시한다. 예를 들어 암이나 퇴행성 신경 질환은 단일 유전자의 이상 때문이 아니라, 수천 개의 유전자, 후성유전학적 변화, 단백질 구조, 대사 경로가 복합적으로 얽혀 발생한다. QML은 이러한 거대한 데이터 공간을 동시에 탐색하며, 질병을 일으키는 비선형적 조합을 찾아낸다. 예컨대 유전체 서열, DNA 메틸화 패턴, 단백질 접힘 정보, 환자 환경 데이터를 하나의 양자 상태로 변환하면, 질병 발병 확률을 전례 없이 높은 정확도로 예측할 수 있다. 앞으로는 병원이 환자의 유전체를 분석하자마자 QML이 질병 위험도를 계산하고, 발병 가능성이 높은 질환을 수년 전에 예측하는 시대가 열릴 것이다.

(2) 주요 응용 2: 맞춤 의학 - "한 사람만을 위한 약"

개인의 유전적 조합, 대사 특성, 면역 반응은 모두 다르다. 같은 약이라도 사람마다 효과가 다르고, 부작용이 나타나는 이유다. QML은 이 복잡한 변수를 모두 고려하여 약물 반응을 양자 상태에서 시뮬레이션한다. 수십만 가지 유전자 조합과 약물 대사 경로를 동시에 탐색하여, 특정 환자에게 가장 적합한 치료 전략을 제시할 수 있다. 예를 들어 암 치료제의 경우, QML은 암세포의 유전자 돌연변이 조합, 단백질 구조, 대사 경로, 면역 반응까지 통합 분석해, 어떤 약이 가장 효과적일지를 예측할 수 있다. 이는 의학을 "표준화된 처방"에서 "개인 맞춤형 치료"로 전환시키는 핵심 기술이 될 것이다.

(3) 주요 응용 3: 진화 경로 분석 - 생명의 미래를 계산하다

진화는 무작위 변이와 선택의 결과지만, 그 경로는 무한히 많은 가능성을 가진다. 특정 단백질이 어떻게 변화할 수 있는지, 어떤 돌연변이가 생존에 유리할지, 어떤 조건에서 새로운 기능이 탄생할지 — 이런 질문을 고전 컴퓨터로 풀기 란 거의 불가능하다. QML은 여기서도 혁신적인 도구가 된다. 수많은 돌연변이 조합을 동시에 탐색하고, 각 조합이 만들어낼 구조적·기능적 변화를 확률적으로 계산하여, 가장 가능성 높은 진화 경로를 예측할 수 있다. 이는 바이러스의 돌연변이를 사전에 예측하거나, 미래의 적응적 변화를 시뮬레이션 하는 데 사용될 수 있다. 인류가 "자연이 어떻게 진화할지"를 사전에 예측하고 대비할 수 있는 시대가 오는 것이다.

3) 생명 데이터 해석의 새로운 패러다임

양자 기계학습의 가장 큰 장점은 단순히 속도나 정확도가 아니다. 그것은 "데이터 간의 관계를 있는 그대로 다룰 수 있다"는 점이다. 고전 알고리즘이 변수들을 분리하고 단순화해야 했다면, QML은 변수들의 상호작용을 자연스럽게 유지한 채로 계산한다. 그 결과, 생명 데이터의 본질 – 복잡성, 다층성, 상호 얽힘 – 을 해치지 않고 분석할 수 있다. 앞으로 QML은 의학, 약학, 진화생물학, 생명정보학, 심지어 뇌과학과 생태학까지 모든 생명과학 분야의 데이터 해석 엔진으로 자리 잡을 것이다. 그리고 이 새로운 패러다임은 우리에게 놀라운 질문을 던진다.

"우리는 데이터를 통해 생명을 이해하는가?"에서
"우리는 데이터를 통해 생명의 미래를 예측하고 설계할 수 있는가?"로.

6. 양자-생명 융합의 실제 사례 - 현실이 된 공상과학

"양자컴퓨터가 생명 연구를 바꿀 것이다"라는 말은 더 이상 미래 예측이 아니다. 비록 아직 초기 단계이긴 하지만, 이미 전 세계 연구기관과 기업들이 실제 양자 하드웨어를 활용해 생명 시스템을 시뮬레이션 하거나 분석하는 시도를 성공적으로 수행하고 있다. 이들은 양자생물학이 단순한 이론이 아닌, 실험 가능한 과학 도구임을 증명하고 있다.

1) 양자컴퓨터로 '스핀 생물학'을 재현하다

2024년 AIP 출판사에서 발간된 ≪APL 퀀텀APL Quantum≫(2024)에 실린 논문은 양자컴퓨터가 생명 현상에서 중요한 역할을 하는 라디칼 쌍의 스핀 동역학을 실제로 시뮬레이션 할 수 있음을 보여주었다. 라디칼 쌍은 새의 자기장 감지, 효소 반응, 신호 전달 등에서 중요한 역할을 하는 스핀 기반 생명 현상의 핵심 모델이다. 그러나 이러한 스핀 동역학은 다체 상호작용과 환경 교란이 복잡하게 얽혀 있어 고전적 계산으로는 정확한 해석이 매우 어렵다. 연구팀은 디지털 양자컴퓨터상에서 스핀 시스템의 헤밀토니안Hamiltonian을 구현하고 트로터Trotter 분해를 통해 진화를 계산함으로써, 이 복잡한 스핀 생물학Spin Biology적 과정을 실시간에 가깝게 재현했다. 흥미로운 점은, 그 결과가 전통적인 마스터 방정식 접근법과 거의 동일하게 일치했다는 것이다. 이 연구는 생명체 내에서 일어나는 양자적 스핀 반응을 양자 하드웨어에서 직접 재현할 수 있음을 보여준 첫 사례다. 이는 향후 생명체의 자기장 감지, 광화학 반응, 효소 스핀 메커니즘 등을 원자 수준에서 이해하는 길을 열었다.

2) 분자 전자구조 시뮬레이션

구글의 퀀텀 AIQuantum AI 팀은 "분자 에너지의 확장 가능한 양자 시뮬레이션Scalable Quantum Simulation of Molecular Energies" 프로젝트를 통해 복잡한 분자의 전자구조를 양자 하드웨어로 계산하는 방법론을 제시했다. 이 연구는 하버드, 버클리 국립연구소, 로스앨러모스 국립연구소 등과 협력하여 수행되었다. 고전 컴퓨터는 전자 간 상호작용을 정확히 계산하기 어렵고, 보통 근사치를 사용한다. 하지만 구글의 양자 알고리즘은 전자 상태를 파동함수 수준에서 직접 다룸으로써 에너지 준위, 전이 상태, 결합 특성을 고정밀도로 계산할 수 있었다. 분자의 전자구조 계산은 단백질 구조 예측, 효소 반응 이해, 신약 개발의 기초가 되는 핵심 문제다. 이 프로젝트는 양자컴퓨터가 화학·생명과학의 가장 어려운 계산을 해결할 수 있는 실질적 잠재력을 보여준다.

3) 양자 기반 신약 후보 선별 플랫폼

글로벌 제약사 로슈Roche는 양자 알고리즘을 활용해 신약 후보 물질을 선별하는 플랫폼을 개발 중이다. 이 프로젝트는 초기 단계이지만, 양자컴퓨터를 통해 약물-단백질 결합 에너지, 반응 메커니즘, 부작용 예측 등을 계산하여 수많은 후보군 중에서 성공 가능성이 높은 약물을 빠르게 걸러낼 수 있다. 양자 알고리즘은 특히 약물 결합 시 전자 재배열과 파동함수 간섭 효과를 정확히 계산할 수 있기 때문에, 기존보다 훨씬 높은 정확도로 결합 친화도를 예측할 수 있다. 로슈는 이 기술을 통해 신약 개발 기간을 단축하고, 실패 확률을 크게 줄이는 것을 목표로 한다. 이 프로젝트는 "실험실에서 하나씩 테스트"하던 신약 개발 과정을 "계산 단계에서 미리 걸러내는" 방식으로 전환한다. 결국 양자컴퓨터는 제약산업의 시간·비용 구조를 근본적으로 변화시킬 것이다.

4) 대사 네트워크 양자 모델링

MIT 연구진과 캐나다의 D-웨이브D-Wave 팀은 양자 어닐링quantum annealing을 이용하여 세포 내 대사 네트워크metabolic network를 최적화하는 연구를 수행했다. 대사 경로는 수백 개의 화학 반응이 복잡하게 연결되어 있어 고전적 알고리즘으로는 전체 시스템을 실시간으로 시뮬레이션 하기 어렵다. 이 프로젝트는 양자 어닐링을 통해 에너지 효율이 가장 높은 대사 경로를 도출하고, 환경 변화에 따른 네트워크 재조직화를 예측하는 데 성공했다. 이 접근은 암세포의 대사 차단 전략, 합성 생명체의 에너지 경로 설계, 극한 환경에서 작동하는 세포 공학 등 다양한 분야에서 응용 가능성을 보여준다.

13 | 양자컴퓨터와 생명 시뮬레이션

5) 2035년 이후 — '실험실 없는 생명 연구' 시대가 온다

이러한 사례들은 아직 시작에 불과하다. 2020년대의 양자컴퓨터는 수십~수백 큐비트 규모지만, 2035년경에는 수천 큐비트급 장비가 상용화될 것으로 예상된다. 그때가 되면 다음과 같은 일이 가능해진다.

- **신약 개발**: 실험 전에 수백만 개 후보 약물을 계산으로 선별
- **단백질 공학**: 접힘 경로를 계산으로 탐색해 원하는 기능의 단백질 설계
- **세포 설계**: 대사 네트워크를 시뮬레이션 하여 최적화된 세포 구조 설계
- **진화 예측**: 환경 변화에 따른 돌연변이 경로를 확률적으로 예측

실험실이 '결과를 확인하는 공간'에서 '계산 결과를 검증하는 공간'으로 바뀌는, 패러다임의 대전환이 일어날 것이다.

7. 생명을 설계하는 시대 - 시뮬레이션에서 창조로

양자컴퓨터의 등장은 단순히 "계산을 빠르게 하는 기술" 이상의 의미를 가진다. 그것은 과학의 목표 자체를 바꾼다. 20세기 과학이 "자연을 관찰하고 이해하는 것"에 초점을 맞췄다면, 21세기 과학은 점점 더 "자연을 설계하고 창조하는 것"으로 옮겨가고 있다. 이 변화의 중심에 바로 양자컴퓨팅과 생명공학의 융합이 있다. 지금까지 우리는 생명체를 '발견'하고 '관찰'해 왔다. 현미경을 통해 세포를 보고, 유전자의 기능을 해석하고, 효소의 반응 메커니즘을 분석했다. 하지만 이제 과학은 한 단계 더 나아가, "자

연이 하지 않은 것까지 할 수 있는 능력"을 갖추기 시작했다. 양자컴퓨터는 이 변화를 가능하게 하는 핵심 도구다.

1) 합성생물학 × 양자공학 – 자연을 능가하는 효소와 분자

합성생물학은 DNA, 단백질, 효소를 조립해 새로운 생명 기능을 창조하는 학문이다. 지금까지는 실험적 시도에 크게 의존했지만, 양자컴퓨터가 등장하면서 이 과정이 정밀한 "설계"의 영역으로 들어오고 있다. 효소는 생명체의 촉매다. 그러나 자연이 만든 효소는 진화적 제약 속에서 만들어진 산물이다. 우리가 원하는 반응을 촉진하지 못하거나, 특정 환경에서는 작동하지 않는 경우가 많다. 양자 알고리즘을 활용하면 효소의 활성 부위 active site에서 일어나는 전자 이동, 터널링, 파동함수 중첩을 분자 수준에서 정밀하게 계산하고 최적화할 수 있다. 예를 들어, 전자 밀도를 미세하게 조절하거나 활성 부위의 양자 에너지 준위를 조정해 자연계에는 존재하지 않는 새로운 반응을 설계하는 것도 가능하다. 예를 들면, 특정 독성 폐기물을 분해하거나, 고온·고압 환경에서도 작동하는 특수 효소를 인공적으로 설계 가능하다. 또한 생명체에 존재하지 않는 새로운 탄소-탄소 결합을 형성하는 효소를 창출 할 수 있다. 이것은 단순히 효소를 '개선'하는 것이 아니다. 자연이 만든 한계를 넘어 새로운 화학 반응의 우주를 여는 일이다.

2) 맞춤형 세포 – 세포를 "설계"하는 시대

세포는 생명체의 기본 단위이지만, 그 내부는 지금도 '블랙박스'에 가깝다. 에너지 흐름, 대사 경로, 신호 네트워크는 수천 가지 이상 얽혀 있으며, 이를 원하는 대로 조절하기란 거의 불가능했다. 그러나 양자 시뮬레이션과 기계학습 기술을 결합하면, 세포를 시스템 전체로서 설계할 수 있다.

세포 내 전자전달 사슬의 경로를 최적화하거나, 대사 플럭스metabolic flux를 재조정하여 에너지 효율을 극대화하는 것이 대표적인 예다.

- 특정 약물을 생산하는 데 최적화된 세포
- 이산화탄소를 고효율로 고정화해 연료를 합성하는 세포
- 극저온이나 방사선 환경에서도 살아남는 내성 세포

이러한 맞춤형 세포는 의료·환경·에너지 산업에서 혁명적인 변화를 가져올 수 있다. 미래에는 공장에서 "원하는 대로 프로그램 된 세포"를 주문 제작하는 것도 가능해질 것이다.

3) 우주 생명체 시뮬레이션 - 존재하지 않는 생명을 설계하다

양자컴퓨터는 지구 생명만을 위한 도구가 아니다. 그것은 우리가 '생명'이라는 개념 자체를 재정의하는 열쇠이기도 하다. 지구 밖의 행성에는 지구와 전혀 다른 조건인 극저온, 고방사선, 고압, 희박한 대기가 존재한다. 이 환경에서 생명이 존재하려면 어떤 화학 구조와 전자 상태를 가져야 할까? 양자 시뮬레이션을 통해 우리는 아직 존재하지 않는 생명체의 분자 구조, 대사 경로, 유전 코드까지 가상으로 설계하고 검증할 수 있다. 예를 들어, 지구 생명체가 물(H_2O)을 용매로 사용한다면, 암모니아(NH_3) 기반 용매에서 작동할 수 있는 생화학 시스템을 설계하는 것도 가능하다. 이러한 연구는 단순히 외계 생명을 "찾는 것"에서 한 걸음 더 나아가, 외계 생명이 "어떤 모습일 수 있는지"를 계산하고 예측하는 단계로 우리를 이끈다. 나아가 이러한 인공 생명체를 실험실에서 합성해 실제로 존재하게 하는 것도 먼 미래에는 가능할 것이다.

4) 생명 공학의 패러다임 전환 - 과학에서 '창조 공학'으로

이 모든 흐름의 핵심은 생명과학의 패러다임 전환이다. 과거의 생명과학은 대체로 다음과 같은 단계로 발전해 왔다.

- **관찰**: 현미경과 실험을 통해 생명 현상을 '본다'.
- **이해**: 생명 현상의 원리를 물리·화학·수학적으로 설명한다.
- **예측**: 조건을 바꾸었을 때 어떤 변화가 일어날지를 계산·모사한다.

이제 우리는 다음 단계로 진입하고 있다.

- **설계**: 생명 시스템의 일부를 목표 기능에 맞게 설계·재구성한다.

이는 천문학이 별을 '관측'하던 시대에서 별의 탄생 과정을 모사·이해하는 시대로 넘어간 것에 비유할 수 있다. 과거에는 '자연이 만들어낸 생명'만이 연구의 대상이었다면, 이제는 인간이 개입하여 부분적으로 설계·조율한 생명 시스템이라는 새로운 범주가 등장하고 있다.

이 과정에서 핵심적인 역할을 할 계산 도구 중 하나가 바로 양자컴퓨터다. 양자컴퓨터는 분자·전자 수준의 복잡한 상호작용을 보다 자연스러운 물리 언어로 모사함으로써, 생명 시스템 설계의 계산적 병목을 완화하는 잠재력을 제공한다.

5) 생명 창조의 시대가 열린다

양자컴퓨팅과 생명과학의 융합은 인간이 '생명'을 이해하고 다루는 방식을 근본적으로 바꾸고 있다. 우리는 이제 DNA 수준의 조작을 넘어, 전자구조와 반응 에너지 지형, 대사 경로와 환경 조건이 얽힌 생명 시스템

13 | 양자컴퓨터와 생명 시뮬레이션

전체를 계산적으로 모사하고 부분적으로 설계하려는 단계로 진입하고
있다.

과거 인류는 생명을 '관찰'했고, 20세기에는 '이해'하기 시작했다. 21세
기의 과학은 생명 시스템을 '설계'하는 방향으로 나아갈 것이다.

그 과정에서 양자역학은 생명 현상의 가장 근본적인 설계의 언어를 제
공하고, 양자컴퓨터는 그 언어를 읽고 쓰는 핵심 도구가 될 것이다.

14

양자생물학의 미래

의학, 에너지, 우주 생명체로의 확장

1. 생명의 이해에서 생명의 재설계로

20세기 생명과학은 주로 "생명이 어떻게 작동하는가"라는 질문에 집중해 왔다. 우리는 유전자의 구조를 밝히고, 세포 내 대사 경로를 해독했으며, 유전자 조작을 통해 생명체의 기능을 제한적으로 바꾸는 기술까지 확보했다. 인간 게놈 프로젝트는 인간 유전체의 전체 서열을 해독했고, CRISPR-Cas 시스템은 특정 유전자를 정밀하게 편집할 수 있는 도구를 제공했다. 이제 우리는 자연이 만들어낸 생명체를 상당 부분 이해하고, 국소적인 수준에서는 조절·개입할 수 있는 단계에 도달했다.

그러나 21세기의 질문은 한층 더 대담하고 근본적이다. "우리는 생명 시스템을 얼마나 깊이 이해하고, 어느 수준까지 합리적으로 설계할 수 있는가?" "생명 현상의 미시적 바탕에 놓인 양자역학적 효과를 이해하고, 그것을 계산·모사·제어하는 도구를 갖출 수 있는가?"

이러한 질문에 답하려는 최전선의 시도 중 하나가 양자생물학이다. 양자생물학은 DNA나 단백질, 대사 경로를 넘어, 자연의 가장 근본적인 물리 법칙과 생명 현상 사이의 연결 고리를 탐구하려는 학문적 시도다. 생명을 단지 화학 반응의 집합으로 보는 관점을 넘어, 파동함수로 기술되는 전자 상태와 분자동역학의 조직화라는 더 근본적인 층위에서 이해하려는 것이다.

이 새로운 관점은 생명 연구의 지평을 넓힌다. 과거에는 생명을 주로 '관찰'하고 '설명'하는 데 초점이 있었다면, 앞으로는 생명 시스템을 보다 정밀하게 설계·재구성·최적화하려는 시도가 점차 확대될 것이다. 생명체를 진화의 산물로만 보는 것을 넘어, 특정 기능을 수행하도록 조율된 '정보 처리 시스템'으로 이해하려는 접근이 열리고 있다.

2. 의학의 혁명 – 양자 기반 진단과 치료

양자생물학이 장기적으로 가장 큰 변화를 가져올 가능성이 있는 분야 중 하나는 의학이다. 오늘날의 의학은 유전체 분석, 단백질 표적 치료, 맞춤형 약물 개발 등 눈부신 발전을 이루었지만, 여전히 많은 질병의 분자적 기원과 진행 메커니즘을 완전히 이해하지는 못하고 있다. 암세포의 돌연변이, 신경퇴행성 질환의 발병, 노화 과정의 일부 근본 원인은 분자보다 더 미시적인 전자 수준의 상호작용과 에너지 지형에서 비롯된다.

이러한 미시적 층위를 정밀하게 관측·모사할 수 있다면, 질병을 바라보는 관점도 달라질 수 있다. 예를 들어 '양자 진단quantum diagnostics'이라는 개념은 아직 초기 연구 단계이지만, 암세포와 정상 세포가 전자스핀 상태나 분자 진동 스펙트럼에서 보이는 미세한 차이를 초정밀 센서로 구분하려는 시도를 포함한다. 장기적으로는 고감도 양자 센서나 스핀 기반 바이오센서가, 기존 영상 기법(MRI, PET 등)과는 다른 물리량을 측정함으로써 질병의 초기 변화를 포착하는 보조적 진단 도구로 발전할 가능성이 논의되고 있다.

'양자 약물 설계quantum drug design' 역시 현재로서는 개념적·연구 단계에 가깝지만, 약물-표적 단백질의 결합이 전자 분포와 상관 효과에 의해 결정된다는 점을 고려하면, 전자구조를 보다 정확히 계산·모사하는 양자 계산 기법이 기존의 고전적 분자동역학·양자화학 근사 방법을 보완할 수 있는 잠재력이 있다. 장기적으로는 특정 표적의 전자적 특성에 정밀하게 맞춘 분자를 설계함으로써, 결합 특이성과 선택성을 높이는 방향으로 발전할 여지가 있다.

물론 이러한 비전은 현재의 기술 수준을 훨씬 넘어서는 장기적 전망이다. 그러나 생명 현상을 전자·양자 수준에서 이해하고 모사하려는 시도는, 의학이 분자 의학을 넘어 '물리 기반 정밀의학'으로 확장될 수 있는 하나의 방향을 제시한다.

'양자 신경치료Quantum Neurotherapy'와 같은 개념은 아직 이론적·탐색적 단계에 머물러 있지만, 뇌 기능이 단순한 뉴런의 전기적 발화만으로 환원되기 어렵다는 점에서 출발한다. 신경세포 내 이온 채널의 미시적 거동, 전자스핀에 민감한 화학 반응, 단백질 복합체의 양자화학적 성질 등이 신경 신호의 정밀한 조율에 기여할 가능성은 활발히 연구되고 있다. 이러한 미시적 물리 과정을 더 잘 이해하고 조절할 수 있다면, 알츠하이머병, 파킨슨병, 우울증과 같은 신경계 질환의 병태생리를 새로운 각도에서 해석하고 보완적 치료 전략을 모색할 여지가 열린다.

정밀 수술 역시 유사한 방향으로 진화할 수 있다. 양자 센서나 초고감도 물리 센서가 결합된 차세대 수술 로봇은, 현재의 영상·로봇 수술보다 훨씬 높은 공간·물리적 분해능으로 조직의 상태를 감지하고 미세한 병변을 식별하는 보조 도구로 발전할 가능성이 논의되고 있다. 이는 세포 단위의 정밀한 병변 제거, 혹은 분자 표지 기반의 선택적 치료와 같은 방향으로 이어질 수 있다.

이러한 변화는 단순한 기술의 정밀화에 그치지 않는다. 질병은 조직 수준의 이상일 뿐 아니라, 분자·전자 수준에서의 에너지 지형과 반응 네트워크의 붕괴로 이해될 수 있으며, 의학은 점차 거시적 증상 치료에서 미시적 물리·화학적 기전의 조율로 확장될 가능성이 있다. 이러한 변화는 기술 발전 가능성을 넘어 '질병이란 무엇인가'라는 정의 자체를 바꾸는 의학 혁명에 가깝다.

3. 에너지 혁명 - 자연을 모방한 양자 시스템

양자생물학이 제시하는 또 하나의 잠재적 응용 분야는 에너지 기술이다. 생명체는 수십억 년에 걸친 진화를 통해, 광합성과 미토콘드리아 전자전달계와 같은 고도로 정교한 에너지 변환·관리 시스템을 발전시켜 왔다. 특히 광합성의 초기 광에너지 전달 단계에서는 엑시톤 이동이 매우 높은 효율(~95%)로 이루어지며, 미토콘드리아의 전자전달 사슬은 에너지 손실을 최소화하는 정교한 반응 경로를 보여준다. 이러한 자연의 전략은 차세대 에너지 기술에 중요한 영감을 제공한다.

인공 광합성 시스템은 태양에너지를 화학에너지나 연료 형태로 저장하려는 연구 분야로, 촉매·나노 구조·분자 설계의 발전과 함께 빠르게 진화하고 있다. 일부 연구에서는 광합성 복합체에서 관찰되는 양자적 에너지 전달 메커니즘을 모사하려는 시도도 이루어지고 있으며, 이는 장기적으로 고효율 에너지 변환 장치 설계에 힌트를 제공할 수 있다.

'양자 배터리'와 같은 개념 역시 현재는 주로 이론적 연구와 소규모 실험 단계에 머물러 있지만, 얽힘과 집단적 양자 효과를 이용해 에너지 저장·방출 과정을 새로운 방식으로 최적화할 수 있을 가능성이 논의되고 있다. 또한 미토콘드리아의 전자전달 네트워크에서 영감을 받은 나노 스케일 전력 전달 구조는, 에너지 손실을 줄이는 차세대 전력·에너지 관리 시스템의 설계에 참고 모델이 될 수 있다.

물론 이러한 접근들은 아직 초기 단계이며, 실제 에너지 인프라로 이어지기까지는 상당한 기술적·공학적 도약이 필요하다. 그럼에도 불구하고, 자연이 보여준 에너지 변환 전략을 물리·화학적으로 이해하고 모사하려는 시도는, 장기적으로 에너지 전환과 기후 위기에 대한 새로운 해법의 단서를 제공할 수 있다.

4. 생명의 재설계 - 합성생물학과 양자공학의 융합

양자생물학은 자연 현상을 이해하는 데 그치지 않고, 장기적으로는 자연의 설계 원리를 모사·확장하는 방향으로 발전할 가능성을 제시한다. 합성생물학과 결합하면, 자연계에 존재하지 않는 기능을 수행하는 생명 시스템을 부분적으로 설계·구현하거나 지금까지 존재하지 않았던 형태의 생명체를 구현하는 시도가 가능해진다.

예를 들어 효소 설계는 이미 계산화학과 단백질 공학의 주요 연구 분야이며, 전자구조와 반응 좌표를 보다 정확히 모사할 수 있다면, 특정 반응 경로를 강화하거나 억제하는 방향으로 효소 활성을 정밀하게 조율하는 것이 이론적으로 가능하다. 온실가스를 유용한 화학 원료로 전환하는 촉매

효소를 설계하려는 시도 역시 현재 활발한 연구 주제이며, 향후 더 정밀한 전자구조 계산과 AI·고성능 계산의 결합을 통해 설계 공간이 확장될 수 있다.

유전체 수준의 설계 역시 대규모 서열 설계·탐색 공간을 계산적으로 효율화하고, 실험적 진화를 조절하는 기술을 확보한다면 '돌연변이 확률을 제어'하는 미래를 상상해 볼 수 있을 것이다. 양자 알고리즘은 이러한 거대한 설계·최적화 문제에서 고전적 계산의 병목을 보완하는 잠재적 도구로 논의될 수 있다.

이런 접근들이 성숙한다면, 특정 환경에 적응하거나 특정 화합물을 생산하도록 조율된 미생물, 환경 정화·바이오 연료·의약품 생산에 활용되는 기능성 생명 시스템의 설계가 점진적으로 가능해질 수 있다. 물론 이는 엄격한 안전성·윤리적 검토를 전제로 한 제한적·단계적 발전이어야 한다.

이런 의미에서 생명은 더 이상 단지 '발견'의 대상이 아니라, 부분적으로 설계·재구성되는 시스템으로 이해될 수 있다. 자연의 원리를 더 깊이 이해하고 생명 시스템을 책임 있게 다루게 되는 미래에 인류가 자연의 일부에서 자연의 설계자로 진화하는 전환의 순간이 불가능하지만은 않을 것이다.

5. 우주 생명체 - 지구 밖 생명에 대한 새로운 시선

양자생물학은 외계 생명체 탐색에도 새로운 관점을 제안한다. 지금까지의 외계 생명 탐사는 주로 지구형 생명체, 즉 탄소 기반 분자와 물을 용매로 사용하는 생명 시스템을 기준으로 설계되어 왔다. 이는 우리가 알고 있는 유일한 생명 형태가 지구 생명뿐이기 때문이다.

그러나 생명을 보다 일반적인 물리적 관점에서 바라보면, 생명은 특정 분자 조합이 아니라 에너지 흐름을 유지하고 정보를 처리하며 자기조직화하는 비평형 시스템으로 정의될 수도 있다. 이런 관점은, 지구 생명과 다른 화학적 토대를 가진 생명 가능성을 이론적으로 상상해 볼 여지를 제공한다.

물론 현재로서는 극저온 행성이나 강한 방사선 환경, 암모니아 바다와 같은 조건에서 실제로 '생명'이 존재할 수 있는지에 대한 실증적 근거는 없다. 다만 물과 탄소 중심의 화학에만 생명의 가능성을 한정하지 않고, 다양한 화학·물리 조건에서 에너지 전달과 정보 처리 구조가 자발적으로 형성될 수 있는지를 탐구하는 것은, 외계 생명 탐사의 개념적 지평을 넓혀준다.

이런 의미에서 외계 생명 탐사는 단순히 '지구와 비슷한 행성'을 찾는 작업을 넘어, 행성 대기·표면·에너지 흐름에서 비평형 자기조직화와 정보 처리의 흔적을 포착하려는 시도로 확장될 수 있다.

6. 철학적 전환 - 생명이란 무엇인가?

양자생물학은 과학의 한 영역을 확장하는 데서 그치지 않는다. 그것은 오래된 철학적 질문들을 다시 소환한다. 생명이란 무엇인가? 의식은 어디에서 비롯되는가? 진화는 단순한 적응의 기록인가, 아니면 더 깊은 질서의 표현인가?

이제 우리는 생명을 더 이상 DNA나 단백질의 목록으로만 정의하지 않는다. 그것들은 생명의 구성 요소이지만, 생명 그 자체는 아니다. 생명은 에너지와 정보가 흐르고, 그 흐름이 물리 법칙의 제약 안에서 조직화되는

14 | 양자생물학의 미래

과정이다. 다시 말해, 생명은 고정된 물질이 아니라, 과정process이며, 관계relation이고, 시간 속에서 유지되는 패턴이다.

양자생물학이 던지는 중요한 통찰은 여기에 있다. 생명 현상은 우연히 흩어진 화학 반응들의 집합이 아니라, 양자역학이 허용하는 확률과 에너지의 구조 위에서 형성된 안정된 조직이라는 점이다. 이는 생명이 자연법칙의 예외가 아니라, 오히려 그 법칙이 허용한 가장 정교한 표현 중 하나일 수 있음을 시사한다.

이 관점은 과학과 철학이 다시 만나는 지점을 연다. 물질과 정보, 우연과 필연, 법칙과 선택이라는 오래된 이분법은 더 이상 충분하지 않다. 양자생물학은 생명을 물질과 에너지, 정보와 확률이 얽혀 나타나는 하나의 통합된 현상으로 바라보게 한다. 그것은 생명을 신비로 환원하지도, 기계로 축소하지도 않는 새로운 언어다.

양자생물학은 단지 생명과학의 세부 분야가 아니다. 그것은 생명을 이해하는 방식 자체를 다시 묻는 시도다. 빛을 포획해 에너지로 바꾸는 잎사귀, DNA 속 전자와 양성자의 미세한 이동, 철새의 자기 감지, 효소의 정밀한 촉매 작용, 그리고 신경계에서 나타나는 복잡한 정보 처리까지 — 이 모든 현상은 서로 다른 스케일에서 일어나지만, 궁극적으로는 같은 물리법칙의 지평 위에 놓여 있다.

이 법칙을 이해한다는 것은, 생명을 단순히 관찰의 대상으로 두는 데서 벗어나는 것을 의미한다. 우리는 이제 생명이 어떻게 가능해졌는지, 어떤 제약 안에서 작동하는지, 그리고 그 제약이 어떤 가능성을 열어주는지를 묻기 시작했다. 이는 생명을 마음대로 '창조'하거나 '설계'할 수 있다는 선언이 아니라, 생명이 허용하는 범위를 이해함으로써 책임 있는 개입의 조건을 탐색하는 일에 가깝다.

생명은 우연히 탄생한 기적이라기보다, 우주가 가진 법칙이 시간과 선택을 거치며 드러낸 하나의 결과다. 양자생물학은 그 결과를 신비화하지 않고, 동시에 환원하지도 않는다. 대신, 생명이 어떤 언어로 쓰여 있는지를 묻는다. 그리고 21세기의 과학은 이제 그 언어 — 에너지, 확률, 정보, 그리고 선택의 언어 — 를 막 읽기 시작했다.

그 언어를 완전히 해독할 수 있을지는 아직 알 수 없다. 그러나 분명한 것은, 그 시도가 생명에 대한 우리의 정의를, 그리고 우리가 생명과 맺는 관계를 근본적으로 바꾸고 있다는 사실이다. 양자생물학은 끝이 아니라 시작이다. 생명을 이해하려는 인간의 가장 오래된 질문이, 이제 새로운 문법으로 다시 쓰이기 시작한 것이다.

7. 결론 - 새로운 생명과학의 시작

양자생물학은 생명 현상에 대한 우리의 이해를 근본적으로 깊게 만든다. 광합성의 에너지 전달, 철새의 자기 감지, 효소의 촉매 작용 — 이 모든 것이 양자역학의 원리 없이는 충분히 설명되지 않는다는 것을 우리는 배웠다.

이것이 생명의 정의를 바꾸는가? 아직은 아니다. 생명은 여전히 DNA, 단백질, 세포로 구성되며, 진화의 산물이다. 하지만 양자생물학은 이 분자들이 어떻게 작동하는지에 대한 이해를 바꾸고 있다. 생명은 단순한 화학 반응의 연쇄가 아니라, 양자 상태를 정교하게 조직하고 활용하는 시스템이다. 수십억 년의 진화는 단순히 분자를 선택한 것이 아니라, 양자 메커니즘을 최적화해 왔다.

이 발견은 새로운 질문을 연다. 생명의 본질은 구성 요소인가, 작동 원리인가? 정보는 분자에 저장되는가, 아니면 양자 상태에 저장되는가? 의식은 어떻게 발생하며, 그것 역시 양자 효과와 관련이 있을까?

솔직히 말하자면, 우리는 아직 모른다. 특히 의식과 양자역학의 관계는 극도로 추측적이며, 주류 과학계의 합의가 없다. 하지만 양자생물학은 우리에게 이 질문들을 새로운 방식으로 탐구할 도구를 준다.

여기서부터는 과학이 철학과 만나는 영역이다. 칼 세이건Carl Sagan은 "우리는 우주가 자기 자신을 이해하는 방법"이라고 시적으로 표현했다. 양자생물학은 이 통찰에 과학적 깊이를 더한다. 생명이 우주의 물리 법칙에서 자연스럽게 발생하는 현상이라면, 우주 어디든 생명이 존재할 수 있다. 이것은 증명할 수는 없지만, 탐구할 수는 있는 아름다운 가능성이다.

21세기의 생명과학과 생명공학은 양자역학이라는 새로운 언어를 배우고 있다. 하지만 가장 흥미로운 발견은 아직 남아 있다. 생명이 양자역학을 활용하는 방법 중 우리가 아는 것은 극히 일부일 것이다. 새로운 양자생물학적 메커니즘이 발견될 때마다, 우리는 생명의 정교함에 다시 한번 경탄한다.

생명은 우연히 태어난 기적이다. 동시에, 생명은 물리 법칙의 필연적 결과일 수도 있다. 이 둘은 모순되지 않는다. 우주의 법칙이 이렇게 정교하다는 것 자체가 경이롭다.

양자생물학은 우리에게 확답을 주지 않는다. 대신, 더 나은 질문을 준다. 그리고 젊은 과학자인 여러분이 그 질문에 답할 차례이다. 생명의 양자적 언어를 읽는 것은 시작일 뿐이다. 그 언어를 이해하고, 활용하고, 어쩌면 새로운 형태의 생명으로 확장하는 것은 여러분의 세대가 할 일이다.

21세기의 새로운 과학은 이제 그 첫 장을 펼쳤다. 20세기 슈뢰딩거와의 다음 대화는 여러분이 주인공일 것이다.

참고문헌

Adesso, G., R. L. Franco and V. Parigi. "Foundations of quantum mechanics and their impact on contemporary society." *Philosophical Transactions of the Royal Society A: Mathematical, Physical and Engineering Sciences* 376, doi:10.1098/rsta.2018.0112 (2018).

Agrawal, U., J. Lopez-Piqueres, R. Vasseur, S. Gopalakrishnan and A. C. Potter. "Observing Quantum Measurement Collapse as a Learnability Phase Transition." *Physical Review X* 14, doi:10.1103/PhysRevX.14.041012 (2024).

Aharonov, Y. et al. "Finally making sense of the double-slit experiment." *Proceedings of the National Academy of Sciences* 114, 6480-6485, doi:10.1073/pnas.1704649114 (2017).

Albert, V. V., J. P. Covey and J. Preskill. "Robust Encoding of a Qubit in a Molecule." *Physical Review X* 10, doi:10.1103/PhysRevX.10.031050 (2020).

Alvarez, P. H., L. Gerhards, I. A. Solov'yov and M. C. de Oliveira. "Quantum phenomena in biological systems." *Frontiers in Quantum Science and Technology* 3, doi:10.3389/frqst.2024.1466906 (2024).

Ameta, D., L. Behera, A. Chakraborty and T. Sandhan. "Predicting odor from vibrational spectra: a data-driven approach." *Scientific Reports* 14, doi:10.1038/s41598-024-70696-w (2024).

Antoniou, D. and S. D. Schwartz. "Large kinetic isotope effects in enzymatic proton transfer and the role of substrate oscillations." *Proceedings of the National Academy of Sciences* 94, 12360-12365, doi:10.1073/pnas.94.23.12360 (1997).

Arodola, O. A. and M. E. S. Soliman. "Quantum mechanics implementation in drug-design workflows: does it really help?" *Drug Design, Development and Therapy* Volume 11, 2551-2564, doi:10.2147/dddt.S126344 (2017).

Aslam, N. et al. "Quantum sensors for biomedical applications." *Nature Reviews Physics* 5, 157-169, doi:10.1038/s42254-023-00558-3 (2023).

Avila, J., J. Marco, G. Plascencia-Villa, V. P. Bajic and G. Perry. "Could there be an experimental way to link consciousness and quantum computations of brain microtubules?" *Frontiers in Neuroscience* 18, doi:10.3389/fnins.2024.1430432 (2024).

Bakhshandeh, S. "Quantum sensing goes bio." *Nature Reviews Materials* 7,

254-254, doi:10.1038/s41578-022-00435-y (2022).

Baldansuren, A. "Electron-Spin Relaxation Measurements of Biological [2Fe-2S] Cluster System in View of Electron Spin Quantum Bits." *Applied Magnetic Resonance* 48, 275-286, doi:10.1007/s00723-016-0857-6 (2016).

Bandyopadhyay, J. N., T. Paterek and D. Kaszlikowski. "Quantum Coherence and Sensitivity of Avian Magnetoreception." *Physical Review Letters* 109, doi:10.1103/PhysRevLett.109.110502 (2012).

Bassi, A., M. Dorato and H. Ulbricht. "Collapse Models: A Theoretical, Experimental and Philosophical Review." *Entropy* 25, doi:10.3390/e250 40645 (2023).

Bennett, J. P. and I. G. Onyango. "Energy, Entropy and Quantum Tunneling of Protons and Electrons in Brain Mitochondria: Relation to Mitochondrial Impairment in Aging-Related Human Brain Diseases and Therapeutic Measures." *Biomedicines* 9, doi:10.3390/biomedicines9020225 (2021).

Beratan, D. N. "Why Are DNA and Protein Electron Transfer So Different?" *Annual Review of Physical Chemistry* 70, 71-97, doi:10.1146/annurev-physchem-042018-052353 (2019).

Binhi, V. "Magnetic effects in biology: Crucial role of quantum coherence in the radical pair mechanism." *Physical Review E* 112, doi:10.1103/n3fs-fsnv (2025).

Bittner, E. R., A. Madalan, A. Czader and G. Roman. "Quantum origins of molecular recognition and olfaction in drosophila." *The Journal of Chemical Physics* 137, doi:10.1063/1.4767067 (2012).

Block, E. et al. "Implausibility of the vibrational theory of olfaction." *Proceedings of the National Academy of Sciences* 112, doi:10.1073/pnas.1503054112 (2015).

Brookes, J. C. "Quantum effects in biology: golden rule in enzymes, olfaction, photosynthesis and magnetodetection." *Proceedings of the Royal Society A: Mathematical, Physical and Engineering Sciences* 473, doi:10.1098/rspa. 2016.0822 (2017).

Brookes, J. C., F. Hartoutsiou, A. P. Horsfield and A. M. Stoneham. "Could Humans Recognize Odor by Phonon Assisted Tunneling?" *Physical Review Letters* 98, doi:10.1103/PhysRevLett.98.038101 (2007).

Brovarets', O. h. O. and D. M. Hovorun. "Proton tunneling in the A·T Watson-Crick DNA base pair: myth or reality?" *Journal of Biomolecular Structure and Dynamics* 33, 2716-2720, doi:10.1080/07391102.2015.109

2886 (2015).

Busch, P., T. Heinonen and P. Lahti. "Heisenberg's uncertainty principle." *Physics Reports* 452, 155-176, doi:10.1016/j.physrep.2007.05.006 (2007).

Caicedo, A., P. M. Aponte, F. Cabrera, C. Hidalgo and M. Khoury. "Artificial Mitochondria Transfer: Current Challenges, Advances, and Future Applications." *Stem Cells International* 2017, 1-23, doi:10.1155/2017/7610414 (2017).

Camilleri, K. "How quantum mechanics emerged in a few revolutionary months 100 years ago." *Nature* 637, 269-271, doi:10.1038/d41586-024-04217-0 (2025).

Camposeo, A. et al. "Quantum Batteries: A Materials Science Perspective." *Advanced Materials* 37, doi:10.1002/adma.202415073 (2025).

Cao, J. et al. "Quantum biology revisited." *Science Advances* 6, doi:10.1126/sciadv.aaz4888 (2020).

Cerf, N. J. and C. Adami. "Information theory of quantum entanglement and measurement." *Physica D: Nonlinear* Phenomena 120, 62-81, doi:10.1016/s0167-2789(98)00045-1 (1998).

Cerf, N. J. and C. Adami. "Negative Entropy and Information in Quantum Mechanics." Physical *Review Letters* 79, 5194-5197, doi:10.1103/PhysRev Lett.79.5194 (1997).

Cha, Y., C. J. Murray and J. P. Klinman. "Hydrogen Tunneling in Enzyme Reactions." *Science* 243, 1325-1330, doi:10.1126/science.2646716 (1989).

Chalopin, Y., F. Piazza, S. Mayboroda, C. Weisbuch and M. Filoche. "Universality of fold-encoded localized vibrations in enzymes." *Scientific Reports* 9, doi:10.1038/s41598-019-48905-8 (2019).

Chen, C., J. T. Copley, K. Linse, A. D. Rogers and J. D. Sigwart. "The heart of a dragon: 3D anatomical reconstruction of the 'scaly-foot gastropod' (Mollusca: Gastropoda: Neomphalina) reveals its extraordinary circulatory system." *Frontiers in Zoology* 12, doi:10.1186/s12983-015-0105-1 (2015).

Chen, C., K. Linse, J. T. Copley and A. D. Rogers. "The 'scaly-foot gastropod': a new genus and species of hydrothermal vent-endemic gastropod (Neomphalina: Peltospiridae) from the Indian Ocean." *Journal of Molluscan Studies* 81, 322-334, doi:10.1093/mollus/eyv013 (2015).

Chen, X. et al. "Organelle-tuning condition robustly fabricates energetic mitochondria for cartilage regeneration." *Bone Research* 13, doi:10.1038/s41413-025-00411-6 (2025).

Cogliati, S., J. L. Cabrera-Alarcón and J. A. Enriquez. "Regulation and functional role of the electron transport chain supercomplexes." *Biochemical Society Transactions* 49, 2655-2668, doi:10.1042/bst20210460 (2021).

Collins, F. S. and L. Fink. "The Human Genome Project." *Alcohol Health Res World* 19, 190-195 (1995).

Çelebi, G., E. Özçelik, E. Vardar and D. Demir. "Time delay during the proton tunneling in the base pairs of the DNA double helix." *Progress in Biophysics and Molecular Biology* 167, 96-103, doi:10.1016/j.pbiomolbio.2021.06.001 (2021).

Cowan, D. A. "The upper temperature for life - where do we draw the line?" *Trends in Microbiology* 12, 58-60, doi:10.1016/j.tim.2003.12.002 (2004).

Davies, P. C. W. "Does quantum mechanics play a non-trivial role in life?" *Biosystems* 78, 69-79, doi:10.1016/j.biosystems.2004.07.001 (2004).

Denton, M. C. J. et al. "Magnetosensitivity of tightly bound radical pairs in cryptochrome is enabled by the quantum Zeno effect." *Nature Communications* 15, doi:10.1038/s41467-024-55124-x (2024).

Díaz Palencia, J. L. "Self-Organized Criticality and Quantum Coherence in Tubulin Networks Under the Orch-OR Theory." *AppliedMath* 5, doi:10.3390/appliedmath5040132 (2025).

Dive, G., D. Dehareng and L. Ghosez. "Catalytic reaction pathways approached by quantum chemistry: a challenge." *Cellular and Molecular Life Sciences CMLS* 54, 378-382, doi:10.1007/s000180050167 (2014).

Djordjevic, I. "Markov Chain-Like Quantum Biological Modeling of Mutations, Aging, and Evolution." *Life* 5, 1518-1538, doi:10.3390/life5031518 (2015).

Doga, H. et al. "A Perspective on Protein Structure Prediction Using Quantum Computers." *Journal of Chemical Theory and Computation* 20, 3359-3378, doi:10.1021/acs.jctc.4c00067 (2024).

Donley, E. A., N. R. Claussen, S. T. Thompson and C. E. Wieman. "Atom-molecule coherence in a Bose-Einstein condensate." *Nature* 417, 529-533, doi:10.1038/417529a (2002).

Dronamraju, K. R. "Erwin Schrödinger and the Origins of Molecular Biology." *Genetics* 153, 1071-1076, doi:10.1093/genetics/153.3.1071 (1999).

Du, J., F. Shi, X. Kong, F. Jelezko and J. Wrachtrup. "Single-molecule scale magnetic resonance spectroscopy using quantum diamond sensors." *Reviews of Modern Physics* 96, doi:10.1103/RevModPhys.96.025001 (2024).

퀀텀, 생명의 탄생

Engel, G. S. et al. "Evidence for wavelike energy transfer through quantum coherence in photosynthetic systems." *Nature* 446, 782-786, doi:10.10 38/nature05678 (2007).

Feng, J., B. Song and Y. Zhang. "Semantic parsing of the life process by quantum biology." *Progress in Biophysics and Molecular Biology* 175, 79-89, doi:10.1016/j.pbiomolbio.2022.09.005 (2022).

Fiebig, O. C., D. Harris, D. Wang, M. P. Hoffmann and G. S. Schlau-Cohen. "Ultrafast Dynamics of Photosynthetic Light Harvesting: Strategies for Acclimation Across Organisms." *Annual Review of Physical Chemistry* 74, 493-520, doi:10.1146/annurev-physchem-083122-111318 (2023).

Fijalkowska, I. J., R. M. Schaaper and P. Jonczyk. "DNA replication fidelity inEscherichia coli: a multi-DNA polymerase affair." *FEMS Microbiology Reviews* 36, 1105-1121, doi:10.1111/j.1574-6976.2012.00338.x (2012).

Fitzgerald, D. M., P. J. Hastings and S. M. Rosenberg. "Stress-Induced Mutagenesis: Implications in Cancer and Drug Resistance." *Annual Review of Cancer Biology* 1, 119-140, doi:10.1146/annurev-cancerbio-050216-121919 (2017).

Fleming, G. R., G. D. Scholes and Y.-C. Cheng. "Quantum effects in biology." *Procedia Chemistry* 3, 38-57, doi:10.1016/j.proche.2011.08.011 (2011).

Florián, J. "Quantum Tunnelling in Enzyme-Catalysed Reactions." *Journal of the American Chemical Society* 132, 6866-6866, doi:10.1021/ja103114z (2010).

Fonseca-Montaño, M. A., S. Blancas, L. A. Herrera-Montalvo and A. Hidalgo-Miranda. "Cancer Genomics." *Archives of Medical Research* 53, 723-731, doi:10.1016/j.arcmed.2022.11.011 (2022).

Foster, P. L. "Stress-Induced Mutagenesis in Bacteria." *Critical Reviews in Biochemistry and Molecular Biology* 42, 373-397, doi:10.1080/1040923 0701648494 (2008).

Franco, M. I., L. Turin, A. Mershin and E. M. C. Skoulakis. "Molecular vibration-sensing component in Drosophila melanogaster olfaction." *Proceedings of the National Academy of Sciences* 108, 3797-3802, doi:10.1073/pnas.1012293108 (2011).

Fu, F. et al. "Engineering Artificial Mitochondria with Self-Amplifying Proton Generation for Autonomous Energy Supply and Metabolic Coupling in Artificial Cells." *Angewandte Chemie International Edition*, doi:Wang, 10.1002/anie.202514980 (2025).

Galhardo, R. S., P. J. Hastings and S. M. Rosenberg. "Mutation as a Stress

참고문헌

Response and the Regulation of Evolvability." *Critical Reviews in Biochemistry and Molecular Biology* 42, 399-435, doi:10.1080/1040923 0701648502 (2008).

Gatherer, D. "So what do we really mean when we say that systems biology is holistic?" *BMC Systems Biology* 4, doi:10.1186/1752-0509-4-22 (2010).

Gauger, E. M., E. Rieper, J. J. L. Morton, S. C. Benjamin and V. Vedral. "Sustained Quantum Coherence and Entanglement in the Avian Compass." *Physical Review Letters* 106, doi:10.1103/PhysRevLett.106.040503 (2011).

Ghasemi, F. and A. Shafiee. "A quantum mechanical approach towards the calculation of transition probabilities between DNA codons." *Biosystems* 184, doi:10.1016/j.biosystems.2019.103988 (2019).

Ghasemi, F. and A. Tirandaz. "Environment assisted quantum model for studying RNA-DNA-error correlation created due to the base tautomery." *Scientific Reports* 13, doi:10.1038/s41598-023-38019-7 (2023).

Gheorghiu, A., P. V. Coveney and A. A. Arabi. "The influence of base pair tautomerism on single point mutations in aqueous DNA." *Interface Focus* 10, doi:10.1098/rsfs.2019.0120 (2020).

Giani, A. M., G. R. Gallo, L. Gianfranceschi and G. Formenti. "Long walk to genomics: History and current approaches to genome sequencing and assembly." *Computational and Structural Biotechnology Journal* 18, 9-19, doi:10.1016/j.csbj.2019.11.002 (2020).

Ginex, T., J. Vázquez, C. Estarellas and F. J. Luque. "Quantum mechanical-based strategies in drug discovery: Finding the pace to new challenges in drug design." *Current Opinion in Structural Biology* 87, doi:10.1016/j.sbi. 2024.102870 (2024).

Gore, J., R. P. Maharjan and T. Ferenci. "A shifting mutational landscape in 6 nutritional states: Stress-induced mutagenesis as a series of distinct stress input-mutation output relationships." *PLOS Biology* 15, doi:10.1371/ journal.pbio.2001477 (2017).

Gour, G., D. Kim, T. Nateeboon, G. Shemesh and G. Yoeli. "Inevitable negativity: Additivity commands negative quantum channel entropy." *Physical Review A* 111, doi:10.1103/PhysRevA.111.052424 (2025).

Gravell, J. et al. "Spectroscopic Characterization of Radical Pair Photochemistry in Nonmigratory Avian Cryptochromes: Magnetic Field Effects in GgCry4a." *Journal of the American Chemical Society* 147, 24286-24298, doi:10. 1021/jacs.4c14037 (2025).

Gronenberg, W. et al. "Molecular Vibration-Sensing Component in Human Olfaction." *PLoS ONE* 8, doi:10.1371/journal.pone.0055780 (2013).

Guimarães, J. D., C. Tavares, L. S. Barbosa and M. I. Vasilevskiy. "Simulation of Nonradiative Energy Transfer in Photosynthetic Systems Using a Quantum Computer." *Complexity* 2020, 1-12, doi:10.1155/2020/3510676 (2020).

Hagan, S., S. R. Hameroff and J. A. Tuszyński. "Quantum computation in brain microtubules: Decoherence and biological feasibility." *Physical Review E* 65, doi:10.1103/PhysRevE.65.061901 (2002).

Hagras, M. A., T. Hayashi and A. A. Stuchebrukhov. "Quantum Calculations of Electron Tunneling in Respiratory Complex III." *The Journal of Physical Chemistry B* 119, 14637-14651, doi:10.1021/acs.jpcb.5b09424 (2015).

Hameroff, S. "Consciousness, Cognition and the Neuronal Cytoskeleton – A New Paradigm Needed in Neuroscience." *Frontiers in Molecular Neuroscience* 15, doi:10.3389/fnmol.2022.869935 (2022).

Hameroff, S. "How quantum brain biology can rescue conscious free will." *Frontiers in Integrative Neuroscience* 6, doi:10.3389/fnint.2012.00093 (2012).

Hameroff, S. and R. Penrose. "Consciousness in the universe." *Physics of Life Reviews* 11, 39-78, doi:10.1016/j.plrev.2013.08.002 (2014).

Hameroff, S. and R. Penrose. "Orchestrated reduction of quantum coherence in brain microtubules: A model for consciousness." *Mathematics and Computers in Simulation* 40, 453-480, doi:10.1016/0378-4754(96) 80476-9 (1996).

Harel, E. and G. S. Engel. "Quantum coherence spectroscopy reveals complex dynamics in bacterial light-harvesting complex 2 (LH2)." *Proceedings of the National Academy of Sciences* 109, 706-711, doi:10.1073/pnas.1110 312109 (2012).

Hayashi, T. and A. A. Stuchebrukhov. "Electron tunneling in respiratory complex I." *Proceedings of the National Academy of Sciences* 107, 19157-19162, doi:10.1073/pnas.1009181107 (2010).

He, T.-F. et al. "Femtosecond Dynamics of Short-Range Protein Electron Transfer in Flavodoxin." *Biochemistry* 52, 9120-9128, doi:10.1021/bi4 01137u (2013).

He, Y., M. Barone, S. R. Meech, A. Lukacs and P. J. Tonge. "Light-Driven Enzyme Catalysis: Ultrafast Mechanisms and Biochemical Implications." *Biochemistry* 64, 2491-2505, doi:10.1021/acs.biochem.5c00039 (2025).

"Heisenberg's uncertain legacy." *Nature Physics* 13, 1143-1143, doi:10.1038/nphys4330 (2017).

Heshami, K. et al. "Quantum memories: emerging applications and recent advances." *Journal of Modern Optics* 63, 2005-2028, doi:10.1080/0950 0340.2016.1148212 (2016).

Heyes, D. J., M. Sakuma, S. P. de Visser and N. S. Scrutton. "Nuclear Quantum Tunneling in the Light-activated Enzyme Protochlorophyllide Oxidoreductase." *Journal of Biological Chemistry* 284, 3762-3767, doi: 10.1074/jbc.M808548200 (2009).

Hildner, R., D. Brinks, J. B. Nieder, R. J. Cogdell and N. F. van Hulst. "Quantum Coherent Energy Transfer over Varying Pathways in Single Light-Harvesting Complexes." *Science* 340, 1448-1451, doi:10.1126/science. 1235820 (2013).

Hiscock, H. G. et al. "The quantum needle of the avian magnetic compass." *Proceedings of the National Academy of Sciences* 113, 4634-4639, doi: 10.1073/pnas.1600341113 (2016).

Hiscock, H. G., H. Mouritsen, D. E. Manolopoulos and P. J. Hore. "Disruption of Magnetic Compass Orientation in Migratory Birds by Radiofrequency Electromagnetic Fields." *Biophysical Journal* 113, 1475-1484, doi:10.10 16/j.bpj.2017.07.031 (2017).

Hoehn, R. D., D. E. Nichols, H. Neven and S. Kais. "Status of the Vibrational Theory of Olfaction." *Frontiers in Physics* 6, doi:10.3389/fphy.2018.00025 (2018).

Hoehn, R. D., D. E. Nichols, J. D. McCorvy, H. Neven and S. Kais. "Experimental evaluation of the generalized vibrational theory of G protein-coupled receptor activation." *Proceedings of the National Academy of Sciences* 114, 5595-5600, doi:10.1073/pnas.1618422114 (2017).

Holden, J. F. and R. M. Daniel. in *The Subseafloor Biosphere at Mid-Ocean Ridges Geophysical Monograph Series* 13-24 (2004).

Hong, N.-S. et al. "The evolution of multiple active site configurations in a designed enzyme." *Nature Communications* 9, doi:10.1038/s41467-018-06305-y (2018).

Hood, L. and L. Rowen. "The human genome project: big science transforms biology and medicine." *Genome Medicine* 5, doi:10.1186/gm483 (2013).

Hore, P. J. and H. Mouritsen. "The Radical-Pair Mechanism of Magne-toreception." *Annual Review of Biophysics* 45, 299-344, doi:10.1146/

annurev-biophys-032116-094545 (2016).

Hwang, S. W., M. Kim and A. P. Liu. "Towards Synthetic Cells with Self-Producing Energy." *ChemPlusChem* 89, doi:10.1002/cplu.202400138 (2024).

Idris, Z. et al. "Quantum and Electromagnetic Fields in Our Universe and Brain: A New Perspective to Comprehend Brain Function." *Brain Sciences* 11, doi:10.3390/brainsci11050558 (2021).

Ireson, G. "A brief history of quantum phenomena." *Physics Education* 35, 381-386, doi:10.1088/0031-9120/35/6/301 (2000).

Ishizaki, A., T. R. Calhoun, G. S. Schlau-Cohen and G. R. Fleming. "Quantum coherence and its interplay with protein environments in photosynthetic electronic energy transfer." *Physical Chemistry Chemical Physics* 12, doi:10.1039/c003389h (2010).

Jedlicka, P. "Revisiting the Quantum Brain Hypothesis: Toward Quantum (Neuro)biology?" *Frontiers in Molecular Neuroscience* 10, doi:10.3389/fnmol.2017.00366 (2017).

Jin, Q. and C. M. Bethke. "Kinetics of Electron Transfer through the Respiratory Chain." *Biophysical Journal* 83, 1797-1808, doi:10.1016/s0006-3495(02)73945-3 (2002).

Jing, B. et al. "Approaching scalable quantum memory with integrated atomic devices." *Applied Physics Reviews* 11, doi:10.1063/5.0179539 (2024).

Johannissen, L. O., S. Hay and N. S. Scrutton. "Nuclear quantum tunnelling in enzymatic reactions – an enzymologist's perspective." *Physical Chemistry Chemical Physics* 17, 30775-30782, doi:10.1039/c5cp00614g (2015).

Josberger, E. E. et al. "Proton conductivity in ampullae of Lorenzini jelly." *Science Advances* 2, doi:10.1126/sciadv.1600112 (2016).

Jungck, J. R. "Genesis of What Is Life?: A Paradigm Shift in Genetics History." *CBE—Life Sciences Education* 12, 151-152, doi:10.1187/cbe.13-03-0067 (2013).

Kajiura, S. M. and K. N. Holland. "Electroreception in juvenile scalloped hammerhead and sandbar sharks." *Journal of Experimental Biology* 205, 3609-3621, doi:10.1242/jeb.205.23.3609 (2002).

Kamin, F. H., F. T. Tabesh, S. Salimi and A. C. Santos. "Entanglement, coherence, and charging process of quantum batteries." *Physical Review E* 102, doi:10.1103/PhysRevE.102.052109 (2020).

Kattnig, D. R. and P. J. Hore. "The sensitivity of a radical pair compass magnetoreceptor can be significantly amplified by radical scavengers." *Scientific Reports* 7, doi:10.1038/s41598-017-09914-7 (2017).

Kerpal, C. et al. "Chemical compass behaviour at microtesla magnetic fields strengthens the radical pair hypothesis of avian magnetoreception." *Nature Communications* 10, doi:10.1038/s41467-019-11655-2 (2019).

Khmelinskii, I. and V. I. Makarov. "Analysis of quantum coherence in biology." *Chemical Physics* 532, doi:10.1016/j.chemphys.2019.110671 (2020).

Khrennikov, A. "Open Systems, Quantum Probability, and Logic for Quantum-like Modeling in Biology, Cognition, and Decision-Making." *Entropy* 25, doi:10.3390/e25060886 (2023).

Khrennikov, A., I. Basieva, E. M. Pothos and I. Yamato. "Quantum probability in decision making from quantum information representation of neuronal states." *Scientific Reports* 8, doi:10.1038/s41598-018-34531-3 (2018).

Kim, Y. et al. "Quantum Biology: An Update and Perspective." *Quantum Reports* 3, 80-126, doi:10.3390/quantum3010006 (2021).

Kinsey, L. J., W. S. Beane and K. A.-S. Tseng. "Accelerating an integrative view of quantum biology." *Frontiers in Physiology* 14, doi:10.3389/fphys.2023.1349013 (2024).

Klinman, J. P. "An integrated model for enzyme catalysis emerges from studies of hydrogen tunneling." *Chemical Physics Letters* 471, 179-193, doi:10.1016/j.cplett.2009.01.038 (2009).

Klinman, J. P. "The role of tunneling in enzyme catalysis of C-H activation." *Biochimica et Biophysica Acta (BBA) - Bioenergetics* 1757, 981-987, doi:10.1016/j.bbabio.2005.12.004 (2006).

Klinman, J. P. and A. Kohen. "Hydrogen Tunneling Links Protein Dynamics to Enzyme Catalysis." *Annual Review of Biochemistry* 82, 471-496, doi:10.1146/annurev-biochem-051710-133623 (2013).

Krelina, M. "Quantum technology for military applications." *EPJ Quantum Technology* 8, doi:10.1140/epjqt/s40507-021-00113-y (2021).

Lambert, N. et al. "Quantum biology." *Nature Physics* 9, 10-18, doi:10.1038/nphys2474 (2012).

Lee, D. F., J. Lu, S. Chang, J. J. Loparo and X. S. Xie. "Mapping DNA polymerase errors by single-molecule sequencing." *Nucleic Acids Research* 44, e118-e118, doi:10.1093/nar/gkw436 (2016).

Lee, H., Y.-C. Cheng and G. R. Fleming. "Coherence Dynamics in Photosynthesis: Protein Protection of Excitonic Coherence." *Science* 316, 1462-1465, doi:10.1126/science.1142188 (2007).

Li, M. et al. "Engineered mitochondria in diseases: mechanisms, strategies, and applications." *Signal Transduction and Targeted Therapy* 10, doi:10.103 8/s41392-024-02081-y (2025).

Li, Q. et al. "Single-photon absorption and emission from a natural photosynthetic complex." *Nature* 619, 300-304, doi:10.1038/s41586-023-06121-5 (2023).

Li, T., H. Tang, J. Zhu and J. H. Zhang. "The finer scale of consciousness: quantum theory." *Annals of Translational Medicine* 7, 585-585, doi:10.21037/atm.2019.09.09 (2019).

Li, W. et al. "A hybrid quantum computing pipeline for real world drug discovery." *Scientific Reports* 14, doi:10.1038/s41598-024-67897-8 (2024).

Liao, K. et al. "Exploring the Intersection of Brain-Computer Interfaces and Quantum Sensing: A Review of Research Progress and Future Trends." *Advanced Quantum Technologies* 7, doi:10.1002/qute.202300185 (2023).

Liliopoulos, I. et al. "Quantum algorithm for protein-ligand docking sites identification in the interaction space." *Journal of Computer-Aided Molecular Design* 39, doi:10.1007/s10822-025-00620-5 (2025).

Liu, A., S. T. Cundiff, D. B. Almeida and R. Ulbricht. "Spectral broadening and ultrafast dynamics of a nitrogen-vacancy center ensemble in diamond." *Materials for Quantum Technology* 1, doi:10.1088/2633-4356/abf330 (2021).

Liu, D., P. Li, M. He and Y. "Shi. Proteomic and functional analysis of the shell matrix proteins and the multifunctional Gh26 regulates biomineralization in the Gigantidas haimaensis." *International Journal of Biological Macromolecules* 305, doi:10.1016/j.ijbiomac.2025.140871 (2025).

Löwdin, P.-O. "Proton Tunneling in DNA and its Biological Implications." *Reviews of Modern Physics* 35, 724-732, doi:10.1103/RevModPhys.35.724 (1963).

Luk, L. Y. P. et al. "Unraveling the role of protein dynamics in dihydrofolate reductase catalysis." *Proceedings of the National Academy of Sciences* 110, 16344-16349, doi:10.1073/pnas.1312437110 (2013).

Ma, H.-B., K. Xu, H.-G. Li, Z.-G. Li and H.-J. Zhu. "Enhancing the charging performance of quantum batteries with the work medium of an entangled coupled-cavity array." *Physical Review A* 110, doi:10.1103/PhysRevA.110.022433 (2024).

Marais, A. et al. "The future of quantum biology." *Journal of The Royal Society Interface* 15, doi:10.1098/rsif.2018.0640 (2018).

Martin-Delgado, M. A. "On Quantum Effects in a Theory of Biological Evolution." *Scientific Reports* 2, doi:10.1038/srep00302 (2012).

Matarèse, B. F. E., A. Rusin, C. Seymour and C. Mothersill. "Quantum Biology and the Potential Role of Entanglement and Tunneling in Non-Targeted Effects of Ionizing Radiation: A Review and Proposed Model." *International Journal of Molecular Sciences* 24, doi:10.3390/ijms242216464 (2023).

Matsuno, K. "The uncertainty principle as an evolutionary engine." *Biosystems* 27, 63-76, doi:10.1016/0303-2647(92)90047-3 (1992).

McFadden, J. "Computing with electromagnetic fields rather than binary digits: a route towards artificial general intelligence and conscious AI." *Frontiers in Systems Neuroscience* 19, doi:10.3389/fnsys.2025.1599406 (2025).

McFadden, J. and J. Al-Khalili. "The origins of quantum biology." *Proceedings of the Royal Society A: Mathematical, Physical and Engineering Sciences* 474, doi:10.1098/rspa.2018.0674 (2018).

Merino, N. et al. "Living at the Extremes: Extremophiles and the Limits of Life in a Planetary Context." *Frontiers in Microbiology* 10, doi:10.3389/fmicb.2019.00780 (2019).

Mirkovic, T. et al. "Light Absorption and Energy Transfer in the Antenna Complexes of Photosynthetic Organisms." *Chemical Reviews* 117, 249-293, doi:10.1021/acs.chemrev.6b00002 (2016).

Moreva, E. et al. "Quantum photonics sensing in biosystems." *APL Photonics* 10, doi:10.1063/5.0232183 (2025).

Moser, C. C., J. L. R. Anderson and P. L. Dutton. "Guidelines for tunneling in enzymes." *Biochimica et Biophysica Acta (BBA) - Bioenergetics* 1797, 1573-1586, doi:10.1016/j.bbabio.2010.04.441 (2010).

Mostajabi Sarhangi, S. and D. V. Matyushov. "Electron Tunneling in Biology: When Does it Matter?" *ACS Omega* 8, 27355-27365, doi:10.1021/acsomega.3c02719 (2023).

Mourokh, L. and J. Friedman. "Mitochondria at the Nanoscale: Physics Meets Biology—What Does It Mean for Medicine?" *International Journal of Molecular Sciences* 25, doi:10.3390/ijms25052835 (2024).

Nguyen, T.-H. et al. "Bio-Inspired Approaches for Smart Energy Management: State of the Art and Challenges." *Sustainability* 12, doi:10.3390/su12208495 (2020).

Niaz, M., S. Klassen, B. McMillan and D. Metz. "Reconstruction of the history of the photoelectric effect and its implications for general physics textbooks." *Science Education* 94, 903-931, doi:10.1002/sce.20389 (2010).

Niazi, S. K. "Quantum Mechanics in Drug Discovery: A Comprehensive Review of Methods, Applications, and Future Directions." *International Journal of Molecular Sciences* 26, doi:10.3390/ijms26136325 (2025).

Nießner, C. and M. Winklhofer. "Radical-pair-based magnetoreception in birds: radio-frequency experiments and the role of cryptochrome." *Journal of Comparative Physiology A* 203, 499-507, doi:10.1007/s00359-017-1189-1 (2017).

Nunn, Alistair V. W., Geoffrey W. Guy and Jimmy D. Bell. "The quantum mitochondrion and optimal health." *Biochemical Society Transactions* 44, 1101-1110, doi:10.1042/bst20160096 (2016).

Oerlemans, R. A. J. F., S. B. P. E. Timmermans and J. C. M. van Hest. "Artificial Organelles: Towards Adding or Restoring Intracellular Activity." *ChemBioChem* 22, 2051-2078, doi:10.1002/cbic.202000850 (2021).

Ogryzko, V. V. "A quantum-theoretical approach to the phenomenon of directed mutations in bacteria (hypothesis)." *Biosystems* 43, 83-95, doi:10.1016/s0303-2647(97)00030-0 (1997).

Okada, S. et al. "The making of natural iron sulfide nanoparticles in a hot vent snail." *Proceedings of the National Academy of Sciences* 116, 20376-20381, doi:10.1073/pnas.1908533116 (2019).

Pagán, O. R. "The complexities of ligand/receptor interactions: Exploring the role of molecular vibrations and quantum tunnelling." *BioEssays* 46, doi:10.1002/bies.202300195 (2024).

Panitchayangkoon, G. et al. "Long-lived quantum coherence in photosynthetic complexes at physiological temperature." *Proceedings of the National Academy of Sciences* 107, 12766-12770, doi:10.1073/pnas.1005484107 (2010).

Park, H. et al. "Artificial organelles for sustainable chemical energy conversion and production in artificial cells: Artificial mitochondrion and chloroplasts." *Biophysics Reviews* 4, doi:10.1063/5.0131071 (2023).

Pastor-Gomez, J. "[Quantum mechanics and brain: a critical review]." *Rev Neurol* 35, 87-94 (2002).

Peng, P., H. Qian, J. Liu, Z. Wang and D. Wei. "Bioinspired ionic control for energy and information flow." *International Journal of Smart and Nano*

Materials 15, 198-221, doi:10.1080/19475411.2024.2305393 (2024).

Phillips, R. "Schrödinger's What Is Life? at 75." *Cell Systems* 12, 465-476, doi:10.1016/j.cels.2021.05.013 (2021).

Pinzon-Rodriguez, A., S. Bensch and R. Muheim. "Expression patterns of cryptochrome genes in avian retina suggest involvement of Cry4 in light-dependent magnetoreception." *Journal of The Royal Society Interface* 15, doi:10.1098/rsif.2018.0058 (2018).

Preston, B. D., T. M. Albertson and A. J. Herr. "DNA replication fidelity and cancer." *Seminars in Cancer Biology* 20, 281-293, doi:10.1016/j.sem cancer.2010.10.009 (2010).

Pribis, J. P., Y. Zhai, P. J. Hastings, S. M. Rosenberg and L. E. Cowen. "Stress-Induced Mutagenesis, Gambler Cells, and Stealth Targeting Antibiotic-Induced Evolution." *mBio* 13, doi:10.1128/mbio.01074-22 (2022).

Pyrkov, A. et al. "Complexity of life sciences in quantum and AI era." *WIREs Computational Molecular Science* 14, doi:10.1002/wcms.1701 (2024).

Quach, J. Q., G. Cerullo and T. Virgili. "Quantum batteries: The future of energy storage?" *Joule* 7, 2195-2200, doi:10.1016/j.joule.2023.09.003 (2023).

Rampelotto, P. "Extremophiles and Extreme Environments." *Life* 3, 482-485, doi:10.3390/life3030482 (2013).

Rinaldi, A. "When life gets physical." *EMBO reports* 13, 24-27, doi:10.1038/embor.2011.236 (2011).

Rodgers, C. T. and P. J. Hore. "Chemical magnetoreception in birds: The radical pair mechanism." *Proceedings of the National Academy of Sciences* 106, 353-360, doi:10.1073/pnas.0711968106 (2009).

Rolczynski, B. S. et al. "Correlated Protein Environments Drive Quantum Coherence Lifetimes in Photosynthetic Pigment-Protein Complexes." *Chem* 4, 138-149, doi:10.1016/j.chempr.2017.12.009 (2018).

Romero, E. et al. "Quantum coherence in photosynthesis for efficient solar-energy conversion." *Nature Physics* 10, 676-682, doi:10.1038/nphys3017 (2014).

Roston, D., Z. Islam and A. Kohen. "Kinetic isotope effects as a probe of hydrogen transfers to and from common enzymatic cofactors." *Archives of Biochemistry and Biophysics* 544, 96-104, doi:10.1016/j.abb.2013.10.010 (2014).

Roston, D., Z. Islam. and A. Kohen. "Isotope Effects as Probes for Enzyme Catalyzed Hydrogen-Transfer Reactions." *Molecules* 18, 5543-5567, doi:10.3390/molecules18055543 (2013).

Różyk-Myrta, A., A. Brodziak and M. Muc-Wierzgoń. "Neural Circuits, Microtubule Processing, Brain's Electromagnetic Field—Components of Self-Awareness." *Brain Sciences* 11, doi:10.3390/brainsci11080984 (2021).

Runeson, J. E., J. E. Lawrence, J. R. Mannouch and J. O. Richardson. "Explaining the Efficiency of Photosynthesis: Quantum Uncertainty or Classical Vibrations?" *The Journal of Physical Chemistry Letters* 13, 3392-3399, doi:10.1021/acs.jpclett.2c00538 (2022).

Santiago-Alarcon, D., H. Tapia-McClung, S. Lerma-Hernández and S. E. Venegas-Andraca. "Quantum aspects of evolution: a contribution towards evolutionary explorations of genotype networks via quantum walks." *Journal of The Royal Society Interface* 17, doi:10.1098/rsif.2020.0567 (2020).

Sarmah, A., P. Hobza, A. K. Chandra, S. Mitra and T. Nakajima. "Many-body Effects on Electronic Transport in Molecular Junctions: A Quantum Perspective." *ChemPhysChem* 25, doi:10.1002/cphc.202300938 (2024).

Schaaper, R. M. "Base selection, proofreading, and mismatch repair during DNA replication in Escherichia coli." *Journal of Biological Chemistry* 268, 23762-23765, doi:10.1016/s0021-9258(20)80446-3 (1993).

Schramm, V. L. and S. D. Schwartz. "Promoting Vibrations and the Function of Enzymes. Emerging Theoretical and Experimental Convergence." *Biochemistry* 57, 3299-3308, doi:10.1021/acs.biochem.8b00201 (2018).

Schreiner, P. R. "Quantum Mechanical Tunneling Is Essential to Understanding Chemical Reactivity." *Trends in Chemistry* 2, 980-989, doi:10.1016/j.trechm.2020.08.006 (2020).

Scrutton, N. S., M. J. Sutcliffe and P. Leslie Dutton. "Quantum catalysis in enzymes: beyond the transition state theory paradigm. A Discussion Meeting held at the Royal Society on 14 and 15 November 2005." *Journal of The Royal Society Interface* 3, 465-469, doi:10.1098/rsif.2006.0122 (2006).

Seifi, M., A. Soltanmanesh and A. Shafiee. "Mimicking classical noise in ion channels by quantum decoherence." *Scientific Reports* 14, doi:10.1038/s41598-024-67106-6 (2024).

Seifi, M., A. Soltanmanesh and A. Shafiee. "Quantum coherence on selectivity and transport of ion channels." *Scientific Reports* 12, doi:10.1038/s41598-022-13323-w (2022).

Sen, A. and A. Kohen. "Enzymatic tunneling and kinetic isotope effects: chemistry at the crossroads." *Journal of Physical Organic Chemistry* 23, 613-619, doi:10.1002/poc.1633 (2010).

Sergi, A. et al. "The quantum-classical complexity of consciousness and orchestrated objective reduction." *Frontiers in Human Neuroscience* 19, doi:10.3389/fnhum.2025.1630906 (2025).

Settino, J. et al. "Memory-augmented hybrid quantum reservoir computing." *Physical Review Applied* 24, doi:10.1103/wzwv-7rk2 (2025).

Siebert, R. et al. "A quantum physics layer of epigenetics: a hypothesis deduced from charge transfer and chirality-induced spin selectivity of DNA." *Clinical Epigenetics* 15, doi:10.1186/s13148-023-01560-3 (2023).

Sinha, A., A. H. Vijay and U. Sinha. "On the superposition principle in interference experiments." *Scientific Reports* 5, doi:10.1038/srep10304 (2015).

Slocombe, L., M. Sacchi and J. Al-Khalili. "An open quantum systems approach to proton tunnelling in DNA." *Communications Physics* 5, doi:10.1038/s42005-022-00881-8 (2022).

Slocombe, L., M. Winokan, J. Al-Khalili and M. Sacchi. "Proton transfer during DNA strand separation as a source of mutagenic guanine-cytosine tautomers." *Communications Chemistry* 5, doi:10.1038/s42004-022-00760-x (2022).

Slocombe, L., M. Winokan, J. Al-Khalili and M. Sacchi. "Quantum Tunnelling Effects in the Guanine-Thymine Wobble Misincorporation via Tautomerism." *The Journal of Physical Chemistry Letters* 14, 9-15, doi:10.1021/acs.jpclett.2c03171 (2022).

Smith, L. D., F. T. Chowdhury, I. Peasgood, N. and Dawkins, D. R. Kattnig. "Driven Radical Motion Enhances Cryptochrome Magnetoreception: Toward Live Quantum Sensing." *The Journal of Physical Chemistry Letters* 13, 10500-10506, doi:10.1021/acs.jpclett.2c02840 (2022).

Smith, L. D., J. Deviers and D. R. Kattnig. "Observations about utilitarian coherence in the avian compass." *Scientific Reports* 12, doi:10.1038/s41598-022-09901-7 (2022).

Solov'yov, I. A., P.-Y. Chang and K. Schulten. "Vibrationally assisted electron transfer mechanism of olfaction: myth or reality?" *Physical Chemistry Chemical Physics* 14, doi:10.1039/c2cp41436h (2012).

Srivastava, R. "The Role of Proton Transfer on Mutations." *Frontiers in Chemistry* 7, doi:10.3389/fchem.2019.00536 (2019).

Stetter, K. O. "Hyperthermophiles in the history of life." *Philosophical Transactions of the Royal Society B: Biological Sciences* 361, 1837-1843, doi:10.1098/rstb.2006.1907 (2006).

Stirbet, A., D. Lazár, Y. Guo and G. Govindjee. "Photosynthesis: basics, history and modelling." *Annals of Botany* 126, 511-537, doi:10.1093/aob/mcz171 (2020).

Stuchebrukhov, A. A. "Long-distance electron tunneling in proteins: A new challenge for time-resolved spectroscopy." *Laser Physics* 20, 125-138, doi:10.1134/s1054660x09170186 (2009).

Sun, J. et al. "The Scaly-foot Snail genome and implications for the origins of biomineralised armour." *Nature Communications* 11, doi:10.1038/s414 67-020-15522-3 (2020).

Sutcliffe, M. J., J. M. T. Thompson and N. S. Scrutton. "Enzymology takes a quantum leap forward." *Philosophical Transactions of the Royal Society of London. Series A: Mathematical, Physical and Engineering Sciences* 358, 367-386, doi:10.1098/rsta.2000.0536 (2000).

Taylor, D. J. et al. "Beyond the Human Genome Project: The Age of Complete Human Genome Sequences and Pangenome References." *Annual Review of Genomics and Human Genetics* 25, 77-104, doi:10.1146/annurev-genom-021623-081639 (2024).

Tegmark, M. "Importance of quantum decoherence in brain processes." *Physical Review E* 61, 4194-4206, doi:10.1103/PhysRevE.61.4194 (2000).

Tezcan, F. A., Crane, B. R., J. R. Winkler and H. B. Gray. "Electron tunneling in protein crystals." *Proceedings of the National Academy of Sciences* 98, 5002-5006, doi:10.1073/pnas.081072898 (2001).

Thoradit, T. et al. "Cryptochrome and quantum biology: unraveling the mysteries of plant magnetoreception." *Frontiers in Plant Science* 14, doi:10.3389/ fpls.2023.1266357 (2023).

Tirandaz, A., F. Taher Ghahramani and V. Salari. "Validity Examination of the Dissipative Quantum Model of Olfaction." *Scientific Reports* 7, doi: 10.1038/s41598-017-04846-8 (2017).

Totoiu, C. A., A. H. Follmer, P. H. Oyala and R. G. Hadt. "Probing Bioinorganic Electron Spin Decoherence Mechanisms with an Fe2S2 Metalloprotein." *The Journal of Physical Chemistry B* 128, 10417-10426, doi:10.1021/ acs.jpcb.4c06186 (2024).

Toyli, D. M., C. F. de las Casas, D. J. Christle, V. V. Dobrovitski and D. D.

Awschalom. "Fluorescence thermometry enhanced by the quantum coherence of single spins in diamond." *Proceedings of the National Academy of Sciences* 110, 8417-8421, doi:10.1073/pnas.1306825110 (2013).

Trixler, F. "Quantum Tunnelling to the Origin and Evolution of Life." *Current Organic Chemistry* 17, 1758-1770, doi:10.2174/13852728113179990083 (2013).

Troisi, A. et al. "Tracing electronic pathways in molecules by using inelastic tunneling spectroscopy." *Proceedings of the National Academy of Sciences* 104, 14255-14259, doi:10.1073/pnas.0704208104 (2007).

Turin, L. A "Spectroscopic Mechanism for Primary Olfactory Reception." *Chemical Senses* 21, 773-791, doi:10.1093/chemse/21.6.773 (1996).

Turin, L., S. Gane, D. Georganakis, K. Maniati and E. M. C. Skoulakis. "Plausibility of the vibrational theory of olfaction." *Proceedings of the National Academy of Sciences* 112, doi:10.1073/pnas.1508035112 (2015).

Vosshall, L. B. "Laying a controversial smell theory to rest." *Proceedings of the National Academy of Sciences* 112, 6525-6526, doi:10.1073/pnas.1507103112 (2015).

Walters, Z. B. "Quantum dynamics of the avian compass." *Physical Review E* 90, doi:10.1103/PhysRevE.90.042710 (2014).

Wang, D., B. Liu and Z. Zhang. "Accelerating the understanding of cancer biology through the lens of genomics." *Cell* 186, 1755-1771, doi:10.1016/j.cell.2023.02.015 (2023).

Wang, H.-Y. "Exploring the implications of the uncertainty relationships in quantum mechanics." *Frontiers in Physics* 10, doi:10.3389/fphy.2022.1059968 (2022).

Wang, J. et al. "Human neural stem cell-derived artificial organelles to improve oxidative phosphorylation." *Nature Communications* 15, doi:10.1038/s41467-024-52171-2 (2024).

Wheeler, D. A. and L. Wang. "From human genome to cancer genome: The first decade." *Genome Research* 23, 1054-1062, doi:10.1101/gr.157602.113 (2013).

Wiest, M. C. "A quantum microtubule substrate of consciousness is experimentally supported and solves the binding and epiphenomenalism problems." *Neuroscience of Consciousness* 2025, doi:10.1093/nc/niaf011 (2025).

Willeford, K. "The Luminescence Hypothesis of Olfaction." *Sensors* 23, doi:10.3390/s23031333 (2023).

Wiltschko, R. and W. Wiltschko. "Magnetoreception in birds." *Journal of The*

Royal Society Interface 16, doi：10.1098/rsif.2019.0295 (2019).

Wiltschko, R. and W. Wiltschko. "Sensing Magnetic Directions in Birds： Radical Pair Processes Involving Cryptochrome." *Biosensors* 4, 221-242, doi： 10.3390/bios4030221 (2014).

Winkler, J. R. and H. B. Gray. "Long-Range Electron Tunneling." *Journal of the American Chemical Society* 136, 2930-2939, doi：10.1021/ja500215j (2014).

Wong, W. C. et al. "Proteomic analyses reveal the key role of gene co-option in the evolution of the scaly-foot snail scleritome." *Communications Biology* 8, doi：10.1038/s42003-025-07785-7 (2025).

Xiang, D., X. Wang, C. Jia, Lee, T. and X. Guo. "Molecular-Scale Electronics： From Concept to Function." *Chemical Reviews* 116, 4318-4440, doi： 10.1021/acs.chemrev.5b00680 (2016).

Xu, J. et al. "Magnetic sensitivity of cryptochrome 4 from a migratory songbird." *Nature* 594, 535-540, doi：10.1038/s41586-021-03618-9 (2021).

Yamashita, T. et al. "Heme protein identified from scaly-foot gastropod can synthesize pyrite (FeS2) nanoparticles." *Acta Biomaterialia* 162, 110-119, doi：10.1016/j.actbio.2023.03.005 (2023).

Yang, Y., W. Zhao and X. Xiao. "The upper temperature limit of life under high hydrostatic pressure in the deep biosphere." *Deep Sea Research Part I： Oceanographic Research Papers* 176, doi：10.1016/j.dsr.2021.103604 (2021).

Yang, Z. et al. "Revealing quantum mechanical effects in enzyme catalysis with large-scale electronic structure simulation." *Reaction Chemistry & Engineering* 4, 298-315, doi：10.1039/c8re00213d (2019).

Yuen-Zhou, J., J. J. Krich and A. Aspuru-Guzik. "A witness for coherent electronic vs vibronic-only oscillations in ultrafast spectroscopy." *The Journal of Chemical Physics* 136, doi：10.1063/1.4725498 (2012).

Yukawa, H. et al. "Quantum life science： biological nano quantum sensors, quantum technology-based hyperpolarized MRI/NMR, quantum biology, and quantum biotechnology." *Chemical Society Reviews* 54, 3293-3322, doi：10.1039/d4cs00650j (2025).

Zadeh-Haghighi, H. and C. Simon. "Magnetic field effects in biology from the perspective of the radical pair mechanism." *Journal of The Royal Society Interface* 19, doi：10.1098/rsif.2022.0325 (2022).

Zeng, X. et al. "Genome sequencing of deep-sea hydrothermal vent snails reveals adaptions to extreme environments." *GigaScience* 9, doi：10.1093/gigascience/giaa139 (2020).

Zerah Harush, E. and Y. Dubi. "Do photosynthetic complexes use quantum coherence to increase their efficiency? Probably not." *Science Advances* 7, doi:10.1126/sciadv.abc4631 (2021).

Zhong, D. "Ultrafast catalytic processes in enzymes." *Current Opinion in Chemical Biology* 11, 174-181, doi:10.1016/j.cbpa.2007.02.034 (2007).

Zurek, W. H. "Environment-induced decoherence and the transition from quantum to classical." *Vistas in Astronomy* 37, 185-196, doi:10.1016/0083-6656(93)90030-n (1993).

지은이

성지용(Ji-Yong Sung), Ph.D.

성지용 박사는 연세대학교 물리학 학사(B.S.)와 신소재공학 석사(M.S.) 과정을 통해 학문적 여정을 시작하였으며, 석사과정에서는 금속 유리(metallic glass)의 형성 메커니즘을 연구했습니다. 이후 한국원자력연구원에서 연구를 수행하였고, 보다 넓은 학문적 시야를 갖추고자 미국으로 박사 유학을 떠났습니다. 유학 과정에서 과학의 경계를 확장하고 새로운 분야를 탐구하고자 하는 열망이 커지면서, 과감히 연구 방향을 생명정보학(Bioinformatics)으로 전향하였습니다. 이를 통해 데이터 기반의 생명 현상 분석이라는 새로운 연구 패러다임에 도전할 수 있었으며, 성균관대학교 삼성융합의과학원 삼성유전체연구소에서 컴퓨테이셔널 암 유전체학(Computational Cancer Genomics) 박사 학위(Ph.D)를 취득하며 암 유전체 연구의 선도적 발전에 기여하였습니다.

정재호 교수와의 만남은 성 박사의 연구 경력에서 중요한 전환점이 되었으며, 이를 통해 암 대사, 텔로미어 유지 메커니즘, 난치성 암에서의 면역치료 반응 예측 등 다양한 협력 연구를 진행해 왔습니다. 이러한 연구는 다수의 영향력 높은 SCI 저널 논문으로 이어졌습니다.

물리학에 대한 깊은 이해를 기반으로, 유전체학과 암생물학의 전문성을 결합한 성 박사는 현재 떠오르는 학문 분야인 양자생물학(quantum biology)의 선두에서 활약하고 있습니다. 그는 정 교수와 함께 첨단 양자컴퓨터를 활용하여 생명 현상의 근본적인 양자 현상을 규명하고 있으며, 특히 미토콘드리아 내 전자전달 동역학과 생명체 내의 양자적 일관성 메커니즘(quantum-coherent mechanisms)을 연구하고 있습니다. 또한 마커스 이론(Marcus theory)과 같은 기존 이론을 혁신적으로 재해석하여, 암과 같은 난치성 질환을 양자생물학적 관점에서 새롭게 바라보는 이론적 프레임워크를 개발하며, 기초 물리학과 의생명과학 혁신을 연결하는 새로운 패러다임을 개척하고 있습니다.

정재호(Jae-Ho Cheong), M.D., Ph.D.

정재호 교수는 임상의사이자 의학 교수로서, 암 유전체학(cancer genomics), 종양 대사 (tumor metabolism), 중개 의학(translational medicine) 분야에서 탁월한 리더십으로 잘 알려져 있습니다. 위암 전문 외과의사로 훈련받은 그는 임상과 연구 활동을 통해 가장 난치성 암 중 하나를 이해하고 극복하는 데 평생을 헌신해 왔습니다. 에르빈 슈뢰딩거 (Erwin Schrödinger)의 저서『생명이란 무엇인가(What is Life?)』를 처음 접한 후부터 생명의 본질에 대한 자연의 제1원리에 대해 깊은 학문적 동경을 갖게 되었고 생명 현상의 양자적 본질에 대한 평생의 탐구로 이어졌습니다. 양자역학적 원리를 활용한 양자컴퓨터 도입을 계기로 그의 성취되지 않은 학문적 호기심은 커다란 전환점을 맞이했으며, 이 패러다임 전환은 그를 전통적인 분자종양학을 넘어 양자생물학의 최전선으로 이끌었고, 그는 이제 기초적인 양자 효과가 생명 과정에 어떻게 영향을 미치는지를 탐구하고 있습니다.

현재 정 교수는 연세대학교 양자사업단(Yonsei Quantum Initiative)의 단장으로 재직하며, 한국 최초의 범용성 양자컴퓨터 도입을 이끌었습니다. 그는 미토콘드리아에서 생체 에너지 생성과 관련한 양자 현상 연구를 선도하고 있으며, 생명체 내 전자전달과 에너지 동역학을 모델링하기 위한 양자컴퓨팅 접근법을 개발하고 있습니다. 또한 연세대학교 융합과학기술원의 원장으로서, 물리학·생물학·의학을 융합하는 학제 간 연구 협력을 주도하여 신약 개발을 가속화하고 정밀의학의 미래를 재정의하고 있습니다. 다수의 최고 수준 저널에 논문을 발표하며, 보건산업진흥유공자 대통령 표창, 최고 권위의 분쉬의학상 및 유한의학상 대상을 수상하였습니다. 정 교수는 중개 연구 및 양자 기반 바이오의학(quantum-informed biomedical science) 분야의 발전을 주도하고 있습니다.

퀀텀, 생명의 탄생

슈뢰딩거와의 대화

ⓒ 성지용·정재호, 2026

지은이 성지용·정재호
펴낸이 김종수
펴낸곳 한울엠플러스(주)
편집 조인순

초판 1쇄 인쇄 2026년 4월 10일
초판 1쇄 발행 2026년 4월 20일

주소 10881 경기도 파주시 광인사길 153 한울시소빌딩 3층
전화 031-955-0655
팩스 031-955-0656
홈페이지 www.hanulmplus.kr
등록번호 제406-2015-000143호

Printed in Korea.
ISBN 978-89-460-8443-8 03470(양장)
      978-89-460-8444-5 03470(무선)

※ 책값은 겉표지에 표시되어 있습니다.
※ 무선제본 책을 교재로 사용하시려면 본사로 연락해 주시기 바랍니다.
※ 이 책에는 나눔체(네이버, 무료 글꼴)가 사용되었습니다.